Hans Bergmann/Karola Bergmann/Renate Teifke

Training Mathematik

FÜR DEN ABSCHLUSS 10. SCHULJAHR

BEILAGE: LÖSUNGSHEFT

Ernst Klett Verlag
Stuttgart Düsseldorf Leipzig

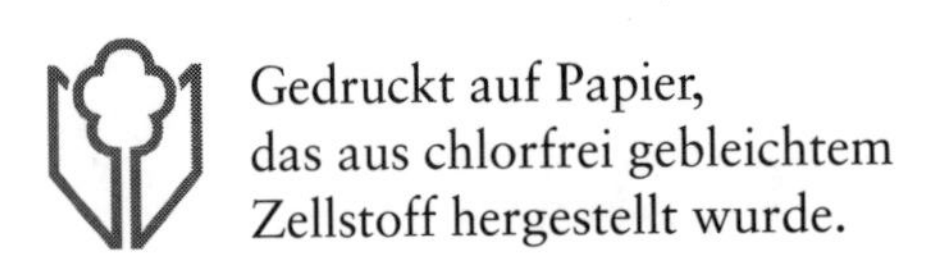

Die Deutsche Bibliothek – CIP-Einheitsaufnahme

Bergmann, Hans:
Training Mathematik für den Abschluss 10. Schuljahr /
Hans Bergmann / Karola Bergmann / Renate Teifke. - 7., überarb. Aufl. -
Stuttgart ; Düsseldorf ; Leipzig : Klett, 1999
ISBN 3-12-922016-X

7., überarbeitete Auflage 1999

Internetadresse: http://www.klett-verlag.de/klett-lerntraining
E-Mail: klett-kundenservice@klett-mail.de
Satz: Windhueter GmbH, Schorndorf
Druck: Wilhelm Röck, Weinsberg
Einband- und Innengestaltung: Bayerl & Ost, Frankfurt/M.
ISBN: 3-12-922016-X

INHALT

Dieses Trainingsbuch konzentriert sich auf das Grundwissen des 9./10. Schuljahres.

Die wichtigsten Inhalte dieser Schuljahre, über die ein Schüler zum Abschluss des 10. Schuljahres verfügen sollte, werden hier entwickelnd wiederholt und mittels vielfältiger Aufgaben geübt.

Hier wird insbesondere solchen Schülern, die eine schriftliche bzw. mündliche Abschlussprüfung zum 10. Schuljahr machen müssen, die Möglichkeit geboten ihr Grundwissen aufzufrischen, zu vertiefen, es in Übungsaufgaben anzuwenden. Auf diese Weise ist eine erfolgreiche Vorbereitung auf solche Abschlüsse möglich.

Aber auch die Schüler, die keine Abschlussprüfung ablegen müssen, will dieses Trainingsbuch informieren, ihnen Einsichten vermitteln und sie zum Lösen von Aufgaben anregen und damit ihre Leistungen im Mathematikunterricht verbessern.

Jedes Kapitel ist in sich abgeschlossen und kann daher unabhängig von den anderen Kapiteln bearbeitet werden.

Nun einige Tipps, wie du mit dem Buch arbeiten solltest:

- Lies die einzelnen Aufgaben bzw. Aufgabenteile gründlich durch und notiere die Lösungen – falls der Platz vorhanden ist – auch im Buch.
- Schreibe bei umfangreicheren Aufgaben den Lösungsweg **vollständig** auf, denn nur so kannst du bei der Kontrolle mit dem Lösungsheft deine Rechen- oder Denkfehler aufspüren.
- Befrage nur dann das Lösungsheft, wenn du aus eigener Kraft wirklich nicht weiterkommst. Geh dabei nicht jeder Schwierigkeit durch Nachschlagen aus dem Wege. Du bringst dich sonst nur um den Lernerfolg.
- Arbeite nicht länger als eine Stunde.
- Überfliege bei jedem Neubeginn die Teile, die du schon bearbeitet hast.
- Lass die Intervalle zwischen deinem Arbeiten nicht länger als zwei bis drei Tage umfassen.
- Am Ende eines Kapitels findest du eine Zusammenfassung mit den wichtigen Begriffen und Beziehungen. Hier kannst du immer wieder nachschlagen, falls du etwas vergessen hast.
- Die wichtigsten Grundaufgaben eines Kapitels solltest du sicher beherrschen. Der Test der Grundaufgaben dient dazu – überprüfe dich also!

Und nun an die Arbeit! So schaffst auch du den Aufschwung in Mathe.

1 Lineare Gleichungssysteme

Lineare Gleichungen

AUFGABE 1

Die Aussageform $4y - 3x = 15$ ist eine lineare Gleichung mit den beiden Variablen x und y.

a) Setze in die Gleichung für x den Wert 3 und für y den Wert 6 ein. Jetzt wird aus der Aussageform $4y - 3x = 15$ eine Aussage. Ist sie wahr oder falsch?

b) Nimm jetzt $x = 6$ und $y = 3$. Ist die entstehende Aussage wahr oder falsch?

MERKE

Lösungsmenge

Weil das geordnete Zahlenpaar (3; 6) die Gleichung (Aussageform) $4y - 3x = 15$ in eine wahre Aussage überführt, ist (3; 6) eine Lösung der betreffenden Gleichung.
Für die Menge aller geordneten Zahlenpaare, deren Partner rationale Zahlen ($\in \mathbb{Q}$) sind, schreibt man $\mathbb{Q} \times \mathbb{Q}$. Diejenigen Zahlenpaare, die Lösungen der Gleichung $4y - 3x = 15$ sind, bilden die Lösungsmenge L der betreffenden Gleichung.

Man schreibt daher: $L = \{(x; y) \in \mathbb{Q} \times \mathbb{Q} \mid 4y - 3x = 15\}$

Wir schreiben aber kürzer $L = \{(x; y) \mid 4y - 3x = 15\}$

AUFGABE 2

a) Löse $2y - x = 8$ nach y auf.

b) Fülle die Wertetabelle aus:

x	−8	−4	0	2
y				

c) Ordne jedem Wertepaar der Wertetabelle einen Punkt zu und zeichne so den Graph der Lösungsmenge.

d) Lässt sich durch die gezeichneten Punkte eine Gerade zeichnen?

Graph

Der Graph der Lösungsmenge einer linearen Gleichung ist eine Gerade.

Zeichne zu folgenden Gleichungen jeweils den Graphen der Lösungsmengen:

a) $4y - 2x = 6$

b) $6y + 12x - 24 = 0$

c) $\frac{1}{2}y - 2x + 1 = 0$

d) $y + \frac{1}{2}x = 2$

Zeichnerisches Lösen von linearen Gleichungssystemen

a) Zeichne die Graphen der Lösungsmengen für die beiden linearen Gleichungen $y = -2x + 4$ und $y = 4x - 2$.

b) Lies aus deiner Abbildung die Koordinaten des Schnittpunktes der Geraden ab. Zeige durch Einsetzen, dass das sich ergebende Zahlenpaar sowohl Lösung von $y = -2x + 4$ als auch Lösung von $y = 4x - 2$ ist.

Lösung

Da die Geraden nur den einen Schnittpunkt (1|2) besitzen, hat das Gleichungssystem

$$y = -2x + 4 \wedge y = 4x - 2$$

(und)

die Lösung

$$x = 1 \wedge y = 2$$

Man schreibt die Lösung auch so:

(1; 2).

Mithin L = {(1; 2)}

Gehe so vor:

Beim zeichnerischen Lösen der linearen Gleichungssysteme:

1. Zeichne die Graphen der linearen Gleichungen.
2. Ermittle die Koordinaten ihres Schnittpunktes.
3. Überprüfe die Werte von 2. durch Einsetzen in die linearen Gleichungen.
4. Notiere die Lösung bzw. die Lösungsmenge.

AUFGABE

Löse diese Aufgaben wie angegeben:

a) $y = -2x + 3 \wedge y = \frac{x}{2} - 2$

b) $y = x + 1 \wedge y = 3x + 5$

c) $y = 3x + 6 \wedge y = -2x + 1$

d) $y = 3x + 3 \wedge y = -2x + 3$

e) $y = \frac{x}{2} + 1 \wedge y = 2x - 5$

f) $y = -x + 3 \wedge y = 2x$

AUFGABE

a) Versuche zeichnerisch die Lösungen des Gleichungssystems $y = 3x - 1 \wedge y = 3x + 2$ zu ermitteln.

b) Wie verlaufen die Geraden zueinander?

c) Gibt es eine Lösung?

AUFGABE 4

Auch dies ist ein lineares Gleichungssystem:

$y = 3x + 1 \wedge y = 3x + 1$

a) Versuche wie bisher die Lösung des Gleichungssystems durch Zeichnung zu bestimmen.

b) Wie verlaufen die Geraden zueinander?

MERKE

Zeichnerisches Lösen

Beim zeichnerischen Lösen von linearen Gleichungssystemen können drei Fälle auftreten:

1.

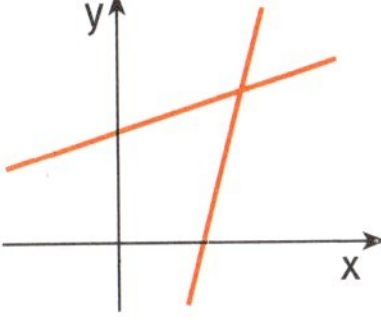

Geraden schneiden sich

genau ein Schnittpunkt

eine Lösung

2.

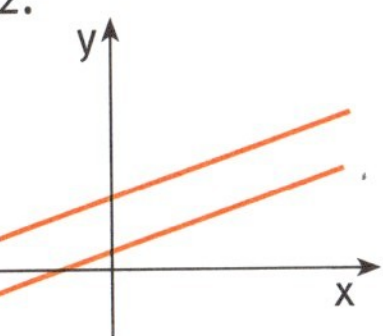

Geraden laufen parallel

keine Schnittpunkte

keine Lösung

3.

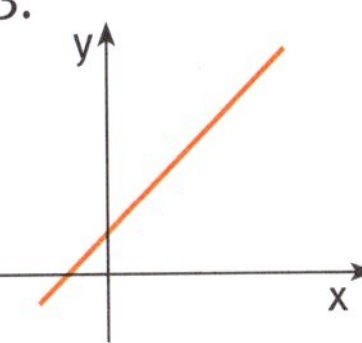

Geraden fallen zusammen (Doppelgerade)

unendlich viele Schnittpunkte

unendlich viele Lösungen

Rechnerisches Lösen von linearen Gleichungssystemen

Bei der rechnerischen Lösung von linearen Gleichungssystemen ist es das Ziel, aus **zwei** Gleichungen mit **zwei** Variablen **eine** Gleichung mit **einer** Variablen zu gewinnen. Ihre Lösung ist leicht bestimmbar. Setzt man diese Lösung in eine der beiden Gleichungen mit zwei Variablen ein, so lässt sich die noch fehlende Variable bestimmen.

Einsetzungsverfahren

Beim Einsetzungsverfahren lösen wir eine Gleichung nach x (oder y) auf und setzen den erhaltenen Ausdruck für x (oder y) in die zweite Gleichung ein.

Beispiel:

$4x - 3y = 13 \wedge 6x - 2y = 12$

Um beim Rechnen eine größere Übersichtlichkeit zu erzielen schreiben wir die Gleichungssysteme jetzt in folgender Weise:

$4x - 3y = 13$ $\wedge\ 6x - 2y = 12$	Gleichheitszeichen unter Gleichheitszeichen setzen und gleiche Variablen untereinander schreiben!
$x = \frac{3}{4}y + \frac{13}{4}$ $\wedge\ 6x - 2y = 12$	Erste Gleichung nach x aufgelöst. Die zweite Gleichung nicht aus den Augen verlieren!
$x = \frac{3}{4}y + \frac{13}{4}$ $\wedge\ 6\left(\frac{3}{4}y + \frac{13}{4}\right) - 2y = 12$	Ausdruck für x aus der ersten Gleichung für x in die zweite eingesetzt.
$x = \frac{3}{4}y + \frac{13}{4}$ $\wedge\ y = -3$	Erste Gleichung nicht vergessen. Zweite Gleichung nach y aufgelöst.
$x = \frac{3}{4} \cdot (-3) + \frac{13}{4}$ $\wedge\ y = -3$	In die erste Gleichung für y die Zahl –3 einsetzen. Die Gleichung y = –3 nicht vergessen.
$x = 1$ $y = -3$	Erste Gleichung ausgerechnet.

Aus diesem Gleichungssystem kann man die Lösung sofort ablesen. Es besitzt die einzige Lösung (1; –3) bzw. die Lösungsmenge

$$L = \{(1; -3)\}$$

Zur Probe setzt man in beide Gleichungen die für x und y gefundenen Werte ein:

$4 \cdot 1 - 3 \cdot (-3) = 13$
$6 \cdot 1 - 2 \cdot (-3) = 12$

1 für x und –3 für y eingesetzt, ergibt eine wahre Gesamtaussage. Mithin ist (1; –3) Lösung des Gleichungssystems.

AUFGABE

1 Kontrolliere das Ergebnis des Beispiels mithilfe einer Zeichnung.

AUFGABE **2**

Löse die Aufgaben wie im Beispiel:

a) $\begin{aligned} 6y - 4x &= 4 \\ \wedge\ 5y - 2x &= 10 \end{aligned}$

b) $\begin{aligned} 2y - 3x &= -24 \\ \wedge\ 3y + 5x &= 2 \end{aligned}$

c) $\begin{aligned} 10x + 3y + 4 &= 0 \\ \wedge\ 5x + 2y + 1 &= 0 \end{aligned}$

Additionsverfahren

Manche Aufgaben lassen sich auch nach dem so genannten Additionsverfahren lösen. Dabei versucht man, durch geschicktes Addieren beider Gleichungen eine Variable zum Verschwinden zu bringen. Die andere Variable lässt sich dann bestimmen. Sie wird wie beim Einsetzungsverfahren berechnet.

Beispiel:

$\begin{aligned} 3x - 2y &= 16 \\ \wedge\ 6x + y &= 7 \end{aligned}$	y soll verschwinden. Deshalb multipliziere die zweite Gleichung mit 2.
$\begin{aligned} 3x - 2y &= 16 \\ \wedge\ 12x + 2y &= 14 \end{aligned}$	Addiere die beiden Gleichungen.
$\begin{aligned} 15x &= 30 \\ x &= 2 \end{aligned}$	Löse nach x auf.
$\begin{aligned} 3x - 2y &= 16 \\ \wedge\ x &= 2 \end{aligned}$	Vereinfachtes Gleichungssystem.
$\begin{aligned} 3 \cdot 2 - 2y &= 16 \\ \wedge\ x &= 2 \end{aligned}$	Arbeite nach dem Einsetzungsverfahren: $x = 2$ in die erste Gleichung einsetzen.
$\begin{aligned} y &= -5 \\ \wedge\ x &= 2 \end{aligned}$	
$L = \{(2; -5)\}$	Notiere die Lösungsmenge.

Probe:

$\begin{aligned} 3 \cdot 2 - 2 \cdot (-5) &= 16 \\ \wedge\ 6 \cdot 2 + (-5) &= 7 \end{aligned}$

Werte für x und y in das ursprüngliche Gleichungssystem eingesetzt, ergeben wahre Aussagen. Also ist die Lösung des Gleichungssystems $(2; -5)$.

AUFGABE **1**

Rechne jetzt die Aufgabe, indem du die erste Gleichung mit -2 multiplizierst und dann beide Gleichungen addierst.

AUFGABE 2

Bei manchen Gleichungssystemen muss man **beide** Gleichungen mit geeigneten Faktoren malnehmen um eine der Variablen zu eliminieren, d. h. sie verschwinden zu lassen.

Beispiel:

$$\begin{array}{ll} 8x - 6y = 4 & |\cdot 7 \\ 7x - 5y = 6 & |\cdot(-8) \end{array}$$

x soll verschwinden. Multipliziere die erste Gleichung mit 7 und die zweite mit –8.

a) Rechne die Aufgabe zu Ende.

b) Mit welchen Faktoren musst du die Gleichungen multiplizieren, wenn y eliminiert werden soll? Führe die Rechnung aus.

AUFGABE

Löse nach dem Additionsverfahren:

a) $2x - 5y = 43$
$\wedge\ 5x - 3y = -16$

b) $3y - 2x = 21$
$\wedge\ 5y - 3x = -3$

c) $6x + 9y = 9$
$\wedge\ 2x - 3y = -3$

MERKE

Lösungen eines linearen Gleichungssystems

Ein lineares Gleichungssystem mit zwei Variablen hat entweder **keine** Lösung, **genau eine** Lösung oder **unendlich viele** Lösungen. Man kann diese Lösungen zeichnerisch oder rechnerisch bestimmen.

Führt die Rechnung auf Ausdrücke wie 3 = 5 oder 4 = 0 usw., so besitzt das betreffende Gleichungssystem **keine** Lösungen, weil diese Aussagen unabhängig von x und y immer falsch sind. Ergeben sich dagegen die immer richtigen Ausdrücke wie 0 = 0 oder 3 = 3, so erhalten wir **unendlich viele** Lösungen.

AUFGABE

Löse die Aufgaben zeichnerisch und rechnerisch:

a) $2y - x = 1$
$\wedge\ y + x = 5$

b) $\frac{1}{2}y + x = 4$
$\wedge\ 2x + y = 6$

c) $y - \frac{1}{2}x = 2$
$\wedge\ 2y - x = 4$

AUFGABE 5

Es ist zweckmäßig, die Gleichungen dieser Gleichungssysteme erst auf die Form $ax + by = c$ zu bringen.

a) $3y + 5 = 7x + 4$
$\wedge\ 2y + 1 = 5x - 1$

b) $2y + 1 = 5x - 3$
$\wedge\ 4y - 3 = 4x + 1$

c) $4y + 1 = 10x + 11$
$\wedge\ 3y - 7 = 9x - 1$

Anwendungen linearer Gleichungssysteme

MERKE

Lösungsschritte

bei der Lösung von Aufgaben, die zu Gleichungen mit zwei Variablen führen:

1. Lies die Aufgaben zuerst ganz durch und bestimme erst dann die auszurechnenden Größen. Bezeichne diese Größen durch Variablen, z. B. x und y.
2. Zeichne, wenn möglich, zur Aufgabe eine Skizze. Trage in die Skizze die gegebenen und gesuchten Größen ein.
3. Suche zwei voneinander unabhängige Beziehungen zwischen x und y und schreibe sie als Gleichungen auf.
4. Berechne x und y.

1. Beispiel:

Zwei Orte A und B sind 300 km voneinander entfernt. Von A fährt um 6 Uhr ein Güterzug mit 30 km/h Geschwindigkeit in Richtung B ab. Ihm fährt um 9 Uhr ein Personenzug mit 60 km/h von B aus entgegen. Wann und wo begegnen sich die Züge?

Lösung: Anzahl der **Stunden** bis zur Begegnung: x

Anzahl der bis dahin zurückgelegten **km**: y

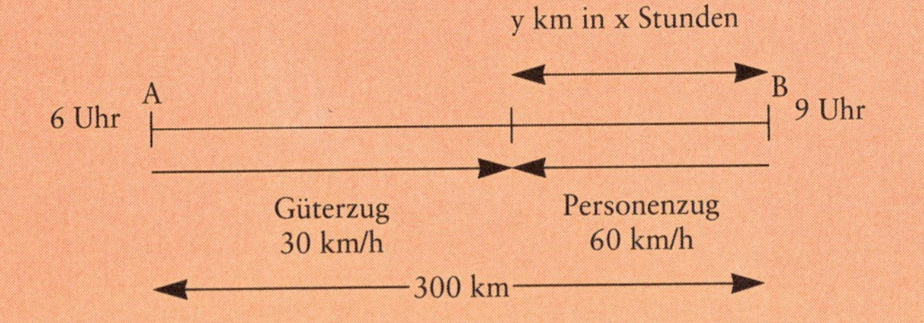

Der Personenzug benötigt bis zum Punkt der Begegnung x Stunden und legt in dieser Zeit y km zurück.
Da der Personenzug 60 km/h fährt, hat er bis zum Treffpunkt

$$x \cdot 60 = y$$

km zurückgelegt.
Der Güterzug ist 3 Stunden vor dem Personenzug abgefahren und hat bei 30 km/h Geschwindigkeit $(x + 3) \cdot 30$ km zurückgelegt. Er fährt nur den Rest der Gesamtstrecke, der noch nicht vom Personenzug befahren worden ist, also $300 - y$ km.
Daraus ergibt sich die zweite Gleichung:

$$(x + 3) \cdot 30 = 300 - y$$

AUFGABE 1

Löse das Gleichungssystem und bestätige, dass sich die Werte $x = 2\frac{1}{3}$ und $y = 140$ ergeben.

Daraus folgt die Lösung:
Personenzug und Güterzug treffen sich um 11.20 Uhr. (Zu 9 Uhr müssen $2\frac{1}{3}$ h = 2 h 20 min addiert werden.)
Der Treffpunkt liegt 140 km von B bzw. 160 km von A entfernt.

AUFGABE 2

Von zwei Orten A und B, die 36 km voneinander entfernt sind, gehen zwei Personen, von denen die eine in jeder Stunde 4 km, die andere 5 km zurücklegt, einander entgegen. Nach wie vielen Stunden treffen sie zusammen?

AUFGABE 3

Einem Boten, der um 6 Uhr aufbricht und stündlich $4\frac{1}{2}$ km marschiert, wird von demselben Ort aus um 8 Uhr ein anderer nachgeschickt, der jenen um 12 Uhr einholt. Wie viele Kilometer muss der zweite Bote in der Stunde zurücklegen?

2. Beispiel:

Wie heißt die zweiziffrige Zahl, deren Einerziffer den 3. Teil der Zehnerziffer ausmacht und deren Quersumme 12 beträgt?

Lösung:

Einerziffer: x Zehnerziffer: y zweiziffrige Zahl: $10y + x$

Die Einerziffer x soll den 3. Teil der Zehnerziffer y ausmachen, d. h. $x = \frac{y}{3}$.

Wenn die Quersumme 12 betragen soll, ergibt sich als zweite Gleichung:

$$x + y = 12$$

AUFGABE

Löse das Gleichungssystem aus diesem Beispiel und bilde aus x und y die gesuchte Zahl.

AUFGABE

Die Summe zweier Zahlen ist 15. Addiert man zum 3fachen der ersten Zahl das 4fache der zweiten, so erhält man 50. Wie heißen beide Zahlen?

AUFGABE

Die Summe zweier Zahlen ist 36. Zieht man vom Doppelten der ersten Zahl die zweite ab, so erhält man wieder 36.

Zusammenfassung

An dieser Stelle findest du die wichtigsten Begriffe und Verfahren des letzten Kapitels übersichtlich zusammengefasst.
Hast du Probleme, kannst du dich hier informieren.

Begriffe	Erläuterungen	Beispiele
Lineares Gleichungssystem mit zwei Variablen	Ein lineares Gleichungssystem mit zwei Variablen besteht aus zwei linearen Gleichungen, die durch „und“ ($\wedge$) verknüpft sind.	$y = -2x + 4$ $\wedge\ y = 4x - 2$ $G = \mathbb{Q} \times \mathbb{Q}$
Lösung eines linearen Gleichungssystems mit zwei Variablen	Jedes Wertepaar (x; y), das **beide** Gleichungen zu wahren Aussagen macht, heißt Lösung.	(1; 2) ist Lösung von $y = -2x + 4$ $\wedge\ y = 4x - 2$ weil $2 = -2 \cdot 1 + 4$ $\wedge\ 2 = 4 \cdot 1 - 2$ wahre Aussagen sind.
Zeichnerisches Lösen von linearen Gleichungssystemen	Die Graphen der Lösungsmengen beider linearer Gleichungen sind Geraden. Wo sie sich schneiden, liegen ihre gemeinsamen Lösungen.	$y = -2x + 4$ ① $\wedge\ y = 4x - 2$ ② 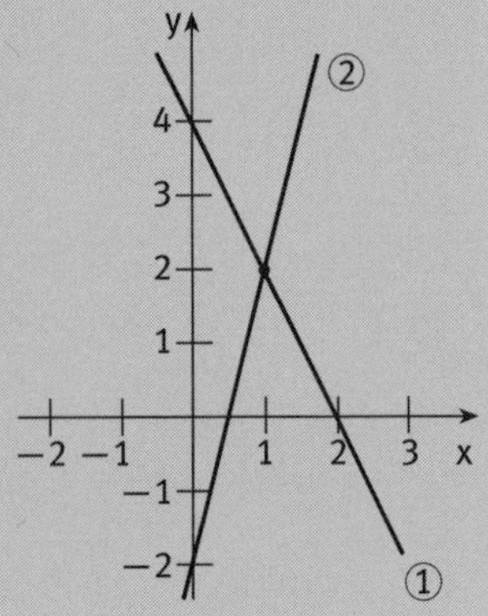 Koordinaten des Schnittpunktes: (1|2) Lösung: $(x; y) = (1; 2)$

Begriffe	Erläuterungen	Beispiele
Lösungen eines linearen Gleichungssystems mit zwei Variablen	Drei Fälle können auftreten: **1. genau eine Lösung:** Geraden schneiden sich. Lösungsmenge einelementig: L = {(x; y)}	Für das zeichnerische Lösen bedeutet das: 1. 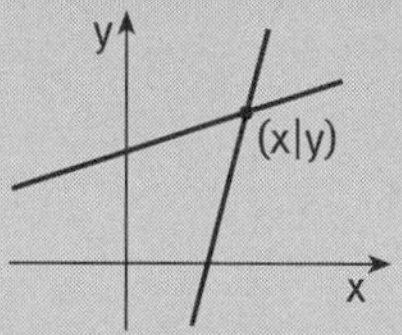
	2. keine Lösung: Geraden laufen parallel. Lösungsmenge ist leer: L = { }	2. 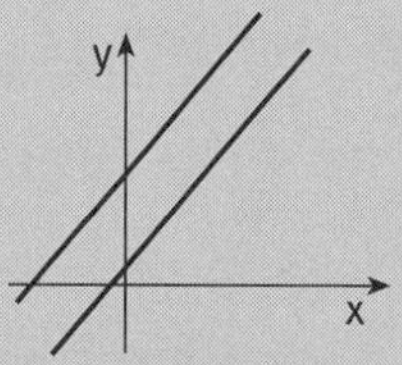
	3. unendlich viele Lösungen: Beide Geraden fallen zusammen (Doppelgerade). Lösungsmenge hat unendlich viele Elemente.	3. 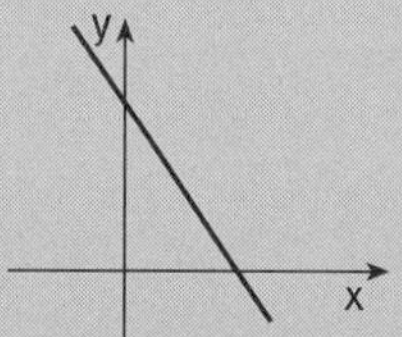
Rechnerisches Lösen von linearen Gleichungssystemen mit zwei Variablen	**Einsetzungsverfahren:** Eine Gleichung nach x oder y auflösen und den Term in die zweite Gleichung einsetzen. **Additionsverfahren:** Durch geschicktes Addieren beider Gleichungen wird eine Variable eliminiert, die zweite ausgerechnet. Durch Einsetzen des errechneten Wertes in eine der Gleichungen kann die zweite Variable berechnet werden.	

Begriffe	Erläuterungen	Beispiele
Lösungen	**1. Genau eine Lösung:** Man erhält genau einen x-Wert und einen y-Wert.	z. B.: $x = 3,\ y = 4$ $L = \{(3; 4)\}$
	2. keine Lösung: Man erhält bei den Umformungen eine **immer falsche** Aussage.	$3x + 2y = 4$ $\wedge\ -3x - 2y = 10$ Beide Gleichungen addiert ergibt: $0 = 14$ Keine Lösung möglich, also: $L = \{\ \}$.
	3. unendlich viele Lösungen: Es ergibt sich bei den Umformungen eine **immer wahre** Aussage.	$3x - 2y = 4$ $\wedge\ -3x + 2y = -4$ Beide Gleichungen addiert, führt auf $0 = 0$. Mithin sind alle Lösungen von $3x - 2y = 4$ auch Lösungen des Gleichungssystems, also: $L = \{(x; y) \in \mathbb{Q} \times \mathbb{Q} \mid 3x - 2y = 4\}$

Test der Grundaufgaben

Dies sind die wichtigsten Grundaufgaben des letzten Kapitels. Überprüfe, ob du sie jetzt beherrschst.

a) Löse diese linearen Gleichungssysteme zeichnerisch:

1) $\begin{aligned} &y + x = 3 \\ \wedge\, &y - 4x = -2 \end{aligned}$ 2) $\begin{aligned} &y - 2x = 3 \\ \wedge\, &\tfrac{1}{2}y - x = 2 \end{aligned}$ 3) $\begin{aligned} &y - 3x = 2 \\ \wedge\, &2y - 6x = 4 \end{aligned}$

b) Gib an, für welches Gleichungssystem die entsprechenden Geraden parallel verlaufen, aufeinander fallen, sich schneiden.

a) Löse diese Gleichungssysteme rechnerisch:

1) $\begin{aligned} &2y - 3x - 11 = 0 \\ \wedge\, &3y - 2x - 9 = 0 \end{aligned}$ 2) $\begin{aligned} &2x - 5y + 10 = 0 \\ \wedge\, &-4x + 10y - 20 = 0 \end{aligned}$

3) $\begin{aligned} &3x - y - 4 = 0 \\ \wedge\, &-9x + 3y + 9 = 0 \end{aligned}$

b) Welches dieser Gleichungssysteme besitzt genau eine Lösung, unendlich viele Lösungen, keine Lösung?

Subtrahiert man 9 von einer zweiziffrigen Zahl, deren Quersumme 13 ist, so erhält man eine zweiziffrige Zahl mit denselben Ziffern, nur in umgekehrter Reihenfolge. Wie heißt die Zahl?

Quadratische Funktionen

Die quadratische Funktion $x \mapsto x^2$

Der Flächeninhalt eines Quadrates mit der Seitenlänge a wird bekanntlich nach der Formel $A = a^2$ berechnet.

AUFGABE **1**

Berechne für die in der Tabelle eingetragenen Seitenlängen x die Flächeninhalte x^2.

x	0	0,5	1	1,5	2
x^2	0				

Die Beziehung Seitenlänge → Flächeninhalt ist eine quadratische Funktion $x \mapsto x^2$.

MERKE

Quadratische Funktion und Graph

Die Funktion $x \mapsto x^2$ (mit der Funktionsgleichung $y = x^2$) für $x \in \mathbb{Q}$ heißt **quadratische Funktion**.
Ihr Graph ist eine **Parabel** mit dem **Scheitel** im Ursprung des Koordinatensystems.

AUFGABE **2**

Für die Funktion aus Aufgabe 1 erweitern wir jetzt den Definitonsbereich von $\mathbb{Q}_+$ auf $\mathbb{Q}$ (oder auf $\mathbb{R}$).

a) Fülle die Tabelle aus und überprüfe den Graph.

x	− 2	− 1,5	− 1	− 0,5	0	0,5	1	1,5	2
x^2									

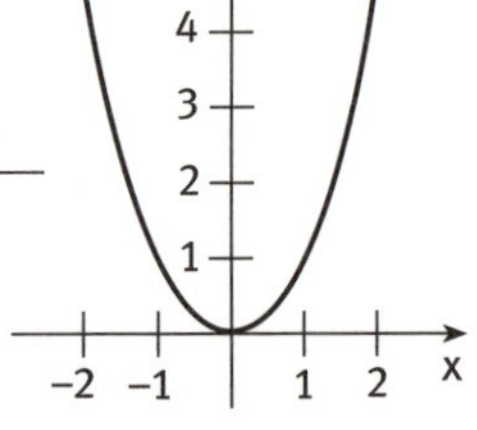

b) Gib die Symmetrieachse der Parabel an.

Allgemeine quadratische Funktionen

AUFGABE 1

Zeichne zu folgenden Funktionen Graphen in das gleiche Achsenkreuz:

a) $x \mapsto x^2$ b) $x \mapsto -x^2$ c) $x \mapsto 3x^2$

d) $x \mapsto -3x^2$ e) $x \mapsto \frac{1}{2}x^2$ f) $x \mapsto -\frac{1}{2}x^2$

1) Wo liegt jeweils der Scheitel der Parabel?

2) Ist die y-Achse weiterhin Symmetrieachse jeder einzelnen Parabel?

3) In welchen der Fälle ist die Parabel nach unten geöffnet?

Die Funktionen zu den Parabeln der Aufgabe 1 kann man allgemein so schreiben:

$x \mapsto ax^2$ mit $a \neq 0$.

MERKE

Parabeln

Die Graphen der Funktion $x \mapsto ax^2$ mit x, a aus $\mathbb{Q}$ (oder x aus $\mathbb{R}$) und $a \neq 0$ sind Parabeln. Für $a > 0$ sind die Parabeln nach oben, für $a < 0$ nach unten geöffnet. Ist $a = 1$, so heißt das Bild **Normalparabel.**

Die Scheitelpunkte S aller dieser Parabeln liegen im Nullpunkt $S(0|0)$.

AUFGABE 2

Von welcher der hier abgebildeten Parabeln gilt $a < 0$?

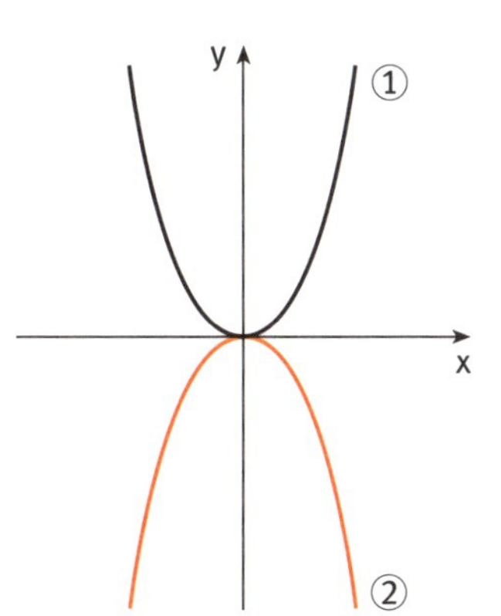

AUFGABE 3

Zeichne die Graphen zu diesen Funktionen:

a) $x \mapsto -x^2 + 3$ b) $x \mapsto 2x^2 - 2$

c) $x \mapsto \frac{1}{4}x^2 + 1$

1) Gib jeweils die Koordinaten $(x_s|y_s)$ des Scheitelpunktes S an.

2) Bei welchen Funktionen sind die Parabeln nach unten geöffnet?

AUFGABE 4

a) Prüfe durch Anlegen von Wertetabellen, zu welcher der abgebildeten Parabeln

$x \mapsto (x+4)^2$ bzw.
$x \mapsto (x-4)^2$ gehört.

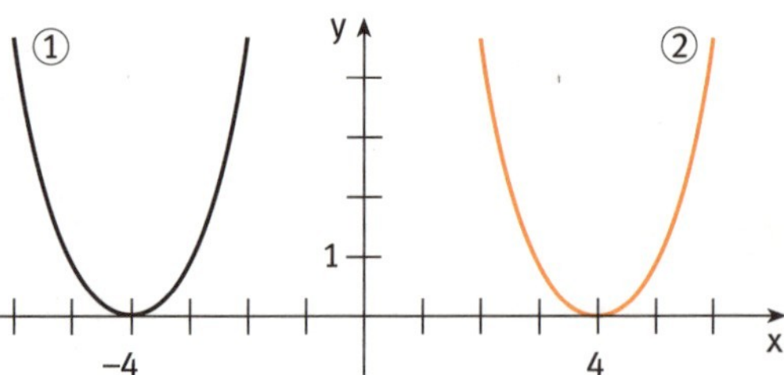

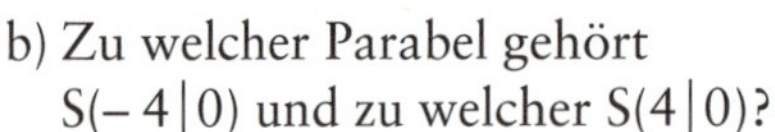

b) Zu welcher Parabel gehört $S(-4\,|\,0)$ und zu welcher $S(4\,|\,0)$?

Binomische Formeln

Ausdrücke wie $(x+4)^2$ bzw. $(x-4)^2$ kann man mithilfe der binomischen Formeln

$$(x+b)^2 = x^2 + 2bx + b^2$$
$$(x-b)^2 = x^2 - 2bx + b^2$$

umwandeln.

AUFGABE 5

Forme um:

a) $(x+4)^2$ b) $(x-4)^2$ c) $(x+3)^2$ d) $\left(x-\frac{1}{2}\right)^2$

So werden diese Terme in Quadrate umgewandelt:

Beispiel:

$$x^2 - 8x + 16 = (x - \_)^2$$
$$x^2 - 2bx + b^2 = (x-b)^2$$

Nach den beiden Gleichungen muss $2b = 8$ sein. Mithin $b = 4$.
Zur Probe rechnet man $b^2 = 16$.

Es gilt also: $x^2 - 8x + 16 = (x-4)^2$

AUFGABE 6

Verwandle ebenso:

a) $x^2 + 4x + 4$ b) $x^2 + 10x + 25$ c) $x^2 + x + \frac{1}{4}$

AUFGABE 7

Manche dieser Ausdrücke kann man nur mithilfe einer quadratischen Ergänzung umformen:

Beispiel:

$x^2 - 4x - 5$

Aus $2b = 4$ folgt $b = 2$ und $b^2 = 4$

Daraus ergibt sich folgende Umformung:

quadratische Ergänzung

$\underbrace{x^2 - 4x + 4}_{(x-2)^2} \underbrace{- 5 - 4}_{-9}$

$\boxed{-4}$ gleicht die quadratische Ergänzung $(+4)$ aus, damit der Wert des Termes nicht verändert wird.

Es gilt also: $x^2 - 4x - 5 = (x - 2)^2 - 9$

Forme die Ausdrücke entsprechend um:

a) $x^2 - 2x - 3$ b) $x^2 + 6x + 2$ c) $x^2 - 8x - 1$

Graph von $x \mapsto x^2 + bx + c$

Der Graph der Funktion

$$x \mapsto x^2 + bx + c$$

mit x, b und c aus $\mathbb{Q}$ ist aus einer Normalparabel entstanden, deren Scheitel um x_S in Richtung der x-Achse und um y_S in Richtung der y-Achse verschoben ist. Die Funktionsgleichung

$$y = x^2 + bx + c$$

lässt sich durch eine quadratische Ergänzung in die Form $y = (x - x_S)^2 + y_S$ bringen. Aus ihr ergibt sich die Lage des Scheitelpunktes $S(x_S | y_S)$.

AUFGABE **8**

a) Prüfe durch Anlegen von Wertetabellen, zu welcher der abgebildeten Parabeln

$x \mapsto (x-3)^2 + 2$ bzw.
$x \mapsto (x+3)^2 - 2$

gehört.

b) Lies von beiden Parabeln die Koordinaten der Scheitelpunkte ab.

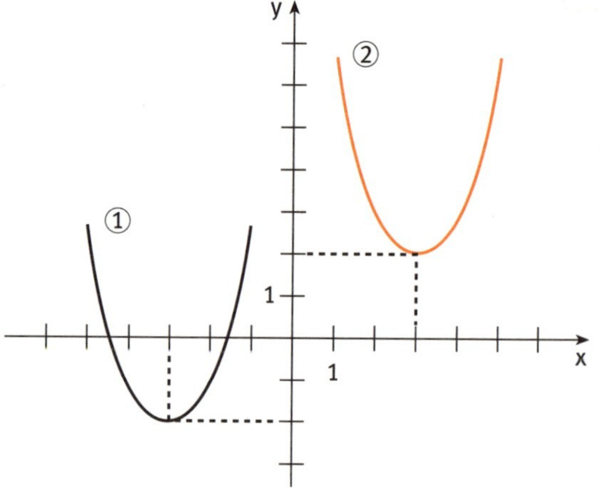

AUFGABE **9**

Zeichne auf dünner Pappe eine Normalparabel. Kennzeichne ihre Symmetrieachse. Schneide sie aus und verwende sie für die folgenden Aufgaben als Schablone.

AUFGABE **10**

In dieser Aufgabe geben wir von den quadratischen Funktionen nur noch die Funktionsgleichungen an.

Bestimme zunächst die Lage von S und zeichne dann jeweils die drei Parabeln jeder Teilaufgabe in das gleiche Achsenkreuz:

a) $y = x^2 + 3$ $\quad y = (x+3)^2$ $\quad y = (x+3)^2 - 1$

b) $y = x^2 - 2$ $\quad y = (x-2)^2$ $\quad y = (x-2)^2 + 3$

Gehe so vor:

Ist die Funktionsgleichung einer quadratischen Funktion in der Form

$$y = x^2 + bx + c$$

gegeben, so gehe folgendermaßen vor:

1. Mithilfe der quadratischen Ergänzung
   $$y = (x - x_S)^2 + y_S$$
   aufstellen.
2. Koordinaten des Scheitelpunktes ablesen.
3. $S(x_S | y_S)$ zeichnen.
4. Parabel in S zeichnen (Schablone!)

AUFGABE **11** Zeichne die Funktionsgraphen zu

a) $x \mapsto x^2 - 2x - 3$

b) $x \mapsto x^2 + 6x + 8$

c) $x \mapsto x^2 - 4x + 1$

d) $x \mapsto x^2 + 2x - 2$

Zusammenfassung

Begriffe	Erläuterungen	Beispiele
Quadratische Funktion $x \mapsto x^2$	Die Funktion $x \mapsto x^2$ für $x \in \mathbb{Q}$ heißt quadratische Funktion. Ihr Graph ist eine Parabel mit Scheitel S im Ursprung des Koordinatensystems (Normalparabel).	$x \mapsto x^2$ Funktionsgleichung $y = x^2$ 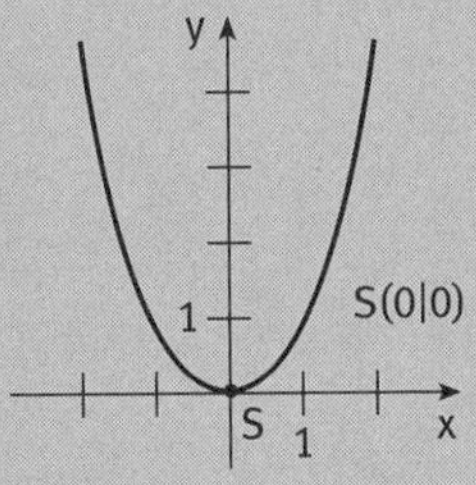 y, 1, S(0|0), S, 1, x
$x \mapsto ax^2$	Die Graphen der Funktionen $x \mapsto ax^2$ mit $a \neq 0$ sind Parabeln. Für $a > 0$ sind die Parabeln nach **oben** geöffnet. Für $a < 0$ sind die Parabeln nach **unten** geöffnet. Ist a = 1, so heißt das Bild Normalparabel. Die Scheitelpunkte S aller dieser Parabeln liegen im Ursprung: S(0|0)	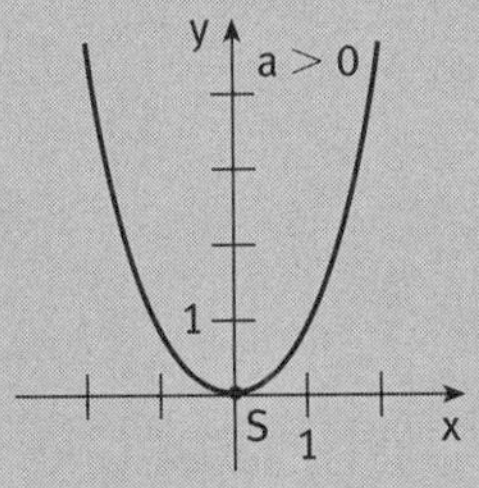 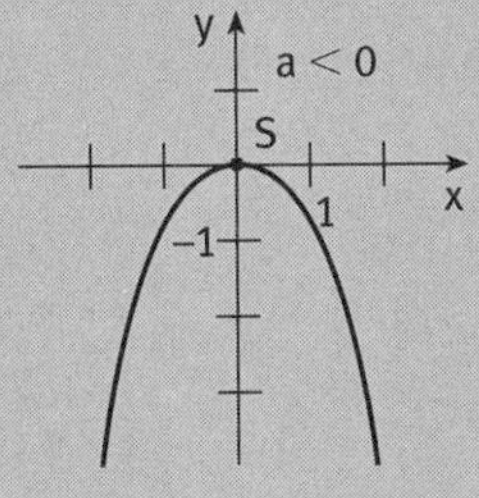 y, $a > 0$, 1, S, 1, x y, $a < 0$, S, 1, x, −1

Begriffe	Erläuterungen	Beispiele
$x \mapsto (x-b)^2$	Die Graphen dieser Funktionen ($b \neq 0$) sind wieder Parabeln, deren Scheitelpunkte auf der x-Achse verschoben sind: Bei $b < 0$ nach **links**, bei $b > 0$ nach **rechts**.	$x \mapsto (x+3)^2$ $b = -3$ y, 1, −3, x $x \mapsto (x-3)^2$ $b = 3$ y, 1, 3, x
Quadratische Ergänzung	Hierbei wird ein Term so ergänzt, dass er in einen quadratischen Ausdruck umgeformt werden kann.	$x^2 - 6x + 2$ $2b = 6 \rightarrow b = 3 \rightarrow b^2 = 9$ $x^2 - 6x + 9 + 2 - 9$ quadratische Ergänzung $(x-3)^2 - 7$ Also: $x^2 - 6x + 2 = (x-3)^2 - 7$
$x \mapsto x^2 + bx + c$	Der Graph dieser Funktion ist eine Normalparabel, deren Scheitel um x_s in Richtung der x-Achse und um y_s in Richtung der y-Achse verschoben ist.	$y = (x - x_S)^2 + y_S$ y $y = x^2$ $S\,(x_S \mid y_S)$ 1 y_S 1 x x_S

Begriffe	Erläuterungen	Beispiele
	Die Funktionsgleichung $y = x^2 + bx + c$ lässt sich durch eine quadratische Ergänzung in die **Scheitelform** $y = (x - x_s)^2 + y_s$ bringen. Aus ihr ergibt sich die Lage des Scheitelpunktes $S(x_s\|y_s)$.	

Test der Grundaufgaben

Hier findest du wieder die wichtigsten Grundaufgaben des letzten Kapitels. Überprüfe dich.

TESTAUFGABE 1

Zeichne die Graphen für folgende Funktionen in $\mathbb{Q}$:

a) $x \mapsto \frac{1}{2}x^2$ b) $x \mapsto 3x^2$

TESTAUFGABE 2

a) Zeichne auch hier die Funktionsgraphen:
1) $x \mapsto -x^2 - 3$ 2) $x \mapsto 2x^2 + 3$

b) Gib jeweils die Koordinaten des Scheitelpunktes $S(x_s|y_s)$ an.

c) Bei welcher Funktion ist die Parabel nach unten geöffnet?

TESTAUFGABE 3

Auch hier sollst du die Funktionsgraphen ermitteln. Bestimme zunächst S und zeichne dann

a) $x \mapsto x^2 - 4x + 5$ b) $x \mapsto x^2 + 2x - 3$

Reelle Zahlen

In diesem Abschnitt werden die dir bisher bekannten Zahlbereiche $\mathbb{N}$, $\mathbb{Z}$ und $\mathbb{Q}$ zu der Menge der reellen Zahlen $\mathbb{R}$ erweitert. Solch eine Zahlbereichserweiterung ist notwendig, weil man beim Wurzelziehen wie z. B. $\sqrt{2}$ auf Aufgaben stößt, die im Bereich der bisher eingeführten Zahlen nicht mehr lösbar sind.

Wurzelziehen durch Näherungsverfahren

AUFGABE 1

Überprüfe, ob das Quadrat mit $A = 2{,}25\ \text{cm}^2$ die Seitenlänge $a = 1{,}2$ cm oder $a = 1{,}5$ cm besitzt.

MERKE

Seitenlänge im Quadrat

Ist A der Flächeninhalt eines Quadrates, so schreibt man für die Bestimmung der Seitenlänge a den Ausdruck $\sqrt{A} = a$.

$\sqrt{x}$ ist diejenige nichtnegative Zahl, die quadriert x ergibt.

Beispiel: $\sqrt{4} = 2$, denn $2^2 = 4$

AUFGABE 2

Berechne: $\sqrt{36}$; $\sqrt{3600}$; $\sqrt{10\,000}$; $\sqrt{25}$; $\sqrt{2500}$; $\sqrt{0{,}25}$; $\sqrt{2{,}25}$; $\sqrt{0{,}0625}$

Nicht immer geht das Wurzelziehen auf. Man berechnet dann Näherungswerte für Wurzeln nach dem **Heron-Verfahren**.

Beispiel:

Näherung für $\sqrt{2}$

1. Man schätzt einen Näherungswert a_1 für $\sqrt{2}$, z. B. $a_1 = 1$, denn $1^2 = 1$
2. Durch Divisionskontrolle findet man den zugehörigen Wert a_2:
   $a_2 = 2 : 1 = 2$
3. Einen besseren Näherungswert erhält man durch Mittelwertsbildung:
   $a_3 = \frac{a_1 + a_2}{2} = \frac{1 + 2}{2} = 1{,}5$
4. Durch Divisionskontrolle bestimmt man $a_4 = 2 : 1{,}5 = 1{,}\overline{3}$
   $a_5 = \frac{a_3 + a_4}{2} = \frac{1{,}5 + 1{,}\overline{3}}{2} = 1{,}41\overline{6}$ (Mittelwertsbildung)
   $a_6 = 2 : 1{,}41\overline{6} \approx 1{,}4118$ (Divisionskontrolle)

In a_5 und a_6 stimmen die ersten 2 Ziffern überein. Sie sind bereits gültige Ziffern des Ergebnisses. Wie weit du weiterrechnen musst, hängt davon ab, mit welcher Genauigkeit $\sqrt{2}$ bestimmt werden soll.

AUFGABE 3

Berechne $\sqrt{2}$ noch einmal, indem du als ersten Näherungswert $a_1 = 2$ nimmst. Was stellst du fest?

Um den Rechenaufwand zu verringern wählt man den ersten Näherungswert a_1 möglichst dicht an der Wurzel.

Beispiel:

$\sqrt{17}$ liegt zwischen 4 und 5, denn $4^2 = 16$ und $5^2 = 25$.
Da 4 näher an $\sqrt{17}$ liegt als 5, nimmt man $a_1 = 4$.

AUFGABE 4

Ermittle für folgende Wurzeln den ersten Näherungswert a_1:

$\sqrt{6}$; $\sqrt{15}$; $\sqrt{66}$; $\sqrt{120}$; $\sqrt{266}$

AUFGABE 5

Berechne nach dem Heron-Verfahren auf zwei Stellen nach dem Komma genau:

$\sqrt{17}$; $\sqrt{7}$; $\sqrt{5}$; $\sqrt{12}$; $\sqrt{61}$; $\sqrt{91}$

Gehe so vor:

1. Möglichst guten Näherungswert a_1 schätzen.
   $\sqrt{x} \approx a_1$
2. Divisionskontrolle durchführen.
   $x : a_1 = a_2$
3. Mittelwert bilden.
   $\frac{a_1 + a_2}{2} = a_3$
4. Divisionskontrolle durchführen usw.
   $x : a_3 = a_4$

Reelle Zahlen

MERKE

Umwandlung in einen Dezimalbruch

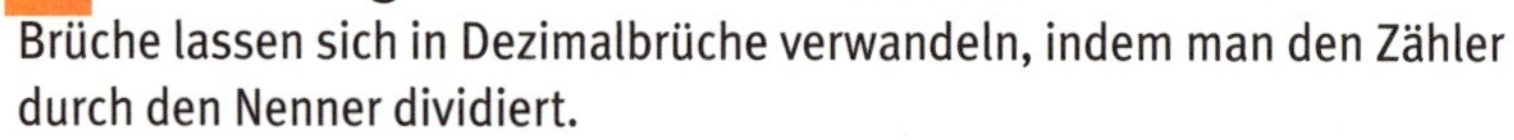

Brüche lassen sich in Dezimalbrüche verwandeln, indem man den Zähler durch den Nenner dividiert.

Beispiel:

$\frac{3}{5} = 3 : 5 = 0{,}6$ $\qquad$ $\frac{2}{9} = 2 : 9 = 0{,}22\ldots = 0{,}\overline{2}$

AUFGABE 1

Verwandle in Dezimalbrüche:

$\frac{3}{4}; \frac{4}{5}; \frac{1}{3}; \frac{5}{6}; \frac{6}{15}; \frac{3}{11}; \frac{7}{9}$

Zwei Arten von Dezimalbrüchen

Bei der Umwandlung eines vollständig gekürzten Bruches $\frac{a}{b}$ in einen Dezimalbruch treten folgende Fälle auf:

1. Division geht auf: Man erhält einen **endlichen** Dezimalbruch (z. B. $\frac{1}{4} = 0{,}25$)
2. Division geht nicht auf: Man erhält einen **unendlichen periodischen** Dezimalbruch (z. B. $\frac{1}{3} = 0{,}33... = 0{,}\overline{3}$; $\frac{1}{6} = 0{,}166... = 0{,}1\overline{6}$)

AUFGABE 2

Welche Brüche von Aufgabe 1 ergeben

a) abbrechende Dezimalbrüche,

b) periodische Dezimalbrüche?

MERKE

Rationale und irrationale Zahlen

Zahlen, die sich als Bruch der Form $\frac{a}{b}$ mit $a \in \mathbb{Z}$ und $b \in \mathbb{Z} \setminus \{0\}$ schreiben lassen, heißen **rationale Zahlen**. Sie lassen sich als endliche oder unendlich periodische Dezimalbrüche darstellen.
Zahlen wie $\sqrt{2}$ oder $\sqrt{24{,}8}$ lassen sich nicht auf die Form $\frac{a}{b}$ bringen. Sie heißen **irrationale (nichtrationale) Zahlen**. Ihre Dezimalbrüche sind unendlich, aber nicht periodisch.
Die Menge der rationalen Zahlen $\mathbb{Q}$ vereinigt mit der Menge der irrationalen Zahlen ergibt die Menge der **reellen Zahlen** $\mathbb{R}$.

Zusammenfassung

Begriffe	Erläuterungen	Beispiele
Quadratwurzel	$\sqrt{x}$ ist die nicht negative Zahl, die quadriert x ergibt.	$\sqrt{16} = 4$, denn $4^2 = 16$

Begriffe	Erläuterungen	Beispiele
Heron-Verfahren	Verfahren, eine Quadratwurzel durch fortgesetzte Division und Mittelwertsbildung näherungsweise zu bestimmen.	Berechnung von $\sqrt{2}$: 1. Näherungswert a_1 schätzen: $\sqrt{2} \approx 1{,}5$ 2. Divisionskontrolle: $2:1{,}5 = 1{,}\overline{3}$ 3. Mittelwert der Näherungswerte a_1 und a_2 bilden: $\frac{1{,}5 + 1{,}\overline{3}}{2} = 1{,}41\overline{6}$ 4. Divisionskontrolle: $2:1{,}41\overline{6} \approx 1{,}4118$ 5. Mittelwert bilden: $\frac{1{,}41\overline{6} + 1{,}4118}{2} \approx 1{,}41423$ ⋮
Zahlenmengen	**Ganze Zahlen** Zahlen, die sich als Bruch $\frac{a}{b}$ mit $a \in \mathbb{Z}$ und $b \in \mathbb{Z} \setminus \{0\}$ darstellen lassen, heißen **rationale Zahlen.** Zahlen wie $\sqrt{2}$ oder $\sqrt{24{,}8}$ lassen sich **nicht** auf die Form $\frac{a}{b}$ bringen. Sie heißen **irrationale Zahlen.** Ihre Dezimalbrüche sind unendlich, aber nicht periodisch. Alle rationalen und irrationalen Zahlen bilden die Menge der **reellen Zahlen.**	$\mathbb{Z}$: Menge der ganzen Zahlen $\{\ldots, -2, -1, 0, 1, 2, \ldots\}$ $\mathbb{Q}$: Menge der rationalen Zahlen (Brüche wie $\frac{1}{2}$; 0,5) $\mathbb{R}$: Menge der reellen Zahlen $\mathbb{R}_+$: Menge der positiven reellen Zahlen $\mathbb{R}_+^*$: Menge der positiven reellen Zahlen **ohne** 0.

Begriffe	Erläuterungen	Beispiele
	Dezimalbrüche	endlicher Dezimalbruch: $\frac{1}{2} = 0{,}5$ periodischer Dezimalbruch: $\frac{2}{3} = 0{,}\overline{6}$ nicht periodischer Dezimalbruch: $\sqrt{3} = 1{,}73205\ldots$

Test der Grundaufgaben

Überprüfe, ob du die Grundaufgaben des letzten Kapitels beherrschst.

TESTAUFGABE 1

Berechne $\sqrt{7}$ nach dem Heron-Verfahren auf 3 Stellen nach dem Komma genau.

TESTAUFGABE 2

a) Verwandle die Brüche in Dezimalbrüche:
$\frac{3}{4}$; $\frac{2}{3}$; $\frac{5}{6}$; $\frac{3}{8}$; $\frac{4}{9}$; $\frac{6}{11}$

b) Welche der Dezimalbrüche sind abbrechend und welche unendlich periodisch?

abbrechend: ______________ unendlich periodisch: ______________

TESTAUFGABE 3

Welche dieser Zahlen sind rational und welche irrational?

$\sqrt{7}$; $\frac{3}{7}$; $0{,}4\overline{5}$; $\sqrt{\frac{4}{25}}$; $0{,}\overline{3}$; $\sqrt{23}$

rational: ______________ irrational: ______________

Quadratische Gleichungen

Reinquadratische Gleichungen

Bekanntlich ist nicht nur $3^2 = 9$, sondern auch $(-3)^2 = 9$. Daher besitzt die quadratische Gleichung

$$x^2 = 9$$

als Lösung $x = 3$ oder $x = -3$.

Wir schreiben auch

$x = 3 \vee x = -3$ ($\vee$ für **oder**)
$x_{1,2} = \pm \sqrt{9} = \pm 3$
Lösungsmenge $L = \{3; -3\}$

MERKE

Lösungsmenge

Die reinquadratische Gleichung $x^2 = a$ besitzt für alle $a \in \mathbb{R}_+$ die beiden Lösungen

$x_1 = +\sqrt{a} \vee x_2 = -\sqrt{a}$
Kurzschreibweise: $x_{1,2} = \pm\sqrt{a}$

bzw. die Lösungsmenge $L = \{+\sqrt{a}; -\sqrt{a}\}$

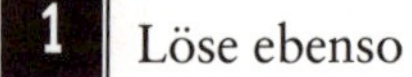

1 Löse ebenso

a) $x^2 = 16$ b) $x^2 = 25$ c) $x^2 = 36$ d) $x^2 = 1$

Nicht immer lassen sich die Quadratwurzeln so einfach lösen wie in Aufgabe 1.

AUFGABE 2

Löse:

a) $x^2 = 7$ b) $x^2 = 11$ c) $x^2 = 3$ d) $x^2 = 17$

Die Quadrate solcher Gleichungen können komplizierter gebaut sein:

1. Beispiel:

$(x - 3)^2 = 4$
$x - 3 = 2 \vee x - 3 = -2$
$x_1 = 3 + 2 = 5$
$x_2 = 3 - 2 = 1$
$L = \{1; 5\}$

2. Beispiel:

$(x - 3)^2 = 5$
$x - 3 = +\sqrt{5} \vee x - 3 = -\sqrt{5}$
$x_1 = 3 + \sqrt{5}$
$x_2 = 3 - \sqrt{5}$
$L = \{3 + \sqrt{5}; 3 - \sqrt{5}\}$

AUFGABE 3

Berechne ebenso:

a) $(x + 3)^2 = 16$ b) $(x - 4)^2 = 11$ c) $\left(x - \frac{1}{2}\right)^2 = 1$

d) $(x - 2)^2 = 9$ e) $(x + 8)^2 = 8$ f) $(x + 1)^2 = \frac{1}{4}$

Quadratische Ergänzung

MERKE

Normalform

$x^2 + px + q = 0$ mit p, q aus $\mathbb{R}$,

heißt **Normalform** einer quadratischen Gleichung. Mithilfe der **quadratischen Ergänzung** lässt sich diese Normalform in eine reinquadratische Gleichung überführen.

Beispiel:

$x^2 - 5x + 4 = 0$
$x^2 - 5x = -4$

Mithilfe der quadratischen Ergänzung (s. auch Kapitel „Quadratische Funktionen) soll der Ausdruck $x^2 - 5x$ so ergänzt werden, dass man unter Anwendung der binomischen Formel ein Quadrat erhält:

$$x^2 - 2bx + b^2 = (x - b)^2$$

Wir müssen b aus $2b = 5$ bestimmen, d. h. $b = \frac{5}{2}$.

Demnach beträgt die quadratische Ergänzung $b^2 = \left(\frac{5}{2}\right)^2 = \frac{25}{4}$.

$x^2 - 5x = -4$

$x^2 - 5x + \left(\frac{5}{2}\right)^2 = -4 + \left(\frac{5}{2}\right)^2$ | Eine Gleichung bleibt nur richtig, wenn auf beiden Seiten das Gleiche (in diesem Falle die quadratische Ergänzung) hinzugefügt wird.

$\left(x - \frac{5}{2}\right)^2 = -4 + \frac{25}{4}$ | Anwenden der binomischen Formel.

$\left(x - \frac{5}{2}\right)^2 = \frac{9}{4}$ | Lösen dieser reinquadratischen Gleichung.

$x - \frac{5}{2} = \frac{3}{2} \vee x - \frac{5}{2} = -\frac{3}{2}$

$x_1 = \frac{5}{2} + \frac{3}{2} = 4$

$x_2 = \frac{5}{2} - \frac{3}{2} = 1$

Lösungsmenge $L = \{1; 4\}$

Überprüfen der Lösungen:

$x_1 = 4$: $4^2 - 5 \cdot 4 + 4 = 16 - 20 + 4 = 0$ (wahre Aussage)
$x_2 = 1$: $1^2 - 5 \cdot 1 + 4 = 1 - 5 + 4 = 0$ (wahre Aussage)

AUFGABE

Löse jetzt diese quadratischen Gleichungen:

a) $x^2 - 5x + 6 = 0$ b) $x^2 + 3x - 10 = 0$ c) $x^2 + 5x + 6 = 0$

d) $x^2 + 8x - 9 = 0$ e) $x^2 - 3x - 40 = 0$ f) $x^2 - x - 12 = 0$

AUFGABE 2

Bringe diese quadratischen Gleichungen auf die Normalform und löse sie.

Beispiel: $-2x^2 + 4x - 6 = 0 \quad |:-2$
$x^2 - 2x + 3 = 0$

a) $-3x^2 + 27x - 54 = 0$ b) $2x^2 + 16x + 24 = 0$ c) $\frac{1}{2}x^2 + x - \frac{3}{2} = 0$

AUFGABE 3

Bringe auch diese Gleichungen zunächst auf die Normalform:

a) $9 - 2x^2 = 3 - 4x$ b) $x(x + 8) - 4(2x + 9) = 0$

c) $6(2 - x) - 2x(4 - x) = 0$ d) $9x^2 - 4 = 12x^2 - 7x - 2$

Allgemeines Lösungsverfahren

Lösungsmengen

Die quadratische Gleichung in der **Normalform**

$x^2 + px + q = 0$ mit p, q aus ℝ,

besitzt die **Diskriminante**

$D = \frac{p^2}{4} - q.$

Die quadratische Gleichung hat in ℝ dann folgende Lösungsmengen:

$D > 0$ $\quad L = \left\{x_1 = -\frac{p}{2} + \sqrt{D};\ x_2 = -\frac{p}{2} - \sqrt{D}\right\};$

kurz: $x_{1,2} = -\frac{p}{2} \pm \sqrt{\frac{p^2}{4} - q}$

$D = 0$ $\quad L = \left\{-\frac{p}{2}\right\}$

kurz: $x = -\frac{p}{2}$

$D < 0$ $\quad L = \{\,\}$

Beispiel:

$14x - 20 = 2x^2$

1. Gleichung auf die Normalform bringen
   $-2x^2 + 14x - 20 = 0 \quad | :(-2)$
   $x^2 - 7x + 10 = 0$
2. p und q ablesen:
   $p = -7;\ q = 10$
3. Diskriminante bestimmen:
   $D = \frac{49}{4} - 10 = \frac{9}{4}$
4. Anzahl der Lösungen ermitteln:
   $D = \frac{9}{4} > 0$ also zwei Lösungen
5. Notieren der Lösungen:
   $x_{1,2} = \frac{7}{2} \pm \sqrt{\frac{9}{4}}$
   $x_1 = \frac{7}{2} + \frac{3}{2} \vee x_2 = \frac{7}{2} - \frac{3}{2}$
   $x_1 = 5 \vee x_2 = 2$
6. Aufschreiben der Lösungsmenge:
   $L = \{2; 5\}$

AUFGABE

Berechne jeweils D und die Lösungen:

a) $x^2 - 6x + 10 = 0$ b) $x^2 - 6x + 9 = 0$ c) $x^2 - 6x + 8 = 0$

AUFGABE

Löse die folgenden Aufgaben mithilfe der Formel. Bestimme jeweils D. Den Wurzelwert brauchst du nur dann auszurechnen, wenn unter der Wurzel eine Quadratzahl steht.

a) $x^2 - 10x + 26 = 0$ b) $x^2 - 10x + 20 = 0$ c) $x^2 - 10x + 25 = 0$

d) $4x^2 = 4x + 48$ e) $\frac{1}{3}x^2 - x = \frac{40}{3}$ f) $x(2x + 9) = x(x + 8)$

g) $x(x - 5) + 8 = 2$ h) $3 - x = x(x + 1)$ i) $9x^2 + 7x = 12x^2 + 2$

Grafisches Lösen von quadratischen Gleichungen

Beispiel:

Die quadratische Gleichung

$$x^2 - x - 2 = 0$$

kann man umformen in $x^2 = x + 2$.

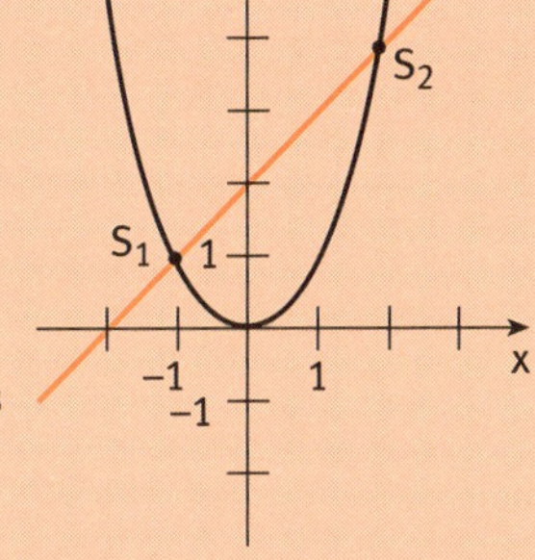

Diese Gleichung bedeutet: Gesucht sind die x-Werte, für die $x^2 = x + 2$ ist. Diese x-Werte erhält man als Lösungen des Gleichungssystems

$$y = x^2$$
$$\wedge\ y = x + 2$$

Zeichnet man die Graphen dieser Gleichungen, so liefern die x-Werte der Schnittpunkte von Normalparabel und Gerade die Lösungen des Gleichungssystems.

AUFGABE 1

a) Lies aus der Abbildung die Koordinaten der Schnittpunkte zwischen Normalparabel und Geraden ab.

b) Löse die quadratische Gleichung wie bisher.

c) Vergleiche die x-Werte mit den Lösungen in a).

MERKE

Grafische Lösung

Die x-Werte der Schnittpunkte von Normalparabel und Gerade liefern die grafische Lösung der quadratischen Gleichung.

AUFGABE

Löse wie in Aufgabe 1 zeichnerisch und überprüfe die Lösungen auch rechnerisch.

a) $x^2 + 4x + 3 = 0$ b) $x^2 - 2x + 1 = 0$ c) $x^2 + 3x - 4 = 0$

AUFGABE **3**

Löse zeichnerisch und rechnerisch:

a) $x^2 - 2x + 2 = 0$ b) $x^2 - 2x - 3 = 0$ c) $x^2 - x + \frac{1}{4} = 0$

Satz von Vieta

AUFGABE **1**

a) Prüfe durch Ersetzen von x, dass die Gleichung

$$x^2 - 5x - 6 = 0$$

die Lösungen $x_1 = 6$ und $x_2 = -1$ besitzt.

b) Bilde $x_1 + x_2$ und $x_1 \cdot x_2$ und vergleiche diese Werte mit den Koeffizienten $p = -5$ und $q = -6$ der obigen Gleichung.

Es scheint Folgendes zu gelten: $x_1 + x_2 = -p$;
$x_1 \cdot x_2 = q$

MERKE

Satz von Vieta

Sind x_1, x_2 Lösungen der quadratischen Gleichung

$x^2 + px + q = 0$, mit p, q aus $\mathbb{R}$,

so gilt: $x_1 + x_2 = -p$ und $x_1 \cdot x_2 = q$.

AUFGABE **2**

1) Überprüfe mithilfe des Satzes von Vieta, ob die angegebenen Werte Lösungen der jeweiligen quadratischen Gleichung sind.

a) $x^2 + 7x + 6 = 0$
$x_1 = -1$; $x_2 = -6$

b) $x^2 - 4x + 3 = 0$
$x_1 = 1$; $x_2 = 3$

c) $x^2 - 2x - 15 = 0$
$x_1 = 3$; $x_2 = 5$

d) $x^2 + 2x - 3 = 0$
$x_1 = 3$; $x_2 = -3$

e) $x^2 - x - 6 = 0$
$x_1 = 2$; $x_2 = +3$

f) $x^2 + 8x + 7 = 0$
$x_1 = -1$; $x_2 = -7$

2) Für einige Gleichungen sind die angegebenen Werte keine Lösungen. Berechne ihre Lösungen. Kontrolliere sie noch mal mit dem Satz von Vieta.

AUFGABE 3

Verwandle $(x - 1)(x + 8) = 0$ in die Normalform einer quadratischen Gleichung. Bestimme ihre Lösungen. Erhältst du die Lösungen $x_1 = 1$ und $x_2 = -8$?

Wie du weißt, kann ein Produkt nur dann Null sein, wenn mindestens ein Faktor Null ist.

Daraus ergibt sich eine einfache Lösung der obigen Gleichung:

$$(x - 1)(x + 8) = 0$$
$$(x - 1) = 0 \text{ oder } (x + 8) = 0 \quad \Big| \quad \text{1. Faktor oder 2. Faktor gleich Null}$$
$$x_1 = 1 \qquad x_2 = -8$$

MERKE

Linearfaktoren

Jede quadratische Gleichung $x^2 + px + q = 0$, mit x_1 und x_2 als Lösungen lässt sich in der Form

$$(x - x_1)(x - x_2) = 0$$

schreiben.
Die Ausdrücke $(x - x_1)$ bzw. $(x - x_2)$ heißen **Linearfaktoren**.

AUFGABE 4

Bestimme die Lösungen dieser Gleichungen:

a) $(x - 7)(x + 8) = 0$

b) $\left(x + \frac{2}{3}\right)\left(x - \frac{1}{4}\right) = 0$

c) $(x - \sqrt{5})\left(x + \frac{3}{4}\right) = 0$

d) $(x - 5)(x - 5) = 0$

Zusammenfassung

Begriffe	Erläuterungen	Beispiele
Normalform einer quadratischen Gleichung	$x^2 + px + q = 0$ mit $p, q \in \mathbb{R}$ $x \in \mathbb{R}$	$-3x^2 + 9x - 1 = 0 \mid :(-3)$ $x^2 - 3x + \frac{1}{3} = 0$ also: $p = -3$; $q = \frac{1}{3}$

Begriffe	Erläuterungen	Beispiele
Lösungsverfahren für quadratische Gleichungen in Normalform	1. Arbeiten mit der quadratischen Ergänzung	$x^2 - 2x - 3 = 0$ $x^2 - 2x = 3$ $x^2 - 2x + (1)^2 = (1)^2 + 3$ quadratische Ergänzung $(x - 1)^2 = 4$ $x - 1 = 2$ $\vee\ x - 1 = -2$ $x_1 = 3 \vee x_2 = -1$
	2. Grafisches Lösen durch Zeichnen der Lösungsmengen: Normalparabel und Gerade zum Schnitt bringen.	$x^2 - 2x - 3 = 0$ $x^2 = 2x + 3$ $y = x^2 \wedge y = 2x + 3$ 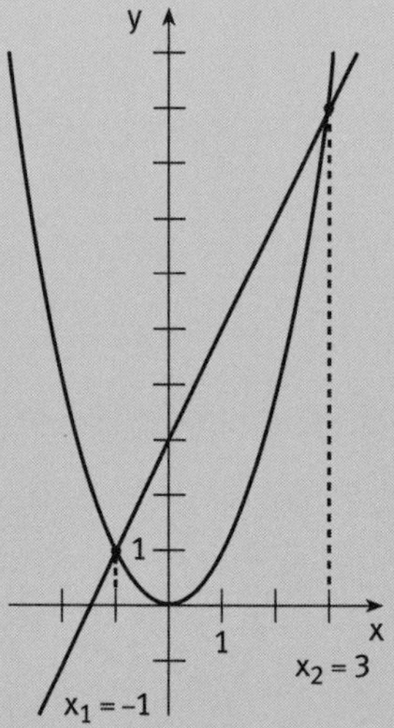
	3. Arbeiten nach der Lösungsformel $x^2 + px + q = 0$ $x_{1,2} = -\frac{p}{2} \pm \sqrt{\frac{p^2}{4} - q}$	$x^2 - 2x - 3 = 0$ $p = -2;\ q = -3$ $x_1 = -\frac{-2}{2} + \sqrt{\frac{(-2)^2}{4} - (-3)}$ $x_1 = 1 + \sqrt{4} = 3$ $x_2 = 1 - \sqrt{4} = -1$

Begriffe	Erläuterungen	Beispiele
Diskriminante	Der Ausdruck unter der Wurzel in der Lösungsformel $D = \frac{p^2}{4} - q$ heißt Diskriminante D.	$x^2 - 2x - 3 = 0$ $p = -2;\; q = -3$ $D = \frac{(-2)^2}{4} - (-3)$ $D = 4$
Lösungen einer quadratischen Gleichung	Die Anzahl möglicher Lösungen einer quadratischen Gleichung $x^2 + px + q = 0$ hängt vom Wert der Diskriminante D ab.	$D > 0$ genau zwei Lösungen $x_{1,2} = -\frac{p}{2} \pm \sqrt{\frac{p^2}{4} - q}$ $D = 0$ eine Lösung $x = -\frac{p}{2}$ $D < 0$ keine Lösung $L = \{\ \}$
Satz von Vieta	Sind x_1, x_2 Lösungen der quadratischen Gleichung $x^2 + px + q = 0$, so gilt: $x_1 + x_2 = -p$ und $x_1 \cdot x_2 = q$.	$x^2 - 2x - 3 = 0$ $p = -2;\; q = -3$ $x_1 = 3;\; x_2 = -1$ $x_1 + x_2 = 3 + (-1) = 2$ $x_1 \cdot x_2 = 3 \cdot (-1) = -3$
Linearfaktoren	Jede quadratische Gleichung $x^2 + px + q = 0$ mit den Lösungen x_1, x_2 lässt sich in der Form $(x - x_1)(x - x_2) = 0$ schreiben. $(x - x_1)$ bzw. $(x - x_2)$ heißen **Linearfaktoren.**	$x^2 - 2x - 3 = 0$ $x_1 = 3;\; x_2 = -1$ $(x - 3)(x + 1) = 0$

Test der Grundaufgaben

Überprüfe deinen Kenntnisstand durch Lösen dieser Aufgaben.

TESTAUFGABE 1

Löse die Gleichung

$$x^2 - x - 2 = 0 \quad (x \in \mathbb{R})$$

a) mithilfe einer quadratischen Ergänzung,

b) mittels der Lösungsformel,

c) zeichnerisch.

TESTAUFGABE

Löse diese quadratischen Gleichungen in $\mathbb{R}$.
Bestimme jeweils erst die Diskriminante und gib die Anzahl der zu erwartenden Lösungen an.

a) $x^2 - 6x + 9 = 0$

b) $x^2 + x - 12 = 0$

c) $x^2 - 4x + 7 = 0$

TESTAUFGABE

a) Überprüfe, ob

$$x_1 = 2; \;\; x_2 = -6$$

Lösungen von

$$x^2 + 4x - 12 = 0$$

sind.

b) Löse zur Kontrolle die Gleichung.

5 Potenzen – Potenzfunktionen

Die Grundidee der Potenzrechnung ist der Wunsch bestimmte Rechnungen verkürzt und damit übersichtlicher notieren zu können.

Potenzen mit Exponenten aus IN

MERKE

n-te Potenz

$$a^n = \underbrace{a \cdot a \cdot \ldots \cdot a}_{\text{n Faktoren}} \quad (a \text{ aus } \mathbb{R}, n \text{ aus } \mathbb{N}, n \geqq 2)$$

a^n heißt **n-te Potenz** von a. Dabei ist a **Basis** (Grundzahl), n heißt **Exponent** (Hochzahl) der Potenz.

Als Erweiterung wird festgesetzt:

$a^1 = a$, $a^0 = 1$ für a aus $\mathbb{R}$.

Beispiel: $5 \cdot 5 \cdot 5 = 5^3$

AUFGABE 1

Schreibe kürzer:

a) $4 \cdot 4 \cdot 4$ b) $4 \cdot 4 \cdot 4 \cdot 4 \cdot 4$ c) $\frac{1}{2} \cdot \frac{1}{2} \cdot \frac{1}{2}$

d) $(-2) \cdot (-2) \cdot (-2) \cdot (-2)$ e) $a \cdot a \cdot a \cdot a$ f) $(-x) \cdot (-x) \cdot (-x)$

AUFGABE 2

Berechne und vergleiche. Achte auf Grundzahl und Hochzahl.

a) 2^3 und 3^2 b) 2^5 und 5^2 c) 3^3; $(-3)^3$; -3^3

MERKE

Zehnerpotenzen

Große Zahlen werden oft unter Verwendung von Zehnerpotenzen kürzer dargestellt.
Dabei verwendet man folgende Bezeichnungen:

$1 \cdot 10^6$ = 1 Million | $1 \cdot 10^{12}$ = 1 Billion | $1 \cdot 10^{18}$ = 1 Trillion
$1 \cdot 10^9$ = 1 Milliarde | $1 \cdot 10^{15}$ = 1 Billiarde | $1 \cdot 10^{21}$ = 1 Trilliarde

Beispiel: Entfernung Erde – Sonne: $1\underbrace{50\,000\,000}_{\text{8 Stellen}}$ km = $1{,}5 \cdot 10^8$ km

AUFGABE **3**

a) Schreibe verkürzt mit Zehnerpotenzen:
143 000 000; 34 Milliarden; 47 500 000 000

b) Schreibe ohne Zehenerpotenzen:
$3{,}08 \cdot 10^6$; $9{,}99 \cdot 10^8$; $8{,}43 \cdot 10^{10}$; $1{,}7 \cdot 10^6$

Beispiel:

Dein Taschenrechner zeigt [4.184 09]. Dies ist eine Kurzschreibweise von $4{,}184 \cdot 10^9 = 4\,\underbrace{184\,000\,000}_{\text{9 Stellen}}$.

AUFGABE **4**

a) Welche Zahlen werden dargestellt?

[1.12 10] [9.9 09] [3.2 07] [4.02 11]

b) Wie zeigt der Taschenrechner die folgenden Zahlen an?

17 340 000 000 000 1 000 000 000 000 46 300 000

Rechnen mit Potenzen

Potenzgesetze

für a, b aus $\mathbb{R}^*$, und m, n aus $\mathbb{N}^*$:

Beispiele:

1. Potenzen mit gleicher Basis

a) Multiplikation:

$a^m \cdot a^n = a^{m+n}$ — $3^4 \cdot 3^5 = 3^{4+5} = 3^9$

$\frac{1}{a^m} \cdot \frac{1}{a^n} = \frac{1}{a^{m+n}}$; $a \neq 0$ — $\frac{1}{3^4} \cdot \frac{1}{3^5} = \frac{1}{3^{4+5}} = \frac{1}{3^9}$

b) Division:

$$\frac{a^m}{a^n} = \begin{cases} a^{m-n} & \text{für } m > n \\ 1 & \text{für } m = n;\ a \neq 0 \\ \frac{1}{a^{n-m}} & \text{für } m < n \end{cases}$$

$\frac{3^7}{3^5} = 3^{7-5} = 3^2$

$\frac{3^7}{3^7} = 3^{7-7} = 3^0 = 1$

$\frac{3^5}{3^7} = \frac{1}{3^{7-5}} = \frac{1}{3^2}$

2. Potenzen mit gleichen Exponenten

a) Multiplikation:

$(a \cdot b)^n = a^n \cdot b^n$ — $(3 \cdot 5)^4 = 3^4 \cdot 5^4$

b) Division:

$\left(\frac{a}{b}\right)^n = \frac{a^n}{b^n}$; $b \neq 0$ — $\left(\frac{3}{5}\right)^4 = \frac{3^4}{5^4}$

3. Potenzieren einer Potenz

$(a^m)^n = a^{m \cdot n}$ — $(5^2)^3 = 5^{2 \cdot 3} = 5^6$

AUFGABE 1

Vereinfache die Terme.

a) $x^3 \cdot x^7$; $z^4 \cdot z^1$; $a^5 \cdot a^5$

b) $\frac{1}{x^4} \cdot \frac{1}{x^5}$; $\frac{1}{z^5} \cdot \frac{1}{z^1}$; $\frac{1}{a^3} \cdot \frac{1}{a^3}$

c) $\frac{x^7}{x^4}$; $\frac{z^5}{z^5}$; $\frac{a^1}{a^1}$

d) $(x^2)^3$; $(z^7)^3$; $(a^1)^5$

AUFGABE

2 Vereinfache:

Beispiel: $(a^3 \cdot b^4)^2 = a^6 \cdot b^8$

a) $(a \cdot b^2)^3$; $(x^2 \cdot y^3)^4$; $(p^3 \cdot p^4)^2$; $(3u^2 \cdot v)^3$

Beispiel: $\left(\frac{a^5}{b^3}\right)^2 = \frac{a^{10}}{b^6}$

b) $\left(\frac{a^2}{b^3}\right)^4$; $\left(\frac{1}{4x^2}\right)^3$; $\left(\frac{2a^2b^5}{b^2}\right)^3$; $\left(\frac{x^2 \cdot y^4}{z^3}\right)^5$

AUFGABE

3 Welche Ausdrücke kannst du vereinfachen?

a) $3^3 \cdot 5^3$; $3^3 + 5^3$

b) $2^4 \cdot 2^5$; $2^4 + 2^5$

MERKE

Polynome

Auch Polynome lassen sich dividieren. Man rechnet dann wie beim schriftlichen Dividieren.

Beispiel:

$$(x^3 - 6x^2 + 9x - 4) : (x - 4) = \underbrace{x^2}_{(x^3:x)} - \underbrace{2x}_{(-2x^2:x)} + \underbrace{1}_{(x:x)}$$

$-(x^3 - 4x^2)$ ← $(x-4) \cdot x^2$, dann den Term abziehen

$-2x^2 + 9x$

$+2x^2 - 8x$ ← $(x-4) \cdot (-2x)$, dann abziehen

$x - 4$

$-x + 4$ ← $(x-4) \cdot 1$, dann abziehen

0

Es ergibt sich also: $(x^3 - 6x^2 + 9x - 4) : (x - 4) = x^2 - 2x + 1$

AUFGABE

4 Führe diese Kontrollrechnung für das Beispiel aus:

$(x^2 - 2x + 1) \cdot (x - 4) =$

AUFGABE 5

Rechne ebenso und führe jeweils eine Kontrollrechnung durch.

a) $(x^3 + 3x^2 - 9x + 5):(x + 5)$

b) $(x^4 + x^3 - 15x^2 + 23x - 10):(x - 2)$

c) $(a^4 + a^3 - 15a^2 + 23a - 10):(a + 5)$

d) $(8y^3 + 12y^2 - 18y + 5):(2y + 5)$

Potenzfunktionen mit Exponenten aus IN

AUFGABE

1 Wir betrachten die Funktionen $x \mapsto x^2$; $x \mapsto x^3$; $x \mapsto x^4$ und $x \mapsto x^5$ mit x aus IR.

a) Fülle die Wertetabelle aus:

x	−3	−2	−1	0	1	2	3
x^2							
x^3							
x^4							
x^5							

b) Welche Besonderheiten zeigt die Tabelle für $x = 0$, $x = 1$, $x = -1$?

c) Zeichne die Graphen für diese Funktionen.

Potenzfunktionen

Die Funktionen $x \mapsto x^n$ $x \in \mathbb{R}, n \in \mathbb{N}^*$ heißen **Potenzfunktionen.**

Die Graphen dieser Potenzfunktionen heißen **Normalparabeln n-ter Ordnung.**

AUFGABE 2

a) Ordne den folgenden Graphen die Funktionen $x \mapsto x^2$, $x \mapsto x^3$, $x \mapsto x^4$ und $x \mapsto x^5$ zu.

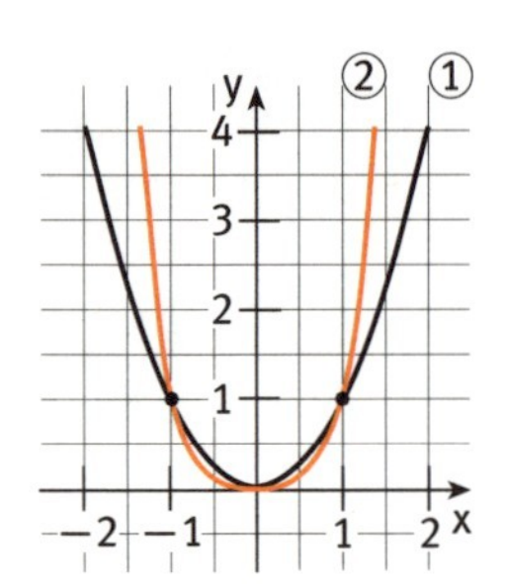

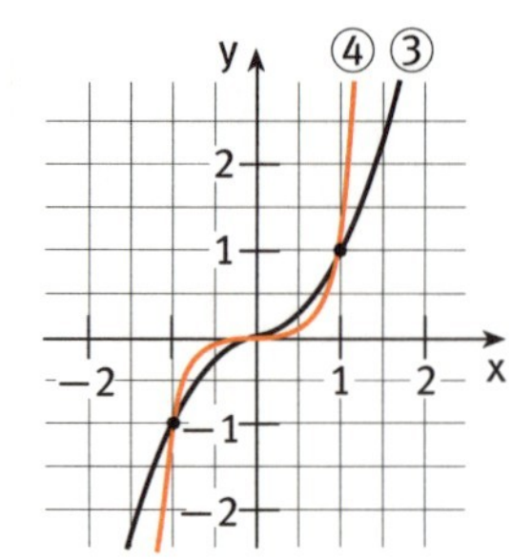

b) Beschreibe die Symmetrieeigenschaften der Graphen.

AUFGABE 3

Zeichne die Graphen für diese Funktionen:

a) $x \mapsto x^3$ b) $x \mapsto \frac{1}{2}x^3$ c) $x \mapsto 2x^3$

d) $x \mapsto x^4$ e) $x \mapsto \frac{1}{4}x^4$ f) $x \mapsto 2x^4$

Potenzen mit Exponenten aus $\mathbb{Z}$

Viele Rechnungen mit Potenzen vereinfachen sich, wenn man den Potenzbegriff für Exponenten aus $\mathbb{Z}$ erweitert.

Negative Exponenten

Allgemeine Definition für negative Exponenten ($a \in \mathbb{R}^*$; $m, n \in \mathbb{N}^*$):

Beispiele:

$a^{-n} = \frac{1}{a^n}$ $5^{-3} = \frac{1}{5^3}$

$a^n \cdot a^m = a^{n+m}$ $5^{-2} \cdot 5^6 = 5^{-2+6} = 5^4$

$\frac{a^n}{a^m} = a^{n-m}$ $\frac{5^3}{5^7} = 5^{3-7} = 5^{-4}$

Beispiel: $6^{-2} = \frac{1}{6^2} = \frac{1}{36}$

AUFGABE 1

Berechne ebenso:

a) 5^{-1}; 5^{-2}; 5^{-3}; 3^{-2}; 3^{-3}; 10^{-2}; 1000^{-1}

b) $\left(\frac{1}{2}\right)^{-2}$; $\left(\frac{1}{2}\right)^{0}$; $(-3)^{-3}$; $\left(-\frac{1}{3}\right)^{-3}$; $\left(-\frac{1}{3}\right)^{-4}$; $\left(\frac{3}{4}\right)^{-2}$

c) $(a+b)^{-1}$; $(a+b)^{0}$; $(a+b)^{-2}$

MERKE

Weitere Zehnerpotenzen

Neben sehr großen Zahlen werden auch sehr kleine Zahlen als Produkt mit einer Zehnerpotenz dargestellt.

AUFGABE 2

a) Schreibe mit Zehnerpotenz:

Beispiel: $0,\underbrace{003}_{3}8 = 3,8 \cdot 10^{-3}$

0,004 81; 0,000 098; 0,000 011

b) Schreibe als Dezimalzahl:

Beispiel: $2,5 \cdot 10^{-3} = 0,\underbrace{002}5$

$1,5 \cdot 10^{-3}$; $4,876 \cdot 10^{-5}$; $9 \cdot 10^{-6}$; $2,34 \cdot 10^{-4}$

AUFGABE 3

Beispiel: $4^2 \cdot 4^{-3} = \frac{4^2}{4^3} = \frac{1}{4}$

a) $2^3 \cdot 2^{-5}$; $2^{-3} \cdot 2^{-5}$; $2^0 \cdot 2^{-4}$; $(-2)^3 \cdot (-2)^{-6}$

b) $x^3 \cdot x^4$; $x^3 \cdot x^{-4}$; $x^{-3} \cdot x^{-4}$

AUFGABE 4

Beispiel: $\frac{a^3}{a^{-5}} = a^3 \cdot a^5 = a^{3+5} = a^8$

a) $\frac{2^2}{2^3}$; $\frac{2^{-2}}{2^3}$; $\frac{2^2}{2^{-3}}$; $\frac{2^{-2}}{2^{-3}}$

b) $\frac{x^2}{x^5}$; $\frac{x^{-2}}{x^5}$; $\frac{x^{-2}}{x^{-5}}$

AUFGABE 5

Vereinfache die Terme. Fasse dazu die Potenzen mit gleicher Grundzahl zusammen.

a) $x^2 \cdot y^3 \cdot z \cdot x^{-3} \cdot y^2 \cdot z$

b) $a^2 \cdot b^{-3} \cdot a \cdot b^5 \cdot c$

c) $a^2 \cdot b^{-3} \cdot b^{-3}$

d) $0{,}4a^{-4} \cdot 5b^2 \cdot 8a^3$

AUFGABE 6

Beispiele: $(2^{-2})^3 = \left(\frac{1}{2^2}\right)^3 = \frac{1^3}{2^6} = \frac{1}{64}$ oder $(2^{-2})^3 = 2^{(-2)\cdot 3} = 2^{-6} = \frac{1}{64}$

a) $(2^2)^{-3}$; $(2^{-2})^{-3}$; $\left(\frac{1}{2^{-2}}\right)^3$

b) $(a^3)^{-4}$; $\left(\frac{1}{x^3}\right)^{-2}$; $\frac{1}{(y^2)^{-4}}$

Potenzfunktionen mit Exponenten aus $\mathbb{Z}$

AUFGABE

Wir betrachten jetzt die Funktionen $x \mapsto x^{-1}$; $x \mapsto x^{-2}$; $x \mapsto x^{-3}$ und $x \mapsto x^{-4}$ für x aus $\mathbb{R}^*$.

a) Schreibe die Funktionen auch so: $x \mapsto \frac{1}{x}$.

b) Fülle die Wertetabelle aus:

x	−3	−2	−1	−0,5	0	0,5	1	2	3
$\frac{1}{x}$									
$\frac{1}{x^2}$									
$\frac{1}{x^3}$									
$\frac{1}{x^4}$									

c) Welche Besonderheiten zeigt die Tabelle für x = 0, x = 1, x = −1?

d) Zeichne die Graphen der Funktionen.

MERKE

Hyperbeln

Die Graphen der Funktionen $x \mapsto x^{-n}$ bzw. $x \mapsto \frac{1}{x^n}$, mit x aus $\mathbb{R}^*$ und n aus $\mathbb{N}^*$ heißen **Hyperbeln.** Sie sind auch Potenzfunktionen.

AUFGABE 2

Zu welchen Graphen gehören $x \mapsto \frac{1}{x}$, $x \mapsto \frac{1}{x^2}$, $x \mapsto \frac{1}{x^3}$ und $x \mapsto \frac{1}{x^4}$?

①
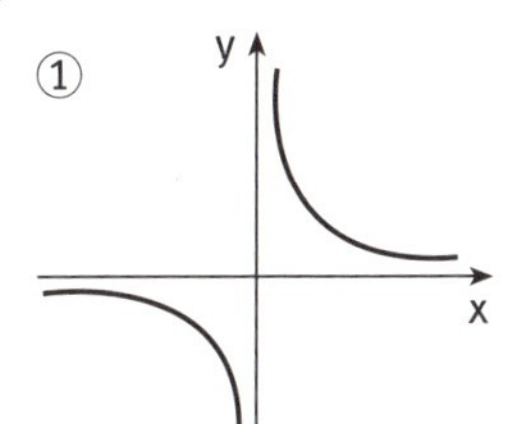

②
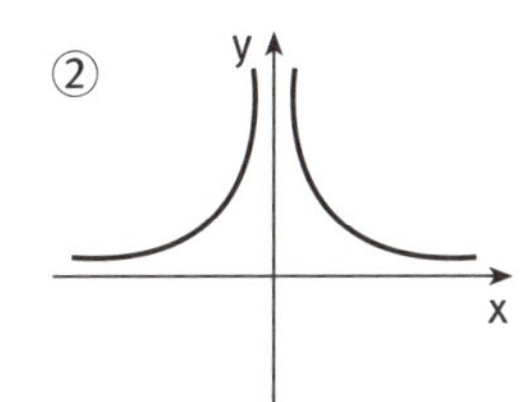

n-te Wurzeln

n-te Wurzeln

Allgemein wird festgesetzt:

$x = \sqrt[n]{a}$ entspricht $x^n = a$

d. h., für alle $a \in \mathbb{R}_+$ und $n \in \mathbb{N}^*$ ist $x = \sqrt[n]{a}$ die Zahl $x \geqq 0$, für die $x^n = a$ gilt. a heißt **Radikand**, n **Wurzelexponent**.

AUFGABE

Beispiel: $\sqrt[3]{8} = 2$, weil $2^3 = 8$

Ergänze entsprechend:

a) $\sqrt[3]{27}$ = ______, weil ______________ b) $\sqrt[4]{16}$ = ______, weil ______________

c) $\sqrt[5]{100\,000}$ = ______, weil __________ d) $\sqrt[2]{25}$ = ______, weil ______________

Beachte: Bei der Quadratwurzel $\sqrt[2]{a}$ lässt man im Allgemeinen den Wurzelexponenten 2 weg und schreibt $\sqrt{a}$. $\sqrt{9}$ bedeutet also $\sqrt[2]{9}$.

Sonderfall: Wenn Exponent und Wurzelexponent gleich sind

Für $a \in \mathbb{R}_+$ und $n \in \mathbb{N}^*$ gilt

$\sqrt[n]{a^n} = a$ **Beispiel:** $\sqrt[5]{32} = \sqrt[5]{2^5} = 2$

AUFGABE 2

Berechne: a) 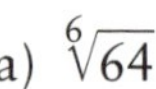 $\sqrt[6]{64}$ b) $\sqrt[8]{1}$ c) $\sqrt[5]{0}$ d) $\sqrt[4]{10\,000}$

MERKE

Gesetze

Für Wurzelterme gilt:

$\sqrt[n]{a \cdot b} = \sqrt[n]{a} \cdot \sqrt[n]{b}$ $\sqrt[n]{\frac{a}{b}} = \frac{\sqrt[n]{a}}{\sqrt[n]{b}}$ $\sqrt[n]{\frac{1}{b}} = \frac{1}{\sqrt[n]{b}}$

mit $a, b \in \mathbb{R}_+^*$ und $n \in \mathbb{N}^*$

AUFGABE

Beispiel: $\sqrt[3]{a^3 \cdot b^3} = \sqrt[3]{a^3} \cdot \sqrt[3]{b^3} = a \cdot b$

Vereinfache ebenso:

a) $\sqrt[6]{a^6 \cdot b^6}$ b) $\sqrt[4]{\frac{x^4}{y^4}}$ c) $\sqrt[5]{\frac{1}{z^5}}$

AUFGABE

Beispiel: $\sqrt[3]{4^2} \cdot \sqrt[3]{4} = \sqrt[3]{4^2 \cdot 4} = \sqrt[3]{4^3} = 4$

Vereinfache entsprechend:

a) $\sqrt[4]{3^3} \cdot \sqrt[4]{3}$ b) $\sqrt[5]{2^3} \cdot \sqrt[5]{2^2}$ c) $\sqrt[3]{10} \cdot \sqrt[3]{10^2}$

d) $\dfrac{\sqrt[3]{2^4}}{\sqrt[3]{2}}$ e) $\dfrac{\sqrt[5]{3^7}}{\sqrt[5]{3^2}}$ f) $\dfrac{\sqrt[4]{2^6}}{\sqrt[4]{2^2}}$

AUFGABE 5

Beispiel: $\sqrt[3]{24} = \sqrt[3]{8 \cdot 3} = \sqrt[3]{8} \cdot \sqrt[3]{3} = 2 \cdot \sqrt[3]{3}$

Zerlege entsprechend:

a) $\sqrt[3]{2000}$ b) $\sqrt[4]{48}$ c) $\sqrt[5]{64}$

Potenzen mit Exponenten aus ℚ

Das Rechnen mit Wurzeln vereinfacht sich und fügt sich in die bisher behandelten Potenzgesetze ein, wenn man definiert:

MERKE

Rechnen mit Wurzeln

$a^{\frac{1}{n}} = \sqrt[n]{a}$ $a \in \mathbb{R}_+;\ n \in \mathbb{N}^*$

$a^{\frac{m}{n}} = \sqrt[n]{a^m}$ $a \in \mathbb{R}_+;\ n, m \in \mathbb{N}^*$

$a^{-\frac{m}{n}} = \dfrac{1}{\sqrt[n]{a^m}}$ $a \in \mathbb{R}_+^*;\ n, m \in \mathbb{N}^*$

AUFGABE 1 Schreibe mit Wurzelzeichen und berechne:

Beispiel: $125^{\frac{2}{3}} = \sqrt[3]{125^2} = \sqrt[3]{5^6} = \left(5^{\frac{6}{3}}\right) = 5^2$

a) $16^{\frac{3}{4}}$ b) $16^{-\frac{3}{4}}$ c) $\left(\frac{1}{16}\right)^{\frac{3}{4}}$ d) $9^{\frac{1}{2}}$ e) $32^{\frac{1}{5}}$ f) $4^{-\frac{1}{2}}$ g) $81^{-\frac{1}{4}}$

AUFGABE

2 Schreibe als Potenz:

Beispiel: $\sqrt[5]{x^2} = x^{\frac{2}{5}}$

$\sqrt[4]{x^3}$; $\frac{1}{\sqrt[4]{x^3}}$; $\sqrt[9]{y^3}$; $\sqrt[3]{a^{12}}$; $\sqrt[4]{(a-x)^5}$

MERKE

Potenzgesetze für Exponenten aus $\mathbb{Q}$

Für alle $a, b \in \mathbb{R}_+^*$ und $p, q \in \mathbb{Q}$ gilt:

1. $a^p \cdot a^q = a^{p+q}$
2. $a^p : a^q = \frac{a^p}{a^q} = a^{p-q}$
3. $(a \cdot b)^p = a^p \cdot b^p$
4. $\left(\frac{a}{b}\right)^p = \frac{a^p}{b^p}$
5. $(a^p)^q = a^{p \cdot q}$

Beispiele:

$a^{\frac{2}{3}} \cdot a^{\frac{4}{5}} = a^{\frac{2}{3}+\frac{4}{5}}$

$a^{\frac{2}{3}} : a^{\frac{4}{5}} = \frac{a^{\frac{2}{3}}}{a^{\frac{4}{5}}} = a^{\frac{2}{3}-\frac{4}{5}}$

$(a \cdot b)^{\frac{2}{3}} = a^{\frac{2}{3}} \cdot b^{\frac{2}{3}}$

$\left(\frac{a}{b}\right)^{\frac{2}{3}} = \frac{a^{\frac{2}{3}}}{b^{\frac{2}{3}}}$

$\left(a^{\frac{2}{3}}\right)^{\frac{4}{5}} = a^{\frac{2}{3} \cdot \frac{4}{5}}$

AUFGABE

3 Vereinfache die folgenden Terme:

Beispiel: $a^{\frac{1}{3}} \cdot a^{\frac{1}{4}} = a^{\frac{1}{3}+\frac{1}{4}} = a^{\frac{7}{12}} = \sqrt[12]{a^7}$

a) $a^{\frac{1}{2}} \cdot a^{\frac{1}{4}}$; $a^{\frac{1}{3}} \cdot a^{\frac{2}{9}}$; $x^{\frac{5}{6}} \cdot x^{-\frac{7}{12}}$; $x^{-\frac{3}{4}} \cdot x^{-\frac{1}{2}}$

Beispiel: $a^{\frac{1}{4}} : a^{\frac{1}{3}} = a^{\frac{1}{4}-\frac{1}{3}} = a^{-\frac{1}{12}} = \frac{1}{\sqrt[12]{a}}$

b) $a^{\frac{1}{2}} : a^{\frac{1}{4}}$; $\frac{a^{\frac{3}{4}}}{a^{\frac{1}{2}}}$; $x^{\frac{3}{5}} : x^{\frac{7}{10}}$; $y^{-\frac{1}{7}} : y^{-\frac{1}{14}}$; $a : a^{\frac{2}{5}}$; $x^{-\frac{2}{5}} : x$

Beispiel: $\left(a^{\frac{2}{3}}\right)^{\frac{3}{2}} = a^{\frac{2}{3} \cdot \frac{3}{2}} = a^1 = a$

c) $\left(x^{\frac{1}{2}}\right)^{\frac{1}{3}}$; $\left(a^{\frac{2}{5}}\right)^{\frac{5}{3}}$; $\left(y^{\frac{7}{12}}\right)^{\frac{12}{7}}$; $\left(a^{\frac{3}{8}}\right)^0$; $(a^2)^{\frac{1}{2}}$; $\left(x^{\frac{2}{3}}\right)^3$

AUFGABE **4**

Schreibe die Wurzeln als Potenzen und vereinfache:

Beispiel: $\sqrt{a}\cdot\sqrt[3]{a} = a^{\frac{1}{2}}\cdot a^{\frac{1}{3}} = a^{\frac{1}{2}+\frac{1}{3}} = a^{\frac{5}{6}} = \sqrt[6]{a^5}$

a) $\sqrt[3]{6}\cdot\sqrt[4]{6}$ b) $\sqrt{9}\cdot\sqrt[3]{9}$ c) $\sqrt{7}:\sqrt[3]{7}$

d) $\sqrt[3]{x}\cdot\sqrt[5]{x}$ e) $\sqrt{a}\cdot\sqrt[n]{a}$ f) $\sqrt[5]{a^3}\cdot\sqrt[10]{a^4}$

g) $\sqrt[5]{a^3}:\sqrt[10]{a^4}$ h) $\sqrt{x}:\sqrt[3]{x^2}$ i) $\sqrt[3]{x}:\sqrt[5]{x^2}$

AUFGABE **5**

Zerlege:

Beispiele: $8^{\frac{1}{2}} = (2^2\cdot 2)^{\frac{1}{2}} = (2^2)^{\frac{1}{2}}\cdot 2^{\frac{1}{2}} = 2\cdot 2^{\frac{1}{2}}$ oder

$\sqrt{8} = \sqrt{4\cdot 2} = \sqrt{4}\cdot\sqrt{2} = 2\cdot\sqrt{2}$

a) $12^{\frac{1}{2}}$; $50^{\frac{1}{2}}$; $\sqrt{200}$; $\sqrt{75}$; $16^{\frac{1}{3}}$; $\sqrt[3]{3000}$; $\sqrt[3]{54}$

b) $(4a^2)^{\frac{1}{2}}$; $(4a)^{\frac{1}{2}}$; $(2a^2)^{\frac{1}{2}}$; $(8a)^{\frac{1}{3}}$; $\sqrt[3]{2a^3}$

AUFGABE **6**

Vereinfache:

Beispiel: $\sqrt{\sqrt[3]{a}} = \left(a^{\frac{1}{3}}\right)^{\frac{1}{2}} = a^{\frac{1}{6}} = \sqrt[6]{a}$

a) $\sqrt[3]{\sqrt[4]{b}}$ b) $\sqrt[3]{\sqrt{x^4}}$ c) $\sqrt[4]{\sqrt[5]{a^{10}}}$ d) $\sqrt{\sqrt{\sqrt{x}}}$

MERKE

Rationaler Nenner

Ergibt sich als Ergebnis einer Rechnung ein Bruch mit einem Wurzelausdruck im Nenner, so erweitert man den Bruch, bis die Wurzel im Nenner verschwindet. Auf diese Weise macht man den **Nenner rational**.

Beispiel: $\frac{1}{\sqrt[3]{x}}$ → Erweitern mit $\sqrt[3]{x^2}$

$\frac{1\cdot\sqrt[3]{x^2}}{\sqrt[3]{x}\cdot\sqrt[3]{x^2}} = \frac{\sqrt[3]{x^2}}{\sqrt[3]{x^3}} = \frac{\sqrt[3]{x^2}}{x}$

AUFGABE

7 Mache auch diese Nenner rational:

a) $\frac{1}{\sqrt[4]{x}}$ b) $\frac{1}{\sqrt[5]{a^2}}$ c) $\frac{5}{\sqrt[3]{2}}$ d) $\frac{7}{\sqrt[3]{ab^2}}$ e) $\frac{5}{\sqrt[4]{x^2y}}$

Arbeiten mit dem Taschenrechner

AUFGABE

1 Hast du auf deinem Taschenrechner die Taste [yˣ]?
Mit dieser Taste kannst du Potenzen berechnen.

Beispiel:

2^3 Tippe ein:  Ergebnis: 8

2^{-3} Tippe ein:  Ergebnis: 0,125

Berechne mit dem Taschenrechner:

a) 2^6 b) 5^7 c) $0{,}35^4$ d) 3^{-4} e) $0{,}6^{-7}$

f) 3128^4 g) 3128^{-4} h) $5^{0{,}7}$ i) $5^{-0{,}7}$

AUFGABE

2 Auch Potenzen mit rationalen Exponenten kannst du berechnen.

Beispiel:

$3^{\frac{4}{5}}$ [3] [yˣ] [(] [4] [÷] [5] [)] [=] Ergebnis: 2.4082247

Berechne: a) $5^{\frac{3}{4}}$ b) $28^{\frac{2}{7}}$ c) $0{,}378^{\frac{8}{3}}$ d) $32^{\frac{5}{6}}$ e) $1347^{\frac{7}{12}}$

AUFGABE

3

Beispiel:

$5^{-\frac{3}{4}}$ Tippe ein: [5] [yˣ] [(] [3] [÷] [4] [)] [+/-] [=]

Ergebnis: 0.2990698 hier erst das Vorzeichen eingeben!

Berechne: a) $2^{-\frac{2}{3}}$ b) $35^{-\frac{1}{8}}$ c) $375^{-\frac{2}{5}}$ d) $0{,}333^{-\frac{1}{3}}$ e) $25{,}487^{-\frac{2}{5}}$

AUFGABE **4**

Verwandle die Wurzeln in Potenzen und berechne mit dem Taschenrechner:

a) $\sqrt[4]{2}$ b) $\sqrt[3]{10}$ c) $\sqrt[5]{28^2}$ d) $\sqrt[6]{0{,}87^3}$ e) $\sqrt[5]{3{,}756^4}$

Zusammenfassung

Alle wichtigen Begriffe dieses Kapitels findest du hier im Überblick.

Begriffe	Erläuterungen	Beispiele
Potenzen mit Exponenten aus $\mathbb{N}$	$a^n = \underbrace{a \cdot a \ldots \cdot a}_{\text{n-mal}}$ für alle $a \in \mathbb{R}$; $n \in \mathbb{N}^*$ mit $n \geqq 2$ $a^1 = a$ $a^0 = 1$	$7^3 = 7 \cdot 7 \cdot 7$ $7^1 = 7$ $7^0 = 1$
Bezeichnungen bei Potenzen	a^n – n-te Potenz von a a – Basis n – Exponent	7^3 7 Basis 3 Exponent
Potenzfunktionen mit Exponenten aus $\mathbb{N}$	$x \mapsto x^n$ mit $x \in \mathbb{R}$ und $n \in \mathbb{N}^*$ Die Graphen dieser Potenzfunktionen heißen **Normalparabeln n-ter Ordnung.**	n gerade: 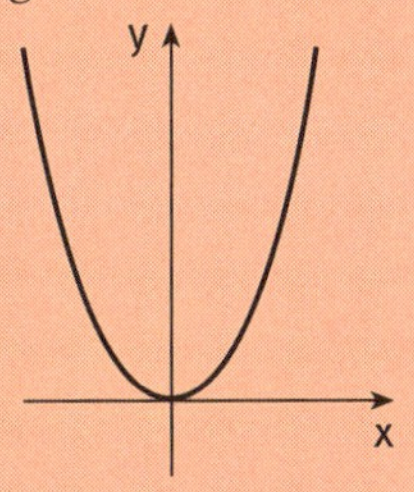 n ungerade: 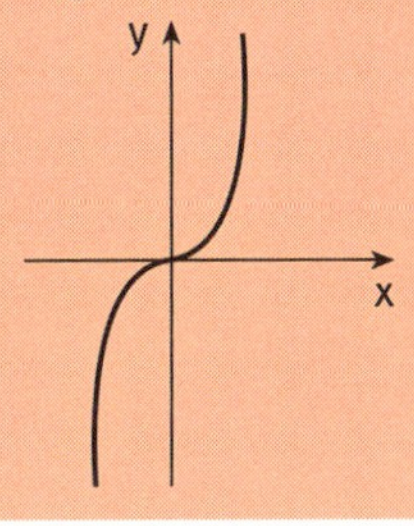

Begriffe	Erläuterungen	Beispiele
Potenzen mit Exponenten aus $\mathbb{Z}$	$a^{-n} = \frac{1}{a^n}$ für alle $a \in \mathbb{R}^*$; $n \in \mathbb{N}^*$	$7^{-3} = \frac{1}{7^3}$
Potenzfunktionen mit Exponenten aus $\mathbb{Z}$	$x \mapsto x^{-n}$ bzw. $x \mapsto \frac{1}{x^n}$ Die Graphen dieser Funktionen heißen **Hyperbeln.**	n gerade: y x n ungerade: y x
n-te Wurzeln	Für alle $a \in \mathbb{R}_+$ und $n \in \mathbb{N}^*$ ist $x = \sqrt[n]{a}$ die reelle Zahl $x \geqq 0$, für die $x^n = a$ gilt.	$\sqrt[3]{125} = 5$, denn $5^3 = 125$
Bezeichnungen	a = Radikand n = Wurzelexponent	$\sqrt[3]{125}$ 125 – Radikand 3 – Wurzelexponent
Potenzen mit Exponenten aus $\mathbb{Q}$	Für alle $a \in \mathbb{R}_+^*$ und $n, m \in \mathbb{N}^*$ gilt: $a^{\frac{1}{n}} = \sqrt[n]{a}$ $a^{\frac{m}{n}} = \sqrt[n]{a^m}$ $a^{-\frac{m}{n}} = \frac{1}{\sqrt[n]{a^m}}$	$a^{\frac{1}{5}} = \sqrt[5]{a}$ $a^{\frac{3}{4}} = \sqrt[4]{a^3}$ $a^{-\frac{5}{2}} = \frac{1}{\sqrt[2]{a^5}}$

Begriffe	Erläuterungen	Beispiele
Potenzgesetze	Für alle a, b $\in \mathbb{R}_+^*$ und p, q $\in \mathbb{Q}$ gilt: 1. $a^p \cdot a^q = a^{p+q}$ 2. $a^p : a^q = \frac{a^p}{a^q} = a^{p-q}$ 3. $(a \cdot b)^p = a^p \cdot b^p$ 4. $\left(\frac{a}{b}\right)^p = \frac{a^p}{b^p}$ 5. $(a^p)^q = a^{p \cdot q}$	$a^{\frac{2}{3}} \cdot a^{\frac{4}{5}} = a^{\frac{2}{3}+\frac{4}{5}}$ $a^{\frac{2}{3}} : a^{\frac{4}{5}} = a^{\frac{2}{3}-\frac{4}{5}}$ $(a \cdot b)^{\frac{2}{3}} = a^{\frac{2}{3}} \cdot b^{\frac{2}{3}}$ $\left(\frac{a}{b}\right)^{\frac{2}{3}} = \frac{a^{\frac{2}{3}}}{b^{\frac{2}{3}}}$ $\left(a^{\frac{2}{3}}\right)^{\frac{4}{5}} = a^{\frac{2}{3} \cdot \frac{4}{5}}$
Rechenregeln für Wurzeln	Für alle a, b $\in \mathbb{R}^*$ und n $\in \mathbb{N}^*$ gilt: $\sqrt[n]{a \cdot b} = \sqrt[n]{a} \cdot \sqrt[n]{b}$ $\sqrt[n]{\frac{a}{b}} = \frac{\sqrt[n]{a}}{\sqrt[n]{b}}$ $\sqrt[n]{\frac{1}{b}} = \frac{1}{\sqrt[n]{b}}$	$\sqrt[3]{3000} = \sqrt[3]{1000} \cdot \sqrt[3]{3} =$ $= 10 \cdot \sqrt[3]{3}$ $\sqrt[4]{\frac{3}{16}} = \frac{\sqrt[4]{3}}{\sqrt[4]{16}} = \frac{\sqrt[4]{3}}{2}$ $\sqrt[3]{\frac{1}{125}} = \frac{1}{\sqrt[3]{125}} = \frac{1}{5}$

Test der Grundaufgaben

Hier findest du wieder die wichtigsten Grundaufgaben des letzten Kapitels. Überprüfe deinen Lernzuwachs.

TESTAUFGABE

Berechne $\left(-\frac{1}{2}\right)^4$; $\left(\frac{2}{3}\right)^{-3}$; $0{,}1^{-4}$

TESTAUFGABE

a) Schreibe verkürzt mit Zehnerpotenzen:
27 000 000; 0,000 15

b) Schreibe ohne Zehnerpotenzen:
$7{,}05 \cdot 10^5$; $1{,}25 \cdot 10^{-4}$

TESTAUFGABE 3

Vereinfache:

a) $\frac{x^{-3} \cdot x^4}{x^3}$; $(x^{-2})^4 \cdot (x^5)^{-1}$

b) $\left(\frac{x^3}{y^2}\right)^3$; $(x^3y^4)^{-2}$

TESTAUFGABE 4

Zeichne diese Funktionen:

a) $x \mapsto \frac{1}{4} \cdot x^3$ für $x \in \mathbb{R}$

b) $x \mapsto \frac{2}{x^2}$ für $x \in \mathbb{R}^*$

TESTAUFGABE 5

a) Berechne: $\sqrt[3]{1000}$; $\sqrt[4]{\frac{1}{16}}$

b) Schreibe als Wurzel und berechne:

$25^{\frac{1}{2}}$; $27^{-\frac{1}{3}}$

TESTAUFGABE 6

Vereinfache und schreibe das Ergebnis als Wurzel:

$a^{\frac{2}{3}} \cdot a^{\frac{1}{4}}$; $\left(x^{\frac{1}{2}}\right)^{\frac{2}{5}}$; $\left(a^{-\frac{1}{2}}\right)^{\frac{3}{4}}$

TESTAUFGABE 7

Schreibe als Potenzen und vereinfache:

a) $\sqrt{a^3} \cdot \sqrt[3]{a^4}$; $\sqrt[3]{x} : \sqrt[5]{x^4}$

b) $\sqrt[3]{\sqrt[5]{a^6}}$; $\sqrt{\sqrt{\sqrt{x}}}$

Exponential- und Logarithmusfunktionen

6

Exponentialfunktionen

AUFGABE

1 Ein Millionär kann sein Vermögen in jedem Jahr verdreifachen. In diesem Jahr besitzt er eine Million DM.

a) Wie viel DM besitzt er **nach** einem Jahr, 2 Jahren, 3 Jahren?

b) Wie viel DM besaß er dagegen **vor** einem Jahr (– 1), 2 Jahren (– 2), 3 Jahren (– 3)?

c) Fülle die Tabelle aus und zeichne einen Graphen der Funktion.

x (Zeit in Jahren)	– 3	–2	–1	0	1	2	3	4
y (Vermögen in Millionen DM)			$\frac{1}{3}$	1	3			

$\cdot 3$ $\cdot 3$ $\cdot 3$

AUFGABE

2 Ein Spieler verliert in jedem Jahr ein Drittel seines Vermögens. In diesem Jahr besitzt er noch eine Million DM.

a) Wie viel DM besitzt er **nach** einem Jahr, 2 Jahren, 3 Jahren?

b) Wie viel DM besaß er dagegen **vor** einem Jahr, 2 Jahren, 3 Jahren?

c) Fülle die Tabelle aus und zeichne einen Graphen der Funktion.

x (Zeit in Jahren)	– 3	–2	–1	0	1	2	3	4
y (Vermögen in Millionen DM)			3	1	$\frac{1}{3}$			

$\cdot \frac{1}{3}$ $\cdot \frac{1}{3}$ $\cdot \frac{1}{3}$

MERKE

Exponentialfunktionen

Eine Funktion der Form $x \mapsto a^x$ mit $x \in \mathbb{R}$ und $a \in \mathbb{R}_+^*$ heißt **Exponentialfunktion** zur Basis a.

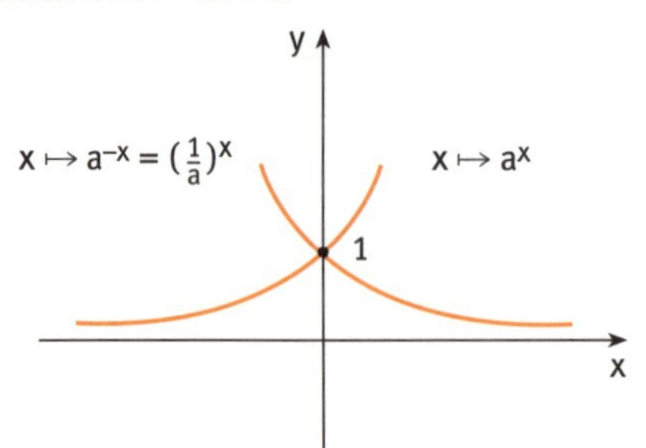

AUFGABE 3

In einer Pflanzenkultur befinden sich zu Beginn der Beobachtung 5000 Pflanzen. Die Zahl der Pflanzen nimmt in einem Monat um jeweils 20 % zu.

Bedenke: 20 % = 0,2 Zunahme bedeutet, dass eine Vermehrung um das 1 + 0,2 = 1,2fache erfolgt.

a) Wie viele Pflanzen sind es nach einem Monat, 2 Monaten, 3 Monaten?

b) Wie viele Pflanzen waren es einen Monat, 2 Monate, 3 Monate vor Beobachtungsbeginn?

c) Fülle die Tabelle aus und zeichne einen Graphen.

x (Zeit in Monaten)	– 4	– 3	– 2	– 1	0	1	2	3	4
y (Anzahl der Pflanzen)					5000				

·__ ·1,2 ·__

d) Prüfe durch Einsetzen der Tabellenwerte, dass sich das Wachstum durch die folgende Exponentialfunktion beschreiben lässt (Taschenrechner y^x -Taste!):

$x \mapsto 5000 \cdot 1{,}2^x \quad x \in \mathbb{R}$

MERKE

Exponentielles Wachstum

Exponentielles Wachstum lässt sich kennzeichnen durch eine Funktion

$x \mapsto b \cdot a^x$ mit $a > 1$, $b > 0$, $x \in \mathbb{R}$,

exponentieller Zerfall oder **exponentielle Abnahme** durch

$x \mapsto b \cdot a^x$ mit $0 < a < 1$, $b > 0$, $x \in \mathbb{R}$.

Logarithmusfunktionen

AUFGABE 1

a) Fülle für die Exponentialfunktion $x \mapsto 2^x$; $x \in \mathbb{R}$ die Tabelle aus und zeichne den Graphen.

x	−3	−2	−1	0	1	2	3
y	$\frac{1}{8}$						

b) Fülle die Tabelle für die **Umkehrfunktion** aus, in dem du in der Tabelle zu a) die x-Werte und die y-Werte vertauschst.

x	$\frac{1}{8}$						
y	−3	−2					

c) Zeichne den Graphen in das Koordinatensystem zu a) mit ein. Zeichne die Spiegelachse der beiden Graphen.

AUFGABE 2

Beispiel:

Die Umkehrfunktion zu Aufgabe 1 a) heißt **Logarithmusfunktion zur Basis 2.**

Man schreibt kurz: $x \mapsto \log_2 x$ mit $x \in \mathbb{R}_+^*$
Aus den Tabellen folgt: $\log_2 8 = 3$ entspricht $2^3 = 8$

Merkregel: $\log_2 8 = 3$ (gleich / hoch) entspricht $2^3 = 8$

Was gilt entsprechend für $\log_2 4 = 2$; $\log_2 1 = 0$; $\log_2 \frac{1}{8} = -3$; $\log_2 \frac{1}{32} = -5$?

MERKE

Logarithmusfunktion

Die Umkehrfunktion zu $x \mapsto a^x$ mit $x \in \mathbb{R}$ und $a > 0$, $a \neq 1$ wird bezeichnet mit $x \mapsto \log_a x$. ($x \in \mathbb{R}_+^*$)

Sie heißt **Logarithmusfunktion zur Basis a.**

Es gilt: $y = \log_a x$ entspricht $x = a^y$.

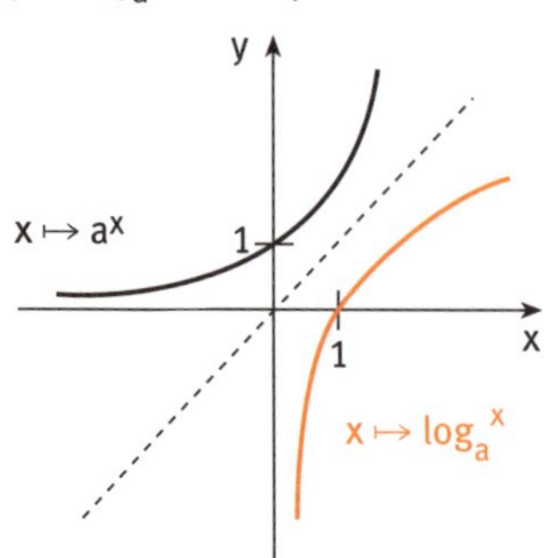

AUFGABE 3

Beispiele:

$\log_2 16 = x$ (gleich / hoch) entspricht $2^x = 16$, also $x = 4$; denn $2^4 = 16$
mithin $\log_2 16 = 4$

$\log_{10}\frac{1}{100} = x$ entspricht $10^x = \frac{1}{100}$, also $x = -2$,
denn $10^{-2} = \frac{1}{100}$ daher $\log_{10}\frac{1}{100} = -2$

Löse entsprechend:

a) $\log_2 8 = x$ b) $\log_2 \frac{1}{16} = x$ c) $\log_2 64 = x$

AUFGABE 4

Beispiel: $\log_2 x = 3$ entspricht $2^3 = x$
$x = 8$

Löse entsprechend:

a) $\log_2 x = 5$ b) $\log_2 x = 3$ c) $\log_{10} x = 3$

Rechnen mit Logarithmen

Für das Rechnen mit Logarithmen gelten folgende Regeln:

MERKE

Rechenregeln

	Beispiele:
1. $\log_a(u \cdot v) = \log_a u + \log_a v$	$\log_{10}(8 \cdot 5) = \log_{10} 8 + \log_{10} 5$
2. $\log_a \frac{u}{v} = \log_a u - \log_a v$	$\log_{10} \frac{8}{5} = \log_{10} 8 - \log_{10} 5$
3. $\log_a \frac{1}{v} = -\log_a v$	$\log_{10} \frac{1}{5} = -\log_{10} 5$
4. $\log_a u^r = r \cdot \log_a u$	$\log_{10} 5^3 = 3 \cdot \log_{10} 5$

für $u, v \in \mathbb{R}_+^*$ und $a \in \mathbb{R}^*$ mit $a \neq 1$ und $r \in \mathbb{R}$.

AUFGABE **1**

Berechne mithilfe von Regel 1 und 2:

Beispiel: $\log_2 \frac{4}{16} = \log_2 4 - \log_2 16 = 2 - 4 = -2$

a) $\log_2(4 \cdot 16)$ b) $\log_2 \frac{32}{4}$ c) $\log_{10}(10 \cdot 1000)$ d) $\log_{10} \frac{1000}{10}$

AUFGABE **2**

Löse mithilfe von Regel 3 und 4:

Beispiel: $\log_{10} \frac{1}{100} = \log_{10} \frac{1}{10^2} = -\log_{10} 10^2 = -2\log_{10} 10 = -2 \cdot 1 = -2$

a) $\log_2 \frac{1}{4}$ b) $\log_2 \frac{1}{16}$ c) $\log_{10} \frac{1}{10\,000}$ d) $\log_{10} \frac{1}{1000}$

AUFGABE **3**

Löse mithilfe von Regel 4:

Beispiel: $\log_2 16 = \log_2 2^4 = 4 \cdot \log_2 2 = 4 \cdot 1 = 4$

a) $\log_2 64$ b) $\log_2 32$ c) $\log_{10} 100$ d) $\log_{10} 10\,000$

e) $\log_2 2^{\frac{3}{4}}$ f) $\log_2 2^{-\frac{1}{2}}$ g) $\log_{10} 10^{\frac{4}{5}}$ h) $\log_{10} 10^{-\frac{2}{3}}$

AUFGABE **4**

Fasse zu Produkten, Quotienten bzw. Potenzen zusammen:

Beispiele:

$\log_2 16 - \log_2 4 = \log_2 \frac{16}{4} = \log_2 4 = 2$

$\frac{1}{2}\log_2 16 = \log_2 16^{\frac{1}{2}} = \log_2 \sqrt{16} = \log_2 4 = 2$

a) $\log_5 25 + \log_5 5$ b) $\log_7 7 - \log_7 49$ c) $\frac{1}{2}\log_5 625$

d) $2\log_4 64$ e) $\frac{1}{2}\log_2 16 - 2\log_2 4$ f) $\frac{1}{3}\log_2 8$

AUFGABE **5**

$\log_2 3 = 1{,}5850$ $\log_2 5 = 2{,}3219$

Berechne mit diesen Werten die folgenden Logarithmen:

Beispiel: $\log_2 24 = \log_2(2^3 \cdot 3) = 3 \cdot \log_2 2 + \log_2 3 = 3 + 1{,}5850 = 4{,}5850$

a) $\log_2 15$ b) $\log_2 12$ c) $\log_2 9$

d) $\log_2 100$ e) $\log_2 \frac{3}{10}$ f) $\log_2 \frac{6}{15}$

MERKE

Zehnerlogarithmen

Statt $\log_{10} x$ schreibt man kurz lg x und spricht von **Zehnerlogarithmen** oder **dekadischen Logarithmen.**

AUFGABE **6**

Auf deinem Taschenrechner findest du die Taste LOG. Mit dieser Taste kannst du Zehnerlogarithmen bestimmen.

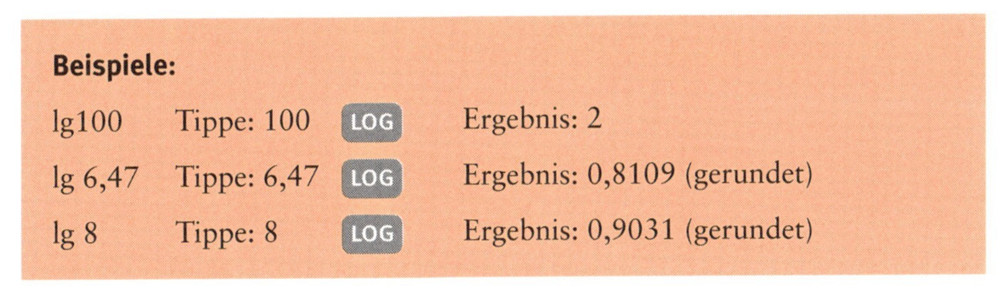

Beispiele:

lg100	Tippe: 100	LOG	Ergebnis: 2
lg 6,47	Tippe: 6,47	LOG	Ergebnis: 0,8109 (gerundet)
lg 8	Tippe: 8	LOG	Ergebnis: 0,9031 (gerundet)

Berechne mit dem Taschenrechner und runde auf 4 Stellen hinter dem Komma.

lg 6; lg 15; lg 1372; lg 0,0347; lg 23,785

Zusammenfassung

Hier findest du die wichtigsten Begriffe des letzten Kapitels im Überblick.

Begriffe	Erläuterungen	Beispiele
Exponentialfunktion	Eine Funktion der Form $x \mapsto a^x$ mit $x \in \mathbb{R}$ und $a \in \mathbb{R}^*$ heißt **Exponentialfunktion** zur Basis a.	$x \mapsto 2^x$
Exponentielles Wachstum – exponentieller Zerfall	Wachstum: $x \mapsto b \cdot a^x$ mit $a > 1$, $b > 0$, $x \in \mathbb{R}$	$a > 1$
	Zerfall: $x \mapsto b \cdot a^x$ mit $0 < a < 1$, $b > 0$, $x \in \mathbb{R}$	$0 < a < 1$

Begriffe	Erläuterungen	Beispiele
Logarithmus-funktion	Die Umkehrfunktion zu $x \mapsto a^x$ mit $a > 0$, $a \neq 1$ und $x \in \mathbb{R}$ heißt Logarithmus-funktion $x \mapsto \log_a x$ mit $x \in \mathbb{R}_+^*$	
	Es gilt: $y = \log_a x$ entspricht $x = a^y$	gleich $\log_2 16 = 4$ hoch entspricht $2^4 = 16$
Rechnen mit Logarithmen	Für $u, v \in \mathbb{R}_+^*$ und $a \in \mathbb{R}_+^*$, $a \neq 1$, $r \in \mathbb{R}$ gilt:	
	1. $\log_a(u \cdot v) =$ $= \log_a u + \log_a v$	$\log_2(4 \cdot 16) =$ $= \log_2 4 + \log_2 16 =$ $= 2 + 4 = 6$
	2. $\log_a \frac{u}{v} =$ $= \log_a u - \log_a v$	$\log_2\left(\frac{16}{4}\right) = \log_2 16 - \log_2 4 =$ $= 4 - 2 = 2$
	3. $\log_a \frac{1}{v} = -\log_a v$	$\log_2\left(\frac{1}{4}\right) = \log_2 1 - \log_2 4 =$ $= 0 - 2 = -2$
	4. $\log_a u^r = r \log_a u$	$\log_2 4^3 = 3 \cdot \log_2 4 =$ $= 3 \cdot 2 = 6$

Test der Grundaufgaben

Überprüfe dein Wissen, indem du diese Grundaufgaben löst.

TESTAUFGABE 1

Gegeben sind die Funktionen $x \mapsto 2^x$ und $x \mapsto \left(\frac{1}{2}\right)^x$ mit $x \in \mathbb{R}$.

a) Fülle die Wertetabelle aus:

x	−2	−1	0	1	2
2^x					
$\left(\frac{1}{2}\right)^x$					

b) Zeichne die Graphen der Funktionen.

TESTAUFGABE 2

a) Fülle für die Exponentialfunktion $x \mapsto 3^x$ mit $x \in \mathbb{R}$ die Wertetabelle aus:

x	−2	−1	0	1	2
$y = 3^x$					

b) Bilde zu $x \mapsto 3^x$ die Logarithmusfunktion $x \mapsto \log_3 x$, indem du in der Tabelle von a) die Werte für x und y vertauschst.

x					
$y = \log_3 x$	−2	−1	0	1	2

c) Zeichne beide Funktionen ins gleiche Koordinatensystem.

TESTAUFGABE 3

Löse mithilfe der Rechenregeln für Logarithmen

a) $\log_2(8 \cdot 32)$

b) $\log_2\left(\frac{8}{32}\right)$

c) $\log_{10}\left(\frac{1}{1000}\right)$

d) $\log_3 9^2$

7 Kreisberechnungen

Umfang und Flächeninhalt

Umfang und Flächeninhalt des Kreises

$U_\circ = 2r \cdot \pi$; $\pi \approx 3{,}14$ $A_\circ = r^2 \cdot \pi$

oder $U_\circ = d \cdot \pi$; $2r = d$ oder $A_\circ = \frac{d^2}{4} \cdot \pi$

Die folgenden Aufgaben sollst du **ohne** Taschenrechner lösen. Setze für π den Wert 3,14. Runde die Ergebnisse auf 2 Stellen nach dem Komma.

AUFGABE 1

Berechne von diesen Kreisen $A_\circ$ und $U_\circ$:

a) $r = 5$ cm b) $d = 12$ cm c) $r = 7{,}5$ cm d) $r = 1{,}2$ m

AUFGABE 2

Ist $U_\circ$ gegeben, kann man $A_\circ$ ausrechnen und aus $A_\circ$ lässt sich $U_\circ$ bestimmen. In jedem Fall muss man zunächst r ermitteln. Dazu muss man die entsprechenden Formeln umformen.
Welche dieser Umformungen sind richtig? Prüfe es nach.

a) $r = \frac{2U_\circ}{\pi}$ b) $r = \frac{U_\circ}{2\pi}$ c) $r = \sqrt{\frac{A_\circ}{\pi}}$ d) $r = \sqrt{\frac{A_\circ}{2\pi}}$

AUFGABE 3

a) Ermittle die jeweils fehlenden Größen r und $A_\circ$:

1) $U_\circ = 18{,}84$ cm 2) $U_\circ = 25{,}12$ cm 3) $U_\circ = 50{,}24$ cm

b) Jetzt ist jeweils $A_\circ$ gegeben. Berechne r und $U_\circ$.

1) $A_\circ = 113{,}04\ \text{cm}^2$ 2) $A_\circ = 314\ \text{m}^2$ 3) $A_\circ = 78{,}5\ \text{cm}^2$

AUFGABE **4**

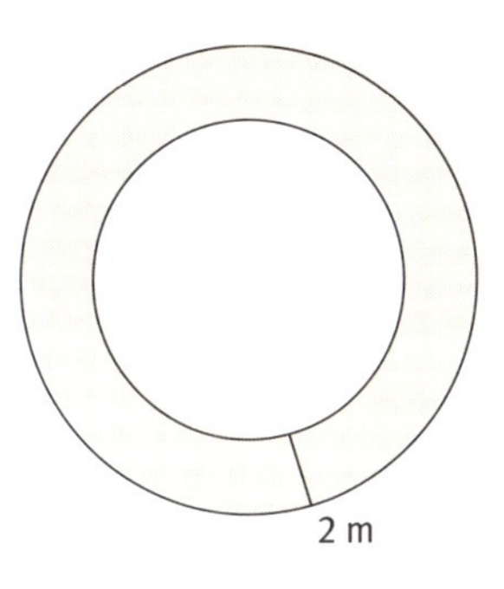

a) Der Umfang eines kreisrunden Teiches beträgt 150,72 m. Wie groß ist seine Fläche?

b) Um den Teich führt ein 2 m breiter Weg. Wie lang wird der äußerste Rand des Weges? Bestimme erst den neuen Radius.

c) Wie groß ist die Fläche des Weges?

AUFGABE **5**

Der große Zeiger einer Uhr ist R = 5 cm, der kleine r = 3 cm lang.

a) Welche Wege legt jede Zeigerspitze bei einer vollen Umdrehung zurück?

b) Wie viele Umdrehungen führt jeder Zeiger in 12 Stunden aus?

c) Berechne die Wege, die jede Zeigerspitze in 12 Stunden zurücklegt.

AUFGABE **6**

a) Aus diesem Stück Blech soll ein möglichst großer kreisrunder Deckel ausgestanzt werden. Wie groß ist die Restfläche des Bleches?

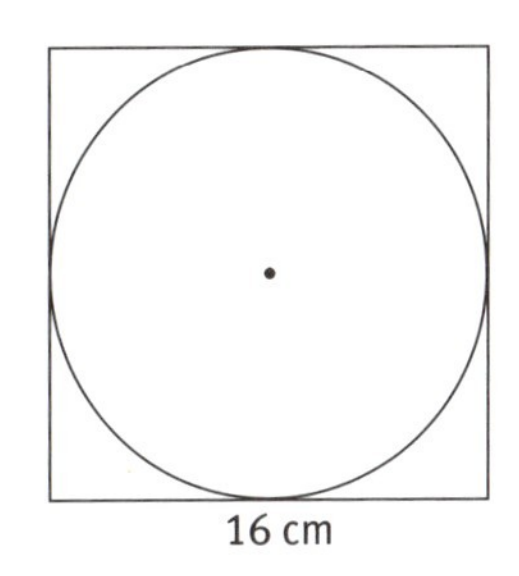

b) Jetzt sollen 4 gleich große Deckel ausgestanzt werden. Wie groß ist jetzt die Restfläche?

c) Berechne auch die Restfläche, wenn 16 gleich große Deckel hergestellt werden sollen. Vergleiche die Restflächen, die sich in a), b) und c) ergeben. Was stellst du fest?

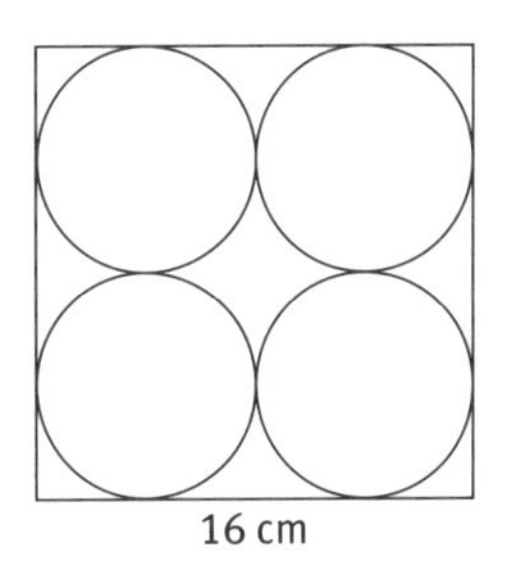

AUFGABE **7**

a) Wie lang ist dieser Halbkreisbogen?

b) Berechne die Gesamtbogenlänge der 3 mittleren Halbkreise.

c) Welche Länge ergeben alle kleinen Halbkreise insgesamt?

d) Vergleiche die Ergebnisse der Aufgaben a) bis c). Was stellst du fest?

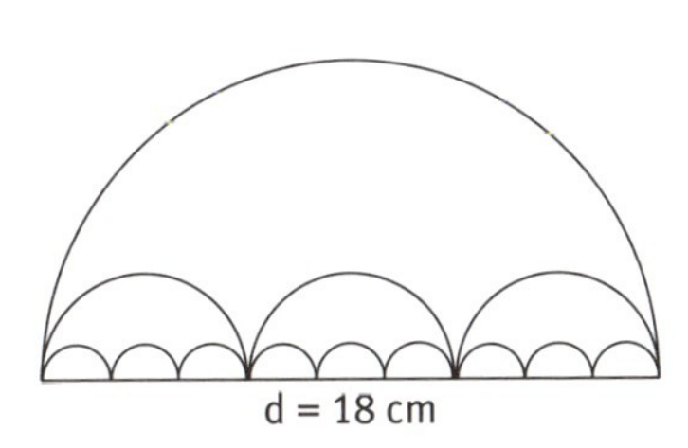

Kreisteile

MERKE

Kreissektor

Die Fläche des Kreissektors (Kreisausschnittes) S wird von zwei Radien und dem **Bogen** b begrenzt. α bezeichnet den **Mittelpunktswinkel**.

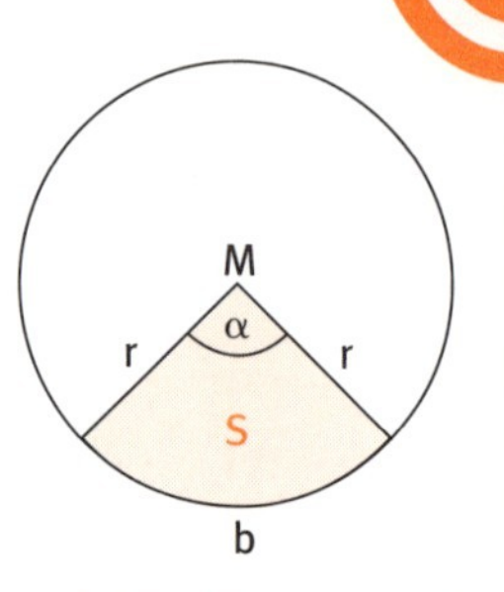

Berechnung von S:

Zu 360° gehört die ganze Kreisfläche $r^2 \cdot \pi$

Zu 1° gehört $\frac{r^2 \cdot \pi}{360°}$

Zu α gehört $S = \frac{r^2 \cdot \pi}{360°} \cdot \alpha$

AUFGABE

1

a) Wie groß ist S, wenn $r = 12$ cm und $\alpha = 60°$?

b) Wie groß ist der Mittelpunktswinkel der Restfläche? Berechne die Restfläche.

c) Addiere beide Teilflächen. Erhältst du den Flächeninhalt des Gesamtkreises?

Berechnung von b:

Zu 360° gehört der ganze Kreisumfang $2r \cdot \pi$

Zu 1° gehört $\frac{2r \cdot \pi}{360°}$

Zu α gehört $b = \frac{2r \cdot \pi}{360°} \cdot \alpha = \frac{r \cdot \pi}{180°} \cdot \alpha$

AUFGABE 2

a) Ermittle b, wenn r = 20 cm und $\alpha = 45°$.

b) Berechne die Bogenlänge, die vom Kreis übrig bleibt.

c) Addiere beide Bogenlängen. Erhältst du $U_\circ$?

Kreisteile

So werden also die Kreisteile berechnet:

$S = \frac{r^2 \cdot \pi}{360°} \cdot \alpha$ $\quad$ $b = \frac{2r \cdot \pi}{360°} \cdot \alpha = \frac{r \cdot \pi}{180°} \cdot \alpha$ $\quad$ $S = \frac{1}{2} \cdot r \cdot b$

AUFGABE 3

Wie groß sind jeweils S und b?

a) r = 15 cm, $\alpha = 120°$

b) r = 9 cm, $\alpha = 60°$

c) r = 8 cm, $\alpha = 90°$

d) r = 12 cm, $\alpha = 240°$

AUFGABE 4

Von Omas Wecker ist der große Zeiger 6 cm, der kleine 4 cm lang.

a) Welchen Mittelpunktswinkel überstreicht der große Zeiger in 10 min, 25 min, 45 min?

b) Welche Mittelpunktswinkel sind es beim kleinen Zeiger in 2, 3, 8 Stunden?

c) Wie groß ist der Flächeninhalt des Kreissektors, den der große Zeiger in 40 min überstreicht?

d) Wie groß ist diese Fläche für den kleinen Zeiger in 9 Stunden?

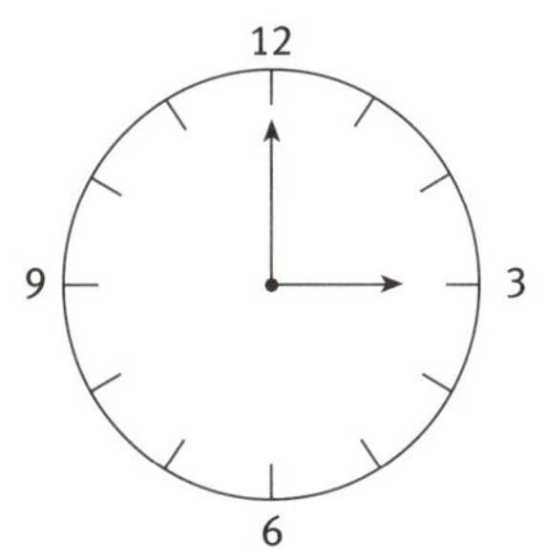

Zusammenfassung

Begriffe	Erläuterungen	Beispiele
Kreisberechnungen	(Kreis mit Radius r)	$r = 10$ cm
	Umfang des Kreises: $U_\circ = 2r \cdot \pi \quad \pi \approx 3{,}14$	$U_\circ = 2 \cdot 10\text{ cm} \cdot 3{,}14$ $= 62{,}8$ cm
	$2r = d$	$d = 2 \cdot 10\text{ cm} = 20\text{ cm}$
	$U_\circ = d \cdot \pi$	$U_\circ = 20\text{ cm} \cdot 3{,}14$ $= 62{,}8$ cm
	Flächeninhalt des Kreises: $A_\circ = r^2 \cdot \pi$ $A_\circ = \frac{d^2}{4} \cdot \pi$	$r = 10$ cm $A_\circ = 100\text{ cm}^2 \cdot 3{,}14$ $= 314\text{ cm}^2$ $A_\circ = \frac{400\text{ cm}^2}{4} \cdot 3{,}14$ $= 314\text{ cm}^2$
Kreisteile	(Kreis mit Mittelpunkt M, Radien r, Winkel α, Sektor S, Bogen b) Kreissektor S Bogenlänge b Mittelpunktswinkel α	

Begriffe	Erläuterungen	Beispiele
Berechnungen der Kreisteile	$S = \frac{r^2 \cdot \pi}{360°} \cdot \alpha$	$r = 3\text{ cm}$ $\alpha = 20°$ $S = \frac{9\text{ cm}^2 \cdot 3{,}14}{360°} \cdot 20°$ $= 1{,}57\text{ cm}^2$
	$b = \frac{2r \cdot \pi}{360°} \cdot \alpha$ $= \frac{r \cdot \pi}{180°} \cdot \alpha$	$r = 3\text{ cm}$ $\alpha = 20°$ $b = \frac{6\text{ cm} \cdot 3{,}14}{360°} \cdot 20°$ $= \frac{3{,}14\text{ cm}}{3} \approx 1{,}05\text{ cm}$
	$S = \frac{1}{2} \cdot r \cdot b$ Diese Formel benutzt man nur dann, wenn b schon berechnet wurde.	$b = \frac{3{,}14\text{ cm}}{3}$ $S = \frac{1}{2} \cdot 3\text{ cm} \cdot \frac{3{,}14}{3}\text{ cm}$ $= 1{,}57\text{ cm}^2$

Test der Grundaufgaben

Überprüfe dein Wissen!

TESTAUFGABE 1

Stelle die Formeln zusammen, die man für folgende Berechnungen benötigt:

a) Kreisumfang

b) Flächeninhalt eines Kreises

c) Flächeninhalt eines Kreissektors S

d) Bogenlänge b

TESTAUFGABE

Der große Zeiger einer Turmuhr ist 1,20 m, der kleine 80 cm lang.

a) Welche Bogenlänge beschreibt jeder Zeiger in einer Stunde?

b) Wie groß sind die Flächeninhalte der dabei entstehenden Sektoren?

c) Wie groß ist der Flächeninhalt des Kreisringes, der durch die Bahnen der Zeigerspitzen begrenzt ist?

TESTAUFGABE

Wie groß ist die Kreisfläche, wenn der Umfang des Kreises 6,28 m beträgt?

Satzgruppe des Pythagoras

Flächenverwandlung durch Scherung

MERKE

Scherung

Halten wir in einem Dreieck ABC die Seite $\overline{AB}$ fest und verschieben den Punkt C auf der Parallelen zu $\overline{AB}$, so entsteht ein flächengleiches Dreieck.

Eine solche Abbildung heißt **Scherung**.

AUFGABE

1 Das Dreieck ABC wurde in das Dreieck ABC′ verwandelt.

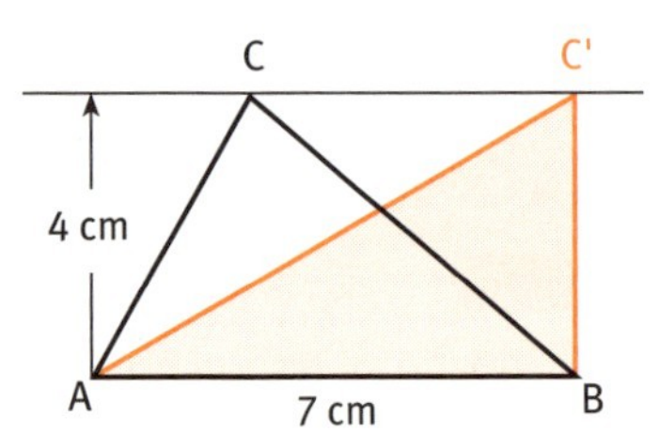

a) Berechne den Flächeninhalt der beiden Dreiecke. Was stellst du fest?

b) Zeichne auf der Parallelen zu $\overline{AB}$ einen Punkt C″ und berechne den Flächeninhalt des entstehenden Dreiecks ABC″. Vergleiche ihn mit a).

AUFGABE

2 Konstruiere in deinem Heft ein Dreieck mit b = 3 cm, c = 5 cm, α = 60°. Verwandle es unter Beibehaltung von c durch Scherung in ein flächengleiches Dreieck mit

a) a′ = 4 cm b) b′ = 3,5 cm c) α' = 90°

MERKE

Scherung beim Parallelogramm

Ein Parallelogramm kann durch Scherung in ein flächengleiches verwandelt werden, indem man eine Seite festhält und die gegenüberliegende Seite auf der Parallelen dazu verschiebt.

AUFGABE 3

Im Parallelogramm ABCD ist die Seite $\overline{CD}$ parallel zu $\overline{AB}$ nach rechts verschoben worden. Berechne die Flächeninhalte der Parallelogramme und begründe, warum sie gleich sein müssen.

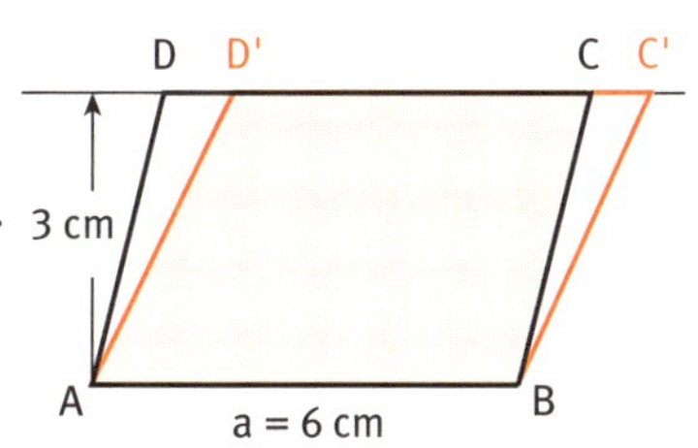

AUFGABE 4

Zeichne ein Parallelogramm mit a = 4 cm, b = 3 cm, α = 50°. Schere es unter Beibehaltung von a in ein Parallelogramm mit

a) β' = 70° b) b' = 2,5 cm c) Diagonale e' = 8 cm d) α' = 90°

Kathetensatz

Rechtwinkliges Dreieck

Im rechtwinkligen Dreieck verwendet man folgende Begriffe:

Die Seite, die dem rechten Winkel gegenüberliegt, heißt **Hypotenuse.** Die Schenkel des rechten Winkels sind die **Katheten.** Die Höhe h teilt die Hypotenuse in die **Hypotenusenabschnitte** p und q.

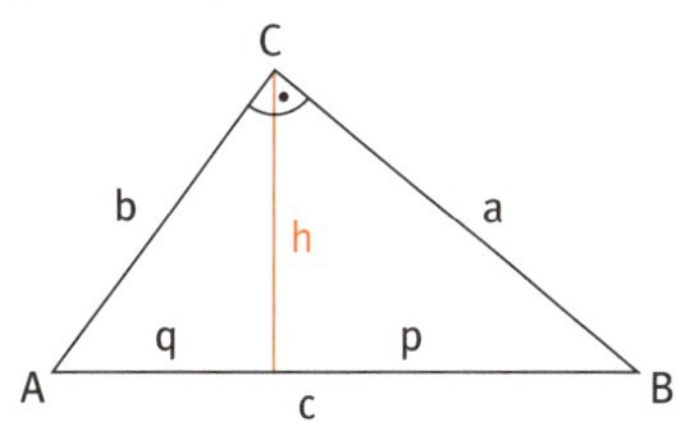

AUFGABE

1 a) Konstruiere ein rechtwinkliges Dreieck mit $\gamma = 90°$, $c = 5$ cm, $a = 3$ cm und zeichne über b das Kathetenquadrat.
Das **Quadrat** über b wird so in ein flächengleiches **Rechteck** verwandelt:

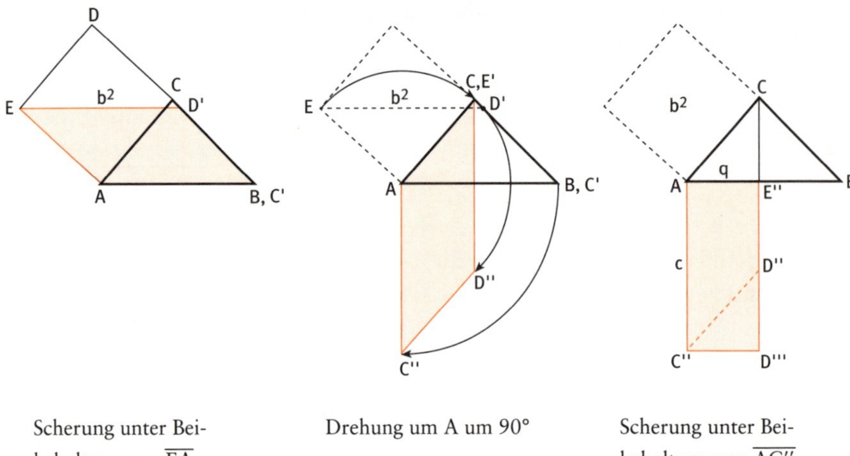

Scherung unter Beibehaltung von $\overline{EA}$

Drehung um A um 90°

Scherung unter Beibehaltung von $\overline{AC''}$

b) Zeichne diese Flächenverwandlungen für das Kathetenquadrat von Aufgabe a) in dein Heft. Überprüfe deine Zeichnung, indem du die Flächeninhalte von Quadrat und Rechteck berechnest. Die Flächeninhalte müssen gleich sein.

b^2 ist durch zwei Scherungen und eine 90°-Drehung in ein flächengleiches Rechteck mit dem Flächeninhalt $c \cdot q$ verwandelt worden. Entsprechende Verwandlungen lassen sich auch für a^2 vornehmen.

MERKE

Kathetensatz des Euklid

Im rechtwinkligen Dreieck ist das Quadrat über einer Kathete flächengleich zum Rechteck, gebildet aus der Hypotenuse und dem anliegenden Hypotenusenabschnitt. Es gilt also:

$a^2 = p \cdot c$

$b^2 = q \cdot c$

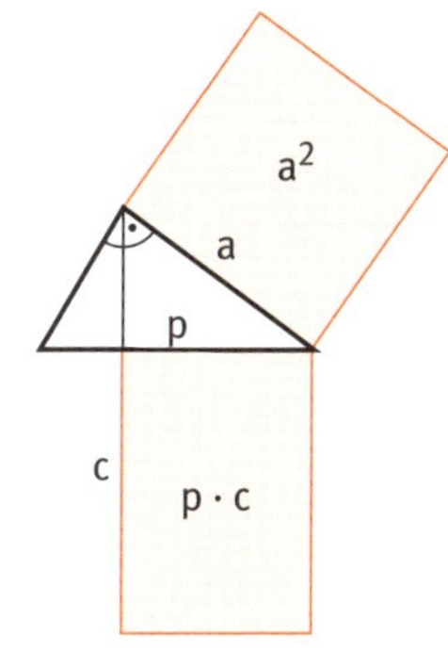

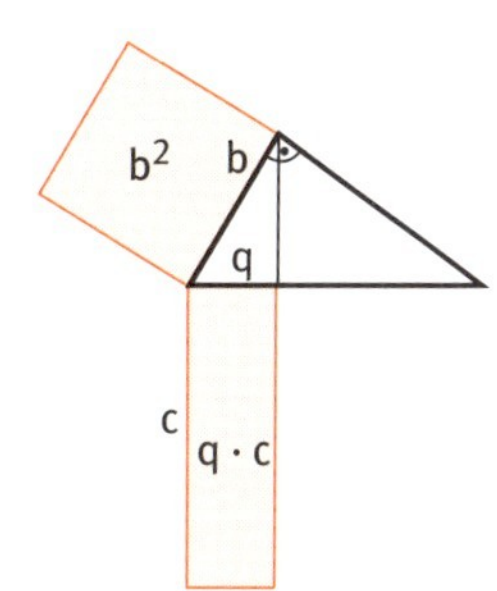

AUFGABE **2**

Berechne mithilfe des Kathetensatzes die fehlenden Größen für das rechtwinklige Dreieck mit $\gamma = 90°$.

a)

a		6 m		8 dm	4 cm
p	2 cm	5 m	3,2 cm		2,5 cm
c	8 cm		5 cm	4 dm	

b)

b	10 cm		8 dm		12 cm
q	5 cm	4 cm		3 cm	
c		14 m	14 dm	10 cm	18 cm

AUFGABE **3**

In einem rechtwinkligen Dreieck sind die Hypotenusenabschnitte p und q bekannt. Berechne die Seiten a, b und c des Dreiecks.

C, b, a, h, q, p, A, B, c

a) $p = 2$ cm
$q = 3$ cm

b) $p = 4$ cm
$q = 5$ cm

c) $p = 5$ cm
$q = 11$ cm

AUFGABE **4**

Rechtwinklige Dreiecke können auch so aussehen:

C, b, a, A, c, B

a) Welche Seite ist hier Hypotenuse?

b) Kennzeichne in der Abbildung den anliegenden Hypotenusenabschnitt zu $\overline{AB}$ mit p, den zu $\overline{AC}$ mit q und berechne für p = 5 cm und q = 2 cm die Seiten des Dreiecks.

AUFGABE 5

Im Dreieck ABC sind die Hypotenusenabschnitte p und q jeweils 3 cm lang.
Wie lang sind die Seiten c und a?

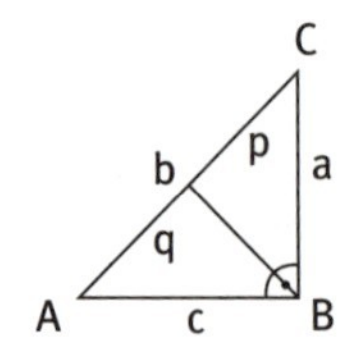

Satz des Pythagoras

Um den Flächeninhalt des Quadrates über der Hypotenuse c zu bestimmen wendest du zweimal den Kathetensatz an.

$$a^2 + b^2 = p \cdot c + q \cdot c = c\underbrace{(p + q)}_{c}$$

$$a^2 + b^2 = c^2$$

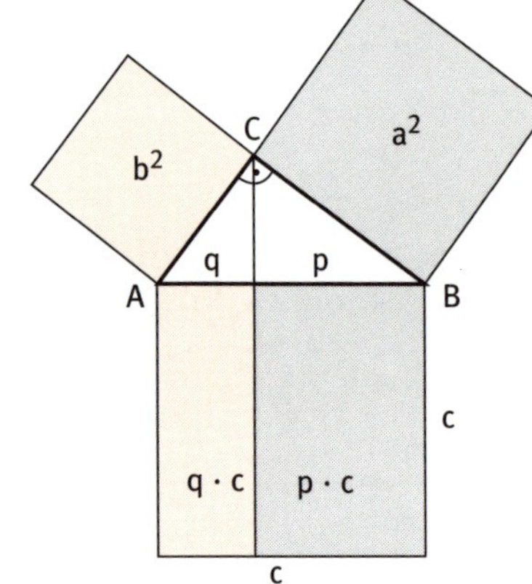

MERKE

Satz des Pythagoras

Im rechtwinkligen Dreieck ist die Summe der Kathetenquadrate gleich dem Hypotenusenquadrat.

Dies ist der Satz des Pythagoras:

$$a^2 + b^2 = c^2$$

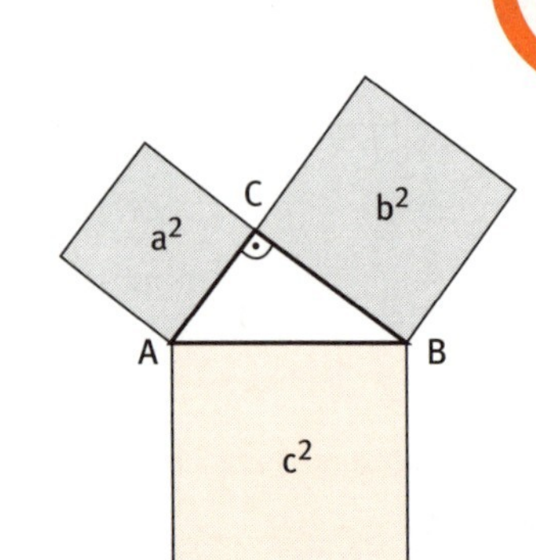

Sind in einem rechtwinkligen Dreieck nur zwei Seiten bekannt, so kannst du die dritte Seite mithilfe des Satzes des Pythagoras berechnen.

Beispiel:

Gegeben ist ein rechtwinkliges Dreieck mit $a = 3$ cm, $c = 4$ cm. Wie lang ist die Seite b?

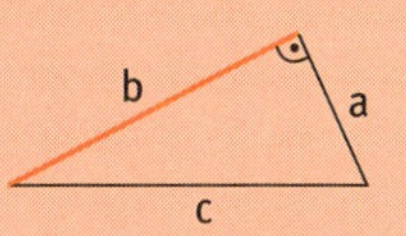

$$a^2 + b^2 = c^2$$

$$b^2 = c^2 - a^2$$

$$b = \sqrt{c^2 - a^2}$$

Für b ergibt sich also:

$$b^2 = 16\text{ cm}^2 - 9\text{ cm}^2 = 7\text{ cm}^2$$

$$\underline{\underline{b \approx 2{,}65\text{ cm}}}$$

AUFGABE 1

Berechne die fehlenden Größen der Dreiecke ($\gamma = 90°$). Runde, wenn nötig.

a	5 cm		8 cm		12 dm	4 cm
b	4 cm	8 dm		6 cm	16 dm	
c		10 dm	17 cm	13 cm		9 cm

AUFGABE 2

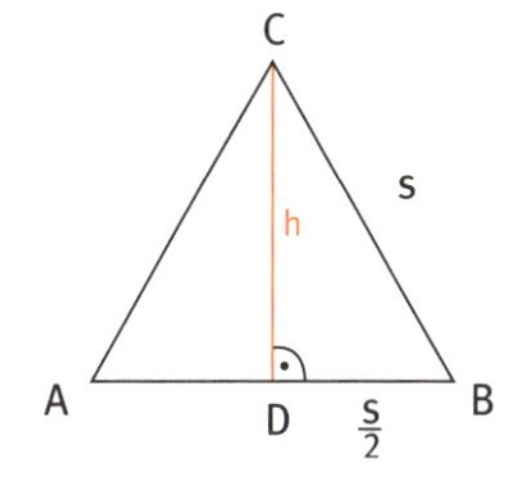

Berechne den Flächeninhalt eines gleichseitigen Dreiecks mit 6 cm Seitenlänge.

a) Die Höhe h kannst du nach Pythagoras berechnen. Überlege dazu: Welche Seite ist im Dreieck DBC die Hypotenuse? Wie heißen die Katheten?

b) Bestimme h. Runde, wenn nötig.

c) Wie groß ist der Flächeninhalt des Dreiecks ABC?

AUFGABE 3

Wie groß sind Höhe und Flächeninhalt eines **gleichschenkligen** Dreiecks mit der Grundseite c und den Schenkeln s?

a) $c = 6$ cm, $s = 5$ cm

b) $c = 16$ cm, $s = 21$ cm

AUFGABE 4

Wie lang ist die Diagonale d eines Rechtecks mit:

a) a = 4 cm, b = 5 cm b) a = 3 cm, b = 7 cm?

AUFGABE 5

Berechne die Diagonale eines Quadrates mit:

a) a = 5 cm, b) a = 8 cm, c) a = 9 cm, d) a = 12 cm

AUFGABE 6

Wie lang ist die **Seite** eines Quadrates mit der Diagonalen

a) d = 8 cm, b) d = 30 cm, c) d = 18 cm, d) d = 45 cm?

Höhensatz

AUFGABE 1

Von vier rechtwinkligen Dreiecken sind die Werte für p, q und h bekannt. Berechne $p \cdot q$ und h^2. Was stellst du fest?

p	q	h	$p \cdot q$	h^2
2 cm	8 cm	4 cm		
5 cm	5 cm	5 cm		
4 cm	9 cm	6 cm		
4 cm	16 cm	8 cm		

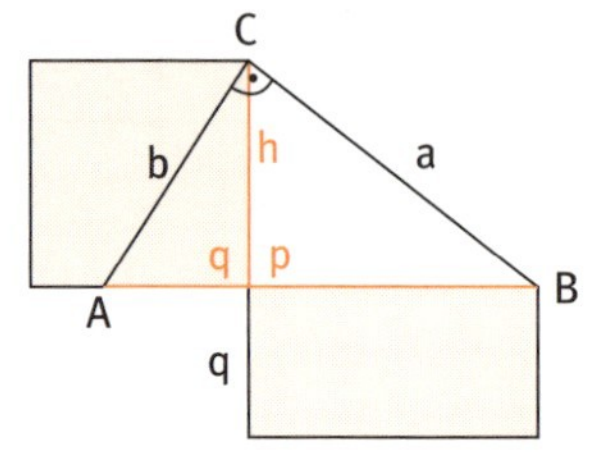

MERKE

Höhensatz des Euklid

$h^2 = p \cdot q$

Im rechtwinkligen Dreieck ist das Quadrat über der Höhe flächengleich zum Rechteck gebildet aus den Hypotenusenabschnitten p und q.

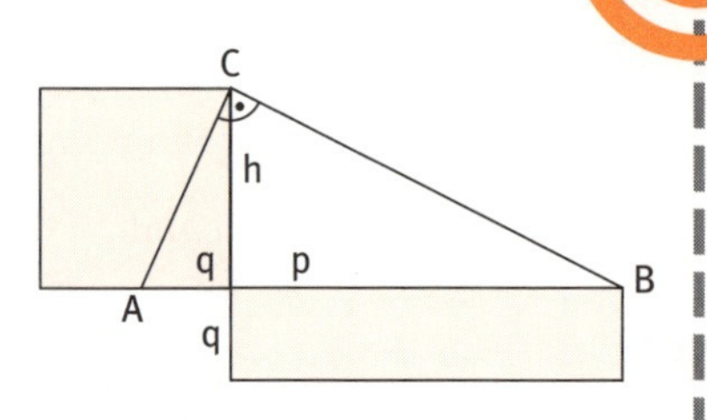

AUFGABE 2

Berechne die fehlenden Größen nach dem Höhensatz ($\gamma = 90°$):

h		4 cm	6 dm		14 dm	24 cm
p	8 cm		9 dm	18 cm		16 cm
q	8 cm	2,5 cm		8 cm	7 dm	

AUFGABE 3

Von einem Dach, dessen Dachflächen rechtwinklig zusammenstoßen, sind p und q bekannt.

a) Berechne die Höhe h des Daches.

b) Wie lang müssen a und b sein?
Wende den Kathetensatz an.

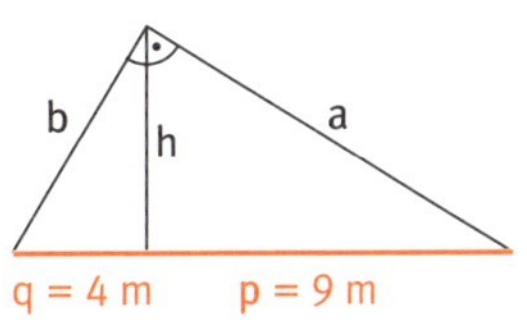

Anwendungen der Flächensätze

Häufig sind bei geometrischen Fragestellungen nicht alle Größen gegeben. Mithilfe der drei Flächensätze kannst du die fehlenden berechnen.

Beispiel:

Von einem rechtwinkligen Dreieck sind die Seiten a = 3 cm und b = 4 cm bekannt. Wie groß ist die Höhe?

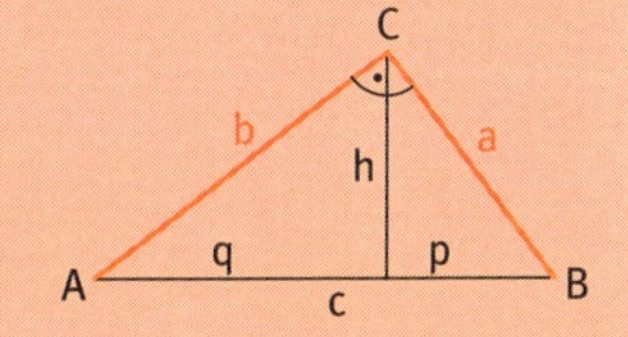

Die Höhe kannst du entweder

mit dem **Pythagoras** $h^2 = a^2 - p^2$ oder dem **Höhensatz** $h^2 = p \cdot q$ bestimmen.

Pythagoras:

$h = \sqrt{a^2 - p^2}$

Hier musst du zunächst p berechnen:

$p = \frac{a^2}{c}$ (Kathetensatz)

c ergibt sich aus:

$c = \sqrt{a^2 + b^2}$ (Pythagoras)

$c = \sqrt{9\text{ cm}^2 + 16\text{ cm}^2} = 5\text{ cm}$

Höhensatz:

$h = \sqrt{p \cdot q}$

$p = \frac{a^2}{c}$ (Kathetensatz)

$q = \frac{b^2}{c}$ (Kathetensatz)

$c = \sqrt{a^2 + b^2}$ (Pythagoras)

$c = 5\text{ cm}$

Somit ist $p = \frac{9\ \text{cm}^2}{5\ \text{cm}} = 1{,}8\ \text{cm}$	$p = \frac{9\ \text{cm}^2}{5\ \text{cm}} = 1{,}8\ \text{cm}$
Für h erhältst du also:	$q = \frac{16\ \text{cm}^2}{5\ \text{cm}} = 3{,}2\ \text{cm}$
$h = \sqrt{9\ \text{cm}^2 - 3{,}24\ \text{cm}^2}$	$h = \sqrt{1{,}8\ \text{cm} \cdot 3{,}2\ \text{cm}}$
$\underline{\underline{h = 2{,}4\ \text{cm}}}$	$\underline{\underline{h = 2{,}4\ \text{cm}}}$

AUFGABE 1

Bestimme die fehlenden Größen.
Überlege vorher, welcher Flächensatz sich am besten eignet!

a)

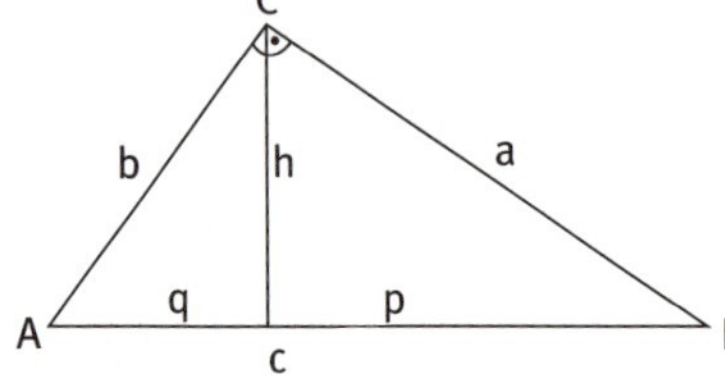

b)

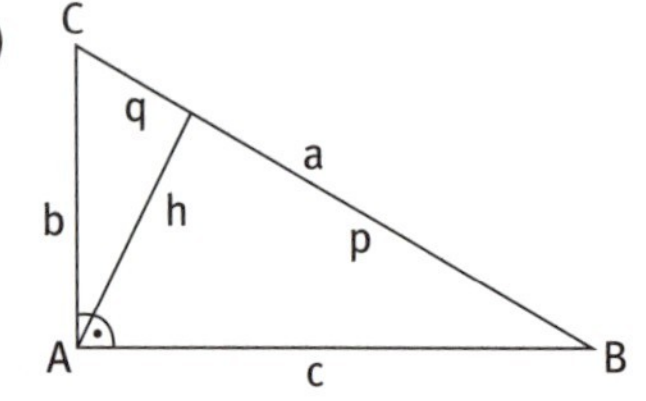

a)

a	3 cm	6 m		
b	6 cm			13 cm
c		9 m		
h			24 dm	
p			17 dm	
q				5 cm
A				

b)

a		40 dm		
b				12 m
c	65 cm			
h				4 m
p	55,4 cm	25 dm	16 cm	
q			9 cm	
A				

Gehe so vor:

1. Lies den Aufgabentext sorgfältig durch und fertige dir eine Skizze an.
2. Trage in die Skizze ein, was gegeben und was gesucht ist.
3. Überlege, welchen Flächensatz du für die Berechnung der gesuchten Größe einsetzen kannst.
4. Führe die Rechnung aus und kontrolliere sie.

AUFGABE **2**

Wie lang sind die Schenkel eines gleichschenkligen Dreiecks mit der Grundseite g und der Höhe h? Bedenke, die Höhe halbiert die Seite g.

a) g = 24 cm, h = 5 cm b) g = 120 cm, h = 8 cm

AUFGABE **3**

Berechne die Raumdiagonale $\overline{AG}$ des Quaders.

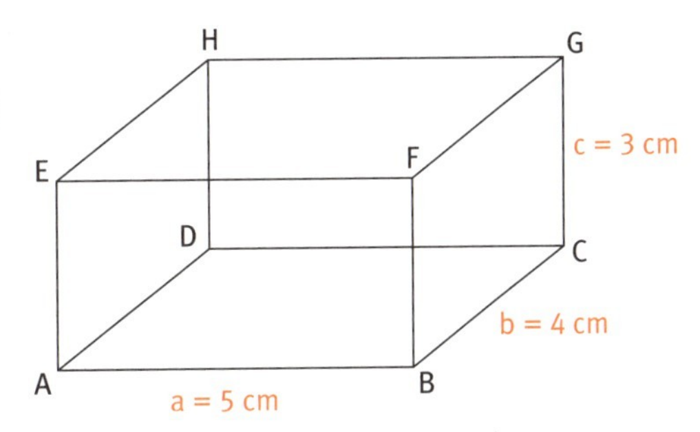

Gehe so vor:

1. Zeichne die Diagonale $\overline{AC}$ der Grundfläche in die Abbildung.
2. Wo liegt im Dreieck ABC ein rechter Winkel? Kennzeichne ihn. Was ist also Hypotenuse, was sind die Katheten?
3. Berechne die Diagonale $\overline{AC}$.
4. Zeichne die Raumdiagonale $\overline{AG}$ in die Abbildung. Welche Seite ist im Dreieck ACG die Hypotenuse? Berechne ihre Länge.

AUFGABE **4**

Bestimme Umfang und Flächeninhalt einer Raute, von der die beiden Diagonalen e und f gegeben sind.

a) e = 40 cm, f = 42 cm b) e = 10 cm, f = 24 cm c) e = 31 m, f = 17 m

AUFGABE **5**

Zum Bau eines Flugdrachens werden zwei Stäbe von e = 40 cm und f = 60 cm Länge verwendet. Der Stab e teilt f im Verhältnis 1 : 2.

a) Wie lang muss der Faden sein, der das Drachenkreuz umspannt?

b) Wie viel cm^2 Seidenpapier benötigt man um den Drachen zu bespannen?

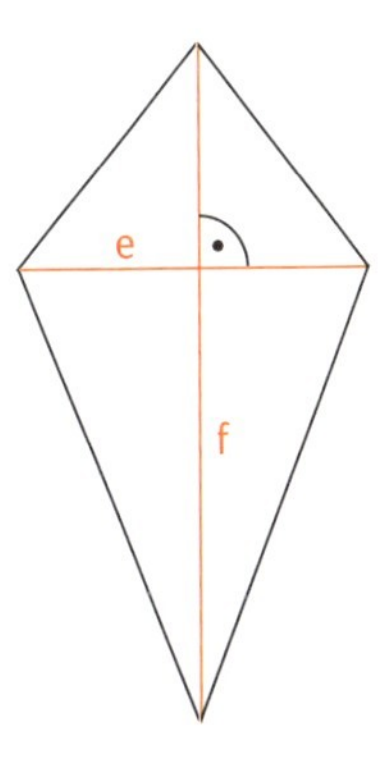

AUFGABE 6

Ein anderer Drachen hat die Form eines regelmäßigen Sechsecks. Er wurde aus drei 80 cm langen Stäben hergestellt.

a) Berechne den Umfang des Sechsecks.

b) Wie groß ist seine Fläche?

AUFGABE 7

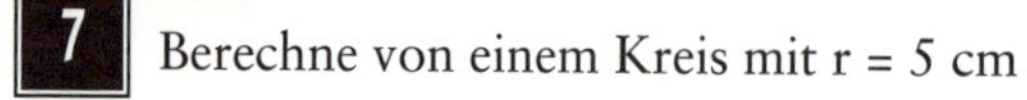

Berechne von einem Kreis mit r = 5 cm

a) den Umfang und den Flächeninhalt des einbeschriebenen Quadrates,

b) den Umfang und den Flächeninhalt des umbeschriebenen Quadrates.

Zusammenfassung

Begriffe	Erläuterungen	Beispiele
Scherung	Bei der Scherung eines Dreiecks bleibt der Flächeninhalt erhalten.	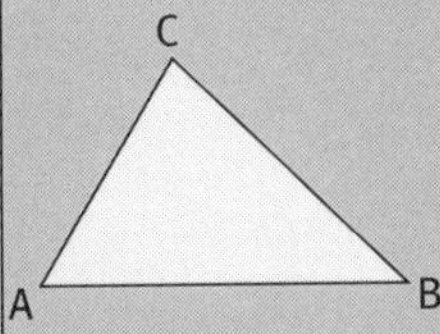 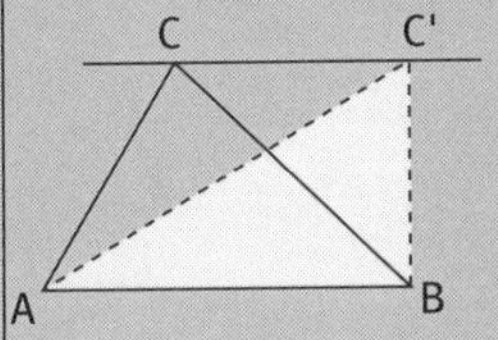 C A B C C' A B
	Bei der Scherung eines Parallelogramms (Rechtecks) bleibt der Flächeninhalt erhalten.	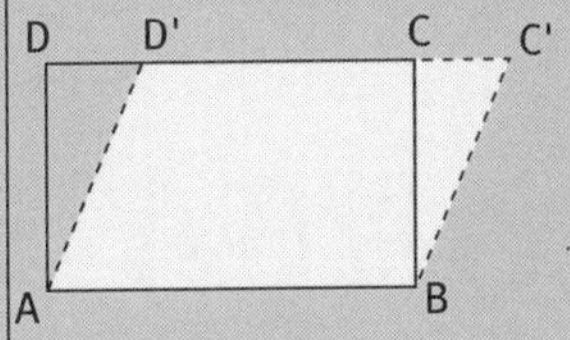 D C A B D D' C C' A B
Bezeichnungen im rechtwinkligen Dreieck	**Hypotenuse:** Seite, die dem rechten Winkel gegenüberliegt. **Katheten:** Schenkel des rechten Winkels. **Hypotenusenabschnitte:** Die Höhe h teilt die Hypotenuse in die Hypotenusenabschnitte.	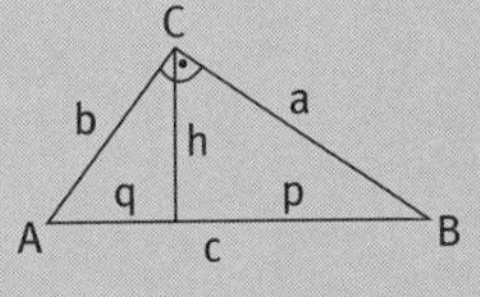 C, b, a, h, q, p, A, c, B Hypotenuse: c Katheten: a, b Hypotenusenabschnitte: p, q Diese Buchstaben liegen so, dass sie mit dem „Rücken“ an die Höhe h „anlehnen“. 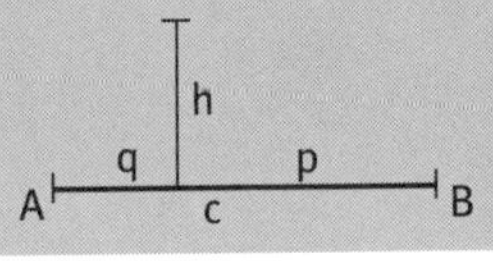 h, A, q, p, B, c

Begriffe	Erläuterungen	Beispiele
Satz des Pythagoras	Im rechtwinkligen Dreieck ist das Hypotenusenquadrat so groß wie die Summe der beiden Kathetenquadrate.	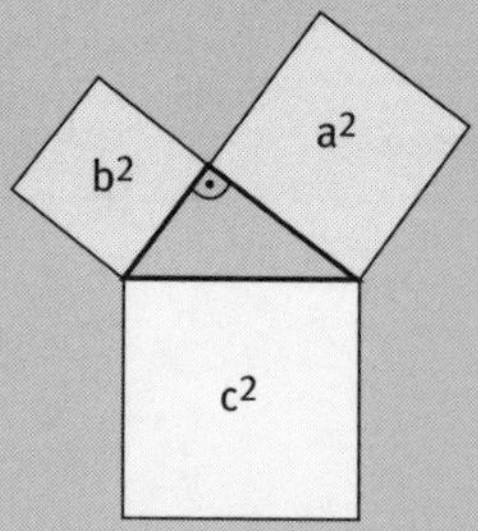 $c^2 = a^2 + b^2$
Kathetensatz	Im rechtwinkligen Dreieck ist das Quadrat über einer Kathete flächeninhaltsgleich dem Rechteck, gebildet aus der Hypotenuse und dem **anliegenden** Hypotenusenabschnitt.	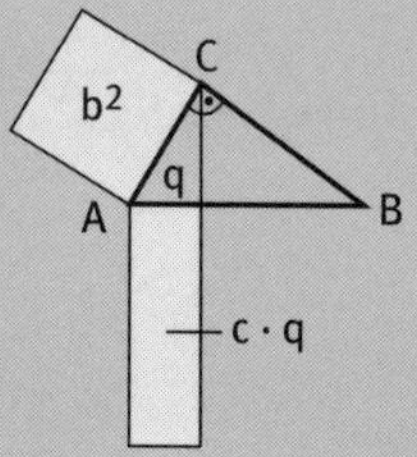 zur Kathete b ist q **anliegend**, also $b^2 = c \cdot q$ 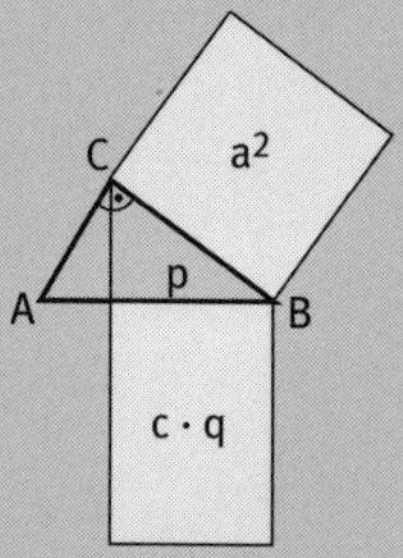 zur Kathete a ist p **anliegend**, also $a^2 = c \cdot p$
Höhensatz	Im rechtwinkligen Dreieck ist das Quadrat über der Höhe flächeninhaltsgleich dem Rechteck, gebildet aus den Hypotenusenabschnitten.	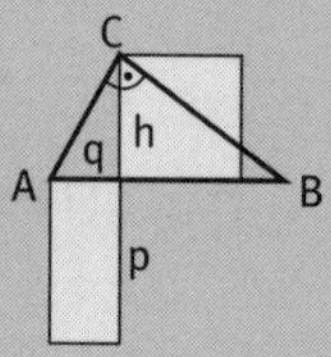 $h^2 = p \cdot q$

Test der Grundaufgaben

Überprüfe dein Wissen, indem du diese Grundaufgaben des letzten Kapitels löst.

TESTAUFGABE

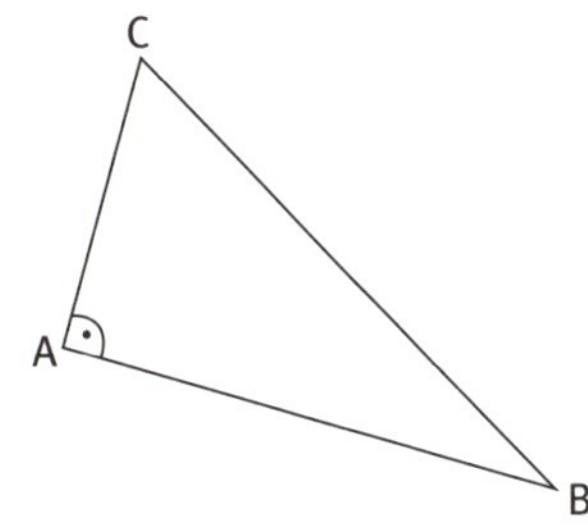

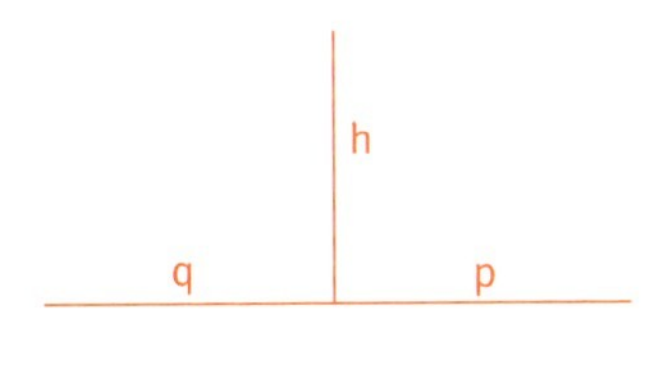

a) Zeichne h und p, q richtig angeordnet ein.

b) Gib für dieses Dreieck sämtliche Flächensätze für rechtwinklige Dreiecke an.

TESTAUFGABE 2

Fülle diese Tabelle für ein rechtwinkliges Dreieck mit $\alpha = 90°$ aus:

a	b	c	h	p	q
10 cm		8 cm			
			12 cm	9 cm	
		6 cm			3 cm

TESTAUFGABE

Berechne von einem gleichschenkligen Dreieck mit a = b den Umfang, wenn c = 12 cm und h = 8 cm gegeben sind.

TESTAUFGABE

Wie groß sind Flächeninhalt und Umfang eines regelmäßigen Sechsecks mit s = 20 cm?

TESTAUFGABE

Bestimme die Länge der Raumdiagonalen eines Quaders mit a = 26 cm, b = 25 cm, c = 22 cm.

9 Ähnlichkeit

Der Begriff „Ähnlichkeit“ ist für die Geometrie von großer Wichtigkeit. Über Streckenverhältnisse, wie sie in den Strahlensätzen auftauchen, gelangt man zur zentrischen Streckung und damit zu einer Abbildung, die ähnliche Figuren erzeugt.

Streckenverhältnisse und ähnliche Dreiecke sind dann Grundlage des Kapitels „Trigonometrie“. Damit spannt sich ein Bogen von diesem Kapitel zum übernächsten.

Strahlensätze

1. Strahlensatz

AUFGABE 1

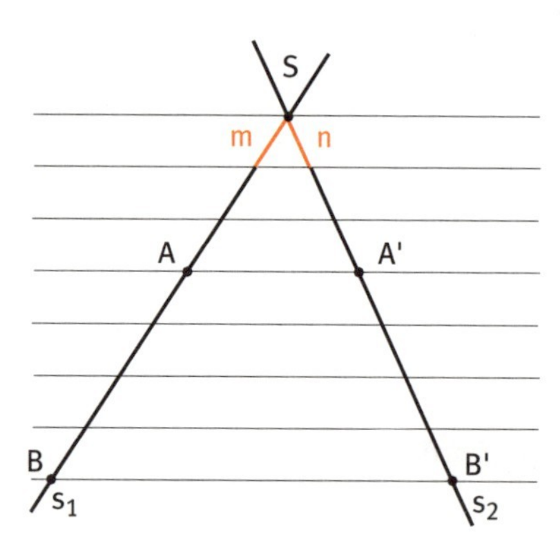

In der Abbildung werden Parallelen mit gleichen Abständen von zwei Strahlen s_1 und s_2 geschnitten. Die Parallelen schneiden aus jedem Strahl jeweils gleich lange Abschnitte m und n heraus.
Für die Länge der Strecke $|\overline{SA}|$ gilt:

$|\overline{SA}| = 3 \cdot m$

Notiere die Längen von $|\overline{SB}|$ = ______; $|\overline{AB}|$ = ______; $|\overline{SA'}|$ = ______ $\cdot$ n; $|\overline{SB'}|$ = ______ und $|\overline{A'B'}|$ = ______.

Streckenverhältnis

Werden die Strecken mit der gleichen Einheit gemessen, so versteht man unter dem **Streckenverhältnis** das Verhältnis ihrer Maßzahlen.

$|\overline{SA}| : |\overline{SB}| = 3\ m : 7\ m = 3 : 7$

Man schreibt das Verhältnis auch als Quotienten

$\frac{|\overline{SA}|}{|\overline{SB}|} = \frac{3\ m}{7\ m} = \frac{3}{7}$

AUFGABE 2

a) Bilde folgende Streckenverhältnisse zur Zeichnung von Aufgabe 1.

$|\overline{SA}| : |\overline{AB}|$ = ______

$|\overline{SA'}| : |\overline{A'B'}|$ = ______

$|\overline{SA}| : |\overline{SB}|$ = ______

$|\overline{SA'}| : |\overline{SB'}|$ = ______

b) Welche Streckenverhältnisse sind gleich? Notiere.

Lässt man die Parallelenschar der Aufgabe 1 weg, ergibt sich diese Figur. Aus ihr kann man diesen Lehrsatz ablesen:

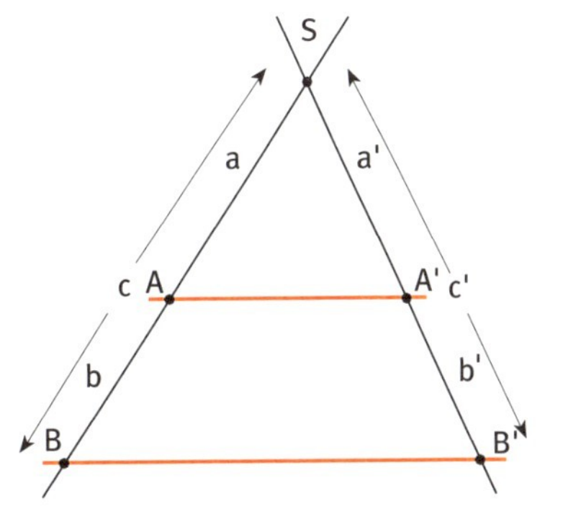

MERKE

1. Strahlensatz

Werden zwei Strahlen, die von einem Punkt S ausgehen, von zwei Parallelen geschnitten, so verhalten sich die Streckenabschnitte auf dem einen Strahl wie die **entsprechenden** Abschnitte auf dem anderen Strahl:

$|\overline{SA}| : |\overline{SB}| = |\overline{SA'}| : |\overline{SB'}|$ oder $|\overline{SA}| : |\overline{AB}| = |\overline{SA'}| : |\overline{A'B'}|$

$a : c = a' : c'$ oder $a : b = a' : b'$

AUFGABE 3

Gilt auch die Proportion $c : b = c' : a'$? Kontrolliere dies an der Abbildung zur Aufgabe 1. Wurden in der Proportion „entsprechende“ Abschnitte verwendet? Berichtige die Proportion.

AUFGABE 4

Die Figur zum 1. Strahlensatz kann auch so aussehen. Dabei ist das Dreieck SAA′ um S um 180° entstanden aus Dreieck SCC′ durch Drehung (Umwendung oder Punktspiegelung).
Schreibe noch einmal alle nach dem 1. Strahlensatz gültigen Proportionen auf.

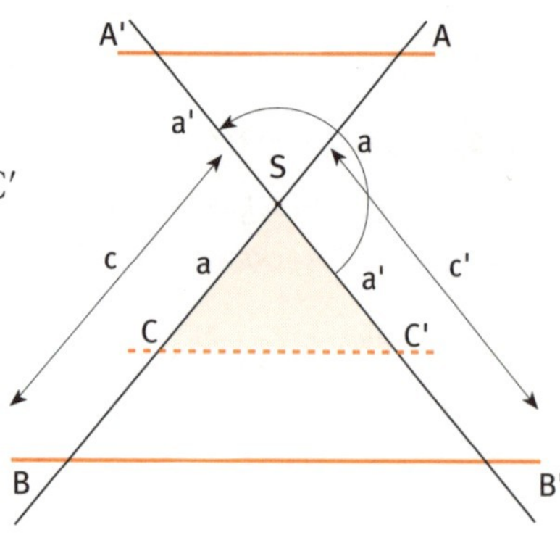

Sind **drei** Streckenabschnitte einer Proportion gegeben, lässt sich die **vierte** berechnen.

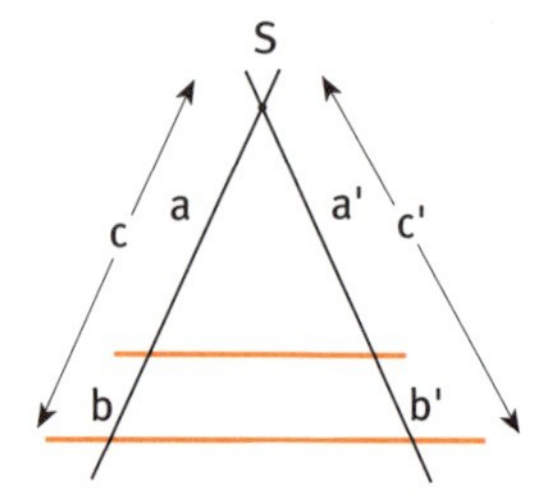

Beispiel:

a = 3 cm; b = 4 cm;
a′ = 6 cm; b′ = x

Man stellt den Strahlensatz so auf, dass man mit der gesuchten Größe beginnt. Auf diese Weise erspart man sich Gleichungsumformungen.

$\frac{x}{a'} = \frac{b}{a}$

$\frac{x}{6} = \frac{4}{3}$; $x = \frac{24}{3} = 8$, also $\underline{\underline{b' = 8 \text{ cm}}}$

Probe: Es gilt tatsächlich $\frac{8}{6} = \frac{4}{3}$.

AUFGABE 5

Berechne ebenso und führe jeweils eine Kontrollrechnung durch:

a) a = x; b = 12 cm; a′ = 2 cm; b′ = 3 cm

b) a = 4 cm; b = 8 cm; a′ = x; b′ = 5 cm

c) a = 3 cm; c = 15 cm; a′ = 4 cm; c′ = x

d) a = 6 cm; c = 12 cm; a′ = 5 cm; b′ = x

Überlege bei d) zunächst, wie lang b ist. Stelle erst dann die Proportionen auf.

2. Strahlensatz

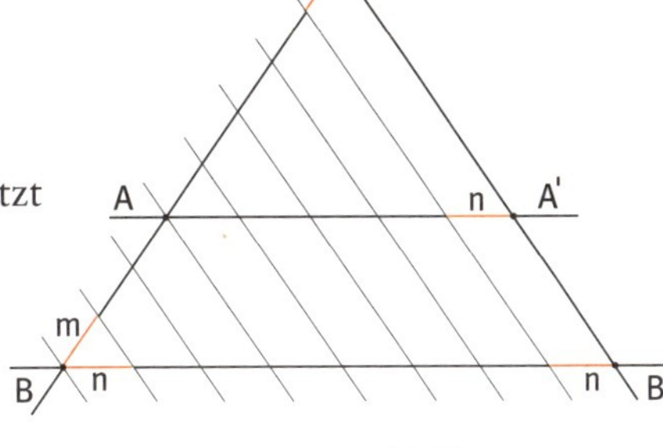

AUFGABE 1

Die Figur des 1. Strahlensatzes wird jetzt von einer Parallelenschar mit gleichen Abständen so geschnitten. Gib die Länge der Streckenabschnitte mithilfe von m und n an:

$|\overline{SA}| = 5 \cdot m$; $|\overline{SB}|$ = ______; $|\overline{AB}|$ = ______; $|\overline{AA'}|$ = ______ $\cdot$ n; $|\overline{BB'}|$ = ______

AUFGABE 2

a) Bilde folgende Streckenverhältnisse:

$|\overline{SA}| : |\overline{AB}| = 5\text{ m} : 3\text{ m}$ = ______; $|\overline{SA}| : |\overline{SB}|$ = ______

$|\overline{AA'}| : |\overline{BB'}|$ = ______; $|\overline{BB'}| : |\overline{AA'}|$ = ______; $|\overline{SB}| : |\overline{SA}|$ = ______

b) Welche Streckenverhältnisse sind gleich groß? Schreibe sie als Proportionen auf.

Lässt man die Parallelenschar aus Aufgabe 1 weg, so ergibt sich diese Figur. Mit e und f bezeichnen wir die beiden Abschnitte auf den Parallelen. Es ergibt sich dann folgender Satz:

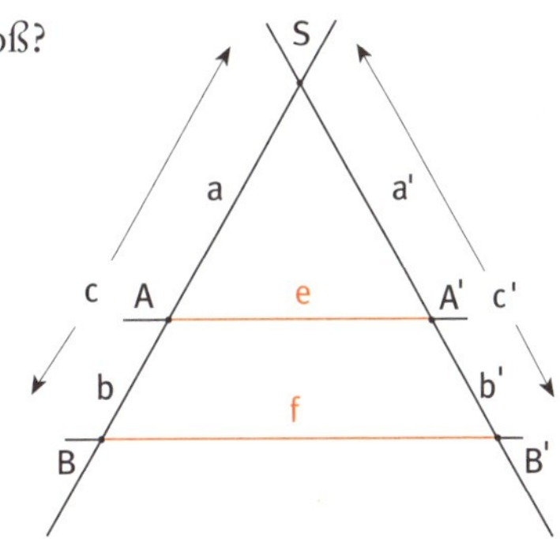

MERKE

2. Strahlensatz

Werden zwei Strahlen, die von einem Punkt S ausgehen, von zwei Parallelen geschnitten, so verhalten sich die Abschnitte auf den Parallelen wie die **von S aus gemessenen entsprechenden** Abschnitte auf einem Strahl:

$|\overline{AA'}| : |\overline{BB'}| = |\overline{SA}| : |\overline{SB}|$ oder $|\overline{AA'}| : |\overline{BB'}| = |\overline{SA'}| : |\overline{SB'}|$

$e : f = a : c$ oder $e : f = a' : c'$

AUFGABE 3

Kannst du noch weitere Proportionen angeben? Beachte die Tipps auf der nächsten Seite.

Beachte:

Die Proportionen des 1. Strahlensatzes beziehen sich **nur** auf **Abschnitte auf den Strahlen**. Der 2. Strahlensatz stellt dagegen eine Beziehung zwischen den **Parallelenabschnitten und den Abschnitten auf einem Strahl** her.

Bedenke, dass sich beim Aufstellen der Proportionen die Streckenabschnitte stets **entsprechen** müssen. So ist $e : f = c : a$ **keine** gültige Proportion, weil zu e der entsprechende Abschnitt a und zu f c heißt,
also gilt

$e : f = a : c$

AUFGABE

4 Die Figur zum 2. Strahlensatz kann auch so aussehen. Auch hier ist das Dreieck SAA′ um S um 180° gedreht worden.

a) Schreibe noch einmal alle nach dem 2. Strahlensatz gültigen Proportionen auf.

b) Notiere auch alle aus dem 1. Strahlensatz folgenden Proportionen.

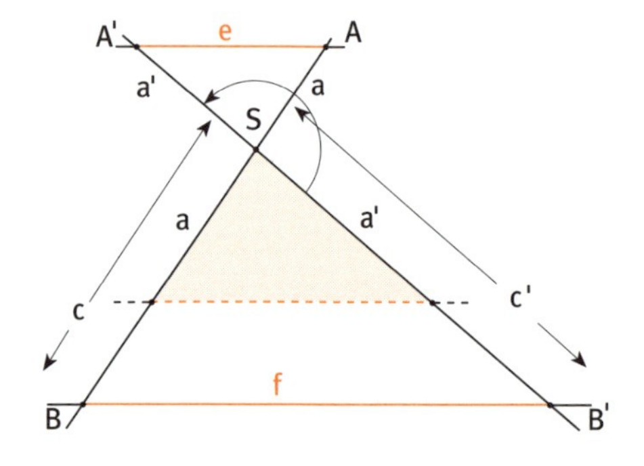

AUFGABE

5 Berechne jeweils den fehlenden Streckenabschnitt. Führe auch immer eine Kontrollrechnung aus.

a) a = 3 cm; c = 12 cm
e = 4 cm; f = x
also $\frac{x}{e} = \frac{c}{a}$

b) a = 5 cm; c = x; e = 3 cm; f = 6 cm

c) a = x; c = 10 cm e = 2 cm; f = 8 cm

d) a = 3 cm; b = 4 cm; e = x; f = 14 cm

Beachte: c = a + b

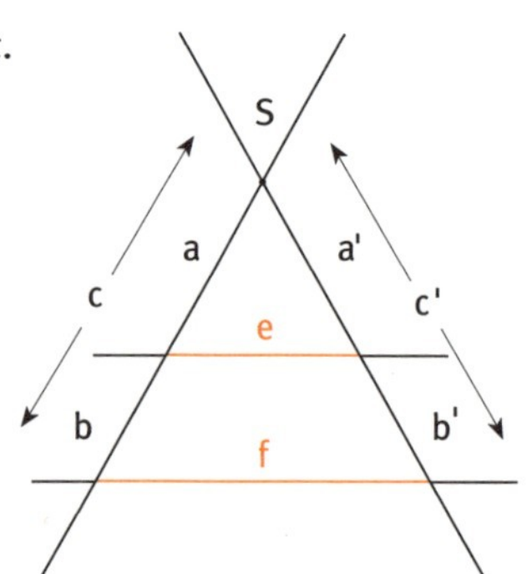

AUFGABE 6

Der Schatten eines Baumes fällt mit dem Schatten eines 1 m langen Stabes zusammen. Wie hoch ist der Baum?
Übertrage zunächst a, b, c, e und f aus der Abbildung zur Aufgabe 5 in diese Abbildung. Berechne dann die Höhe x des Baumes.

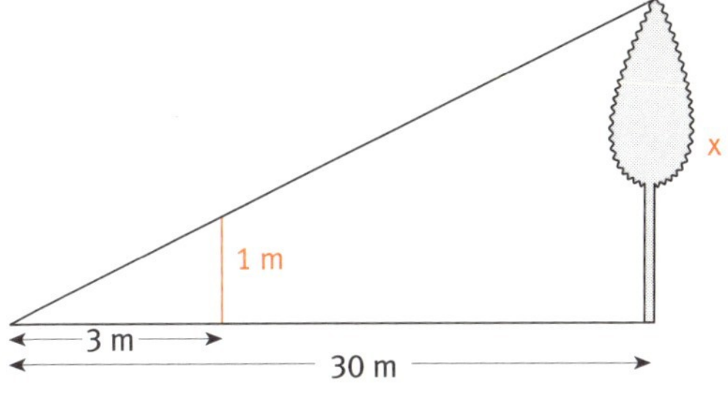

Zentrische Streckung

MERKE

Zentrische Streckung eines Dreiecks

Das Dreieck ABC ist durch eine **zentrische Streckung** in A′B′C′ abgebildet worden.
Nach dem 1. Strahlensatz gilt:

$|\overline{SA'}| : |\overline{SA}| = |\overline{SB'}| : |\overline{SB}| = |\overline{SC'}| : |\overline{SC}| = k$

Diese Streckenverhältnisse sind also alle gleich. Man bezeichnet sie mit k.
k heißt **Streckfaktor**, denn aus $|\overline{SA'}| : |\overline{SA}| = k$ folgt $|\overline{SA'}| = k \cdot |\overline{SA}|$,
$|\overline{SA'}|$ ist also k-mal so lang wie $|\overline{SA}|$.

S heißt **Streckzentrum**.

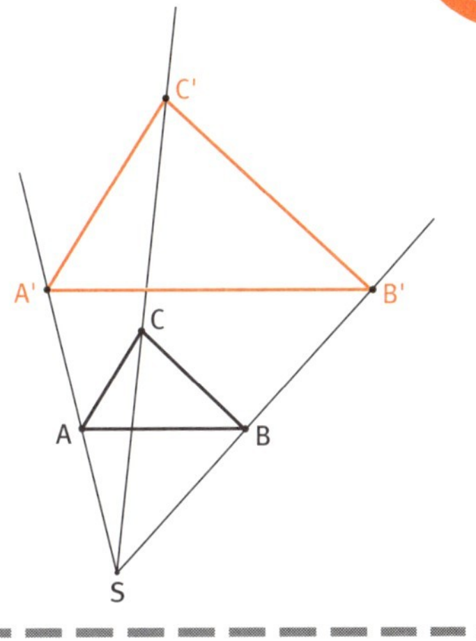

AUFGABE 1

Dieses Dreieck soll zentrisch so gestreckt werden, dass k = 1,5 ist.

Beachte den Hinweis auf der nächsten Seite.

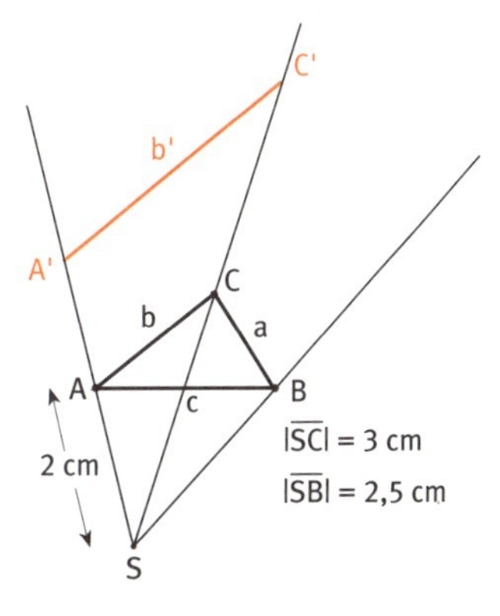

Gehe so vor:

Zunächst wird die Lage von A′ ermittelt.
Es muss gelten:

$$|\overline{SA'}| : |\overline{SA}| = 1{,}5$$

also

$$|\overline{SA'}| = 1{,}5 \cdot |\overline{SA}|$$

$$|\overline{SA'}| = 1{,}5 \cdot 2\text{ cm} = 3\text{ cm}$$

A′ wird daher 3 cm entfernt von S angetragen. Die Parallele durch A′ zu b schneidet den nächsten Strahl in C′.

AUFGABE 2

a) Konstruiere jetzt die Lage von B′ (Parallele durch C′ zu a zeichnen!).

b) Verbinde A′ mit B′.

c) Kontrolliere durch Ausrechnen der Streckenverhältnisse

$$|\overline{SC'}| : |\overline{SC}| \text{ und } |\overline{SB'}| : |\overline{SB}|$$

die Genauigkeit deiner Konstruktion. Miss dazu die Strecken in der Zeichnung aus.

d) Welchen Streckfaktor k müsstest du bei genauer Zeichnung erhalten?

e) Entnimm der Abbildung die Längen von b, b′, a, a′ und c, c′. Bilde b′ : b, a′ : a und c′ : c. Welchen Wert müsstest du nach dem 2. Strahlensatz erhalten?

AUFGABE 3

Übertrage die Abbildung in dein Heft. Trage A′ so ein, dass $|\overline{SA'}| : |\overline{SA}| = 3$ gilt. Konstruiere die Lage von C′ und B′.

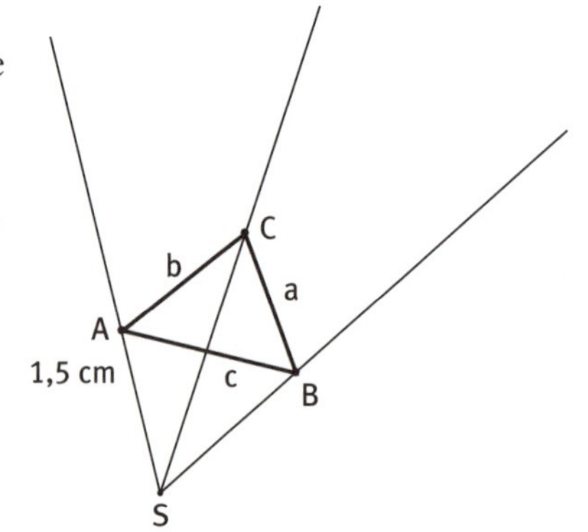

a) Wie viel mal länger ist jetzt $|\overline{SA'}|$ als $|\overline{SA}|$?

b) Überprüfe, ob alle entsprechenden Seiten der beiden Dreiecke parallel zueinander verlaufen.

c) Entnimm der Abbildung die Längen der Dreiecksseiten. Wie genau erhältst du

$$a' : a = b' : b = c' : c = k?$$

AUFGABE **4**

Jetzt soll $k = \frac{1}{2}$ sein. Konstruiere hier.

a) Wie viel mal länger ist jetzt $|SA'|$ als $|SA|$?

b) Kontrolliere, ob die entsprechenden Winkel von Figur und Bildfigur gleich groß sind.

c) Entnimm den Abbildungen die Längen der Dreiecksseiten. Wie genau erhältst du

$$a' : a = b' : b = c' : c = k?$$

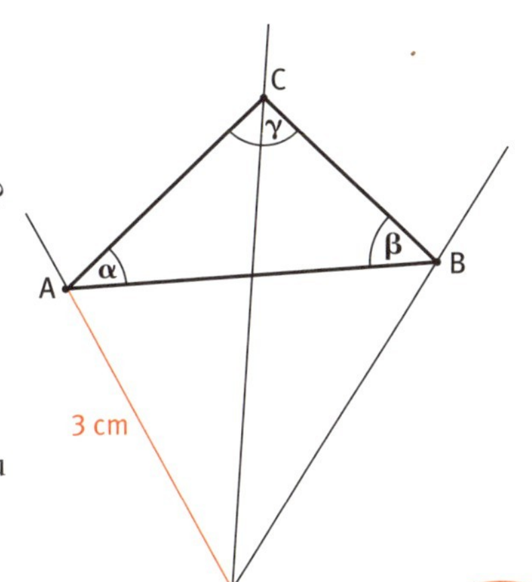

MERKE

Zentrische Streckung

In der Ebene wird jedem Punkt P mit $P \neq S$ ein Bildpunkt P′ so zugeordnet, dass gilt:

1. P′ und P liegen auf einem Strahl durch S.
2. Das Streckenverhältnis $|\overline{SP'}| : |\overline{SP}| = k$ ist für alle P, P′ gleich groß. k heißt **Streckfaktor**.
3. Ist P = S, so fällt der Bildpunkt P′ von P mit S zusammen.

Eine solche Abbildung heißt **zentrische Streckung**.

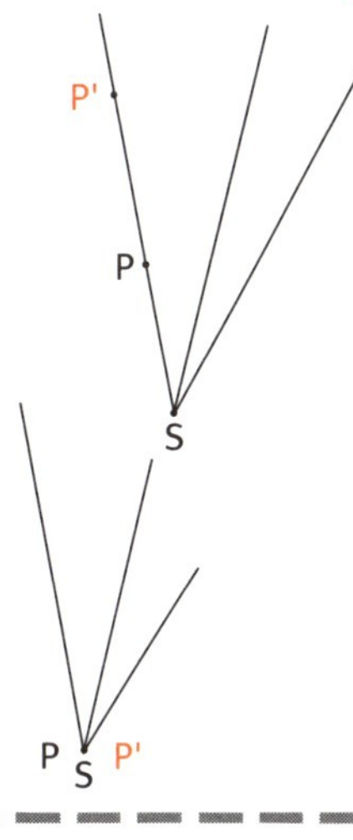

Eigenschaften der zentrischen Streckung

1. Bei einer zentrischen Streckung werden die Seiten einer Figur parallel zu diesen abgebildet.
2. Die zentrische Streckung verändert die Winkel einer Figur nicht (Winkeltreue).

Der Begriff der Ähnlichkeit

AUFGABE 1

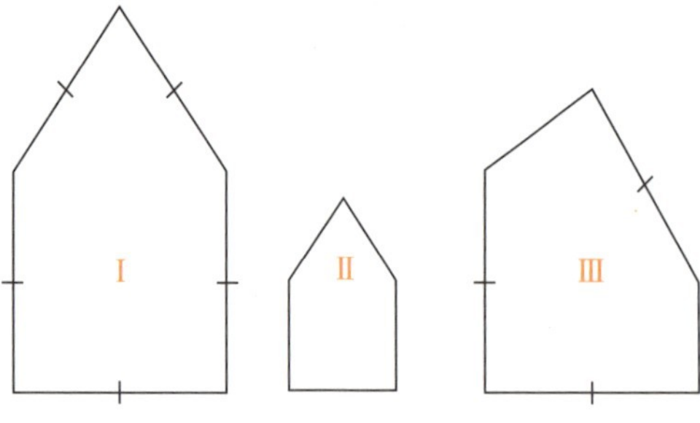

a) Überprüfe diese 3 Fünfecke, ob sie in den entsprechenden Winkeln übereinstimmen.

b) Miss die Seitenlängen der Figuren. Bilde die Längenverhältnisse **entsprechender** Seiten zwischen Figur I und II und dann zwischen I und III. Zwischen welchen Figuren sind diese Verhältnisse für **alle** Seiten gleich?

MERKE

Ähnlichkeit

Vielecke sind **ähnlich**, wenn die entsprechenden Winkel gleich groß sind und wenn jeweils entsprechende Seiten **alle** das gleiche Seitenverhältnis besitzen.
Sind zwei Figuren F und G ähnlich, schreibt man $F \sim G$ und liest „F ähnlich G“.

AUFGABE 2

Welche von diesen Figuren sind jeweils ähnlich?

a)

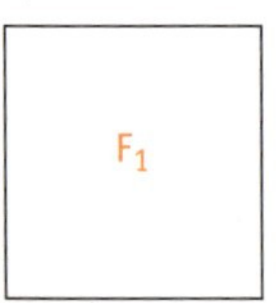

F2

b)

F4

c)

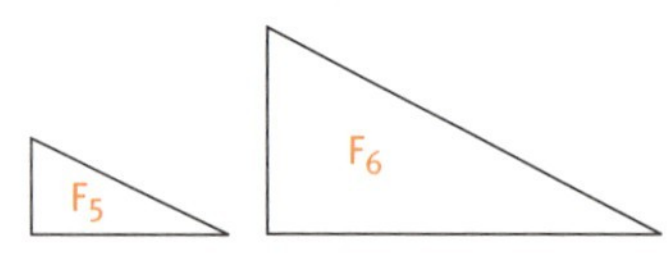

AUFGABE 3

Dieses Dreieck soll zentrisch so gestreckt werden, dass C nach C′ abgebildet wird.

a) Ermittle die Lage von A′, indem du durch C′ die Parallele zu b zeichnest.

b) Bestimme nun B′.

c) Wie groß ist der Streckfaktor k? $\frac{|SC'|}{|SC|} = k = ?$

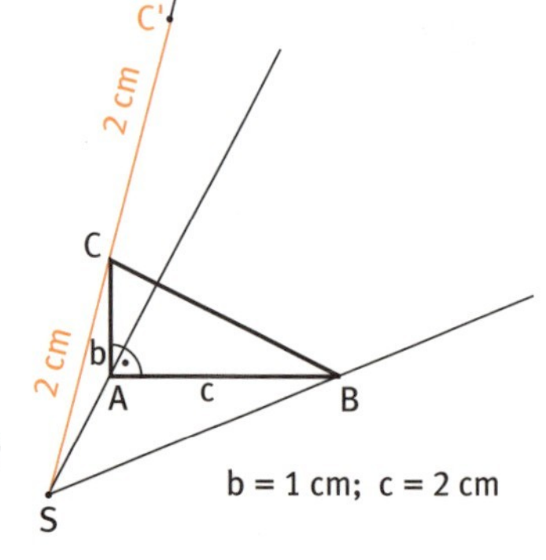

d) Berechne die Länge von b′ nach dem 2. Strahlensatz so:

$\frac{b'}{b} = \frac{|SC'|}{|SC|} = k; \quad \frac{b'}{1\text{ cm}} = 2; \quad b' = 2\text{ cm}$

Ermittle in gleicher Weise c′.

e) Da die Dreiecke ABC und A′B′C′ rechtwinklig sind, lassen sich ihre Flächeninhalte A und A′ mithilfe von b, c bzw. b′, c′ leicht berechnen. Wie groß sind also A und A′?

f) Gilt $A' : A = k^2$?

AUFGABE 4

Konstruiere diese zentrische Streckung in deinem Heft:

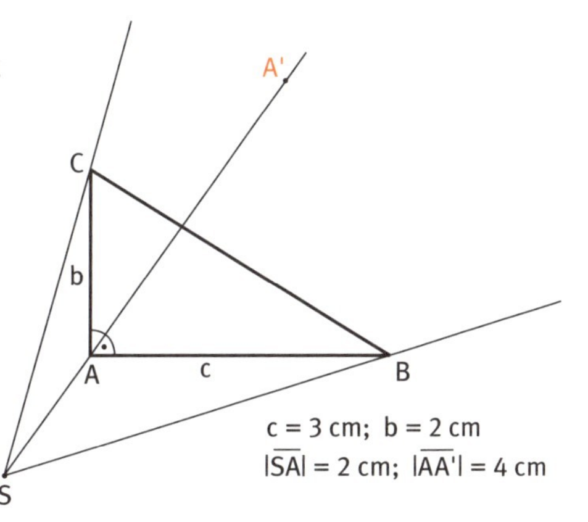

a) Wie groß ist der Streckfaktor k?

b) Berechne die Seiten b′ und c′ der gestreckten Figur (2. Strahlensatz!).

c) Sind die beiden Dreiecke ähnlich?

d) Berechne die Flächeninhalte A der Figur und A′ der Bildfigur.

e) Bestätige, dass $A' : A = k^2$ gilt.

AUFGABE 5

Strecke dieses Quadrat (a = 2 cm):

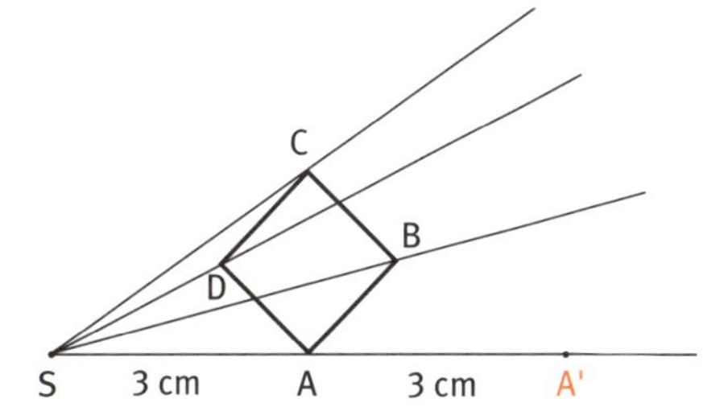

a) Berechne k.

b) Wie lang ist a′?

c) Sind die beiden Quadrate ähnlich?

d) Berechne A und A′. Gilt wieder $A' : A = k^2$?

MERKE

Ähnliche Figuren

Bei der zentrischen Streckung entstehen **ähnliche Figuren.** Ist k der Streckfaktor, so gilt für die Flächeninhalte von gestreckter Figur und Figur die Beziehung

$A' : A = k^2$ oder $A' = k^2 \cdot A$.

AUFGABE **6**

a) Welche dieser Rechtecke sind ähnlich? Da in Rechtecken die entsprechenden Winkel gleich groß sind, brauchst du nur die Seitenverhältnisse zu untersuchen.

I: a = 4 cm; b = 3 cm	II: a = 6 cm; b = 4,5 cm
III: a = 8 cm; b = 5 cm	IV: a = 4 cm; b = 2,5 cm
V: a = 10 cm; b = 6 cm	VI: a = 5 cm; b = 4 cm

b) Berechne von allen Rechtecken den Flächeninhalt.

c) Bestimme k von den jeweils ähnlichen Figuren.

d) Überprüfe $A' : A = k^2$.

Ähnliche Dreiecke

MERKE

Ähnlichkeitssätze für Dreiecke

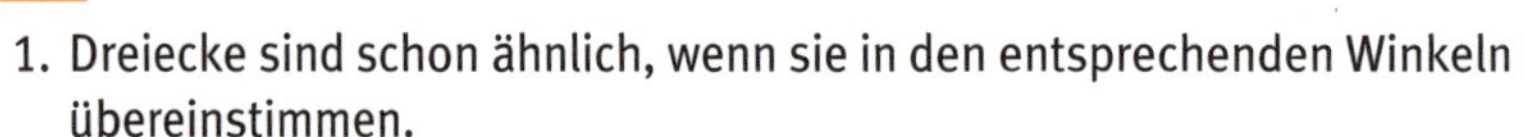

1. **Dreiecke sind schon ähnlich, wenn sie in den entsprechenden Winkeln übereinstimmen.**
2. **Dreiecke sind schon ähnlich, wenn die Streckenverhältnisse entsprechender Seiten übereinstimmen.**

Für die beiden folgenden Aufgaben brauchst du den folgenden Lehrsatz:

Über dem gleichen Bogen $\overset{\frown}{AB}$ sind alle Umfangswinkel (Peripheriewinkel) gleich groß.

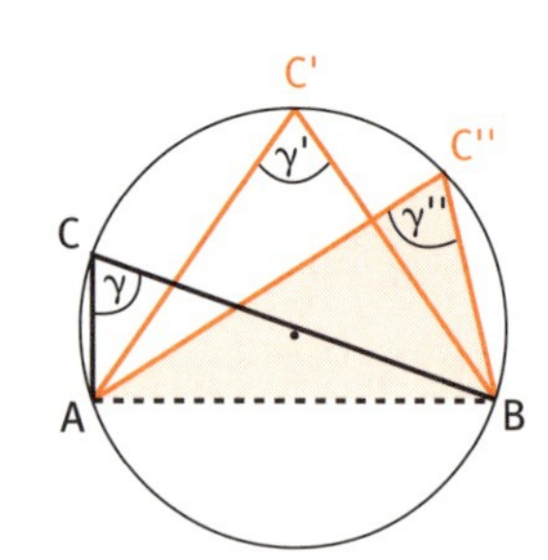

AUFGABE **1**

Zeige, dass die Dreiecke ASC und BC′S ähnlich sind.

Überlege so:

a) Warum ist $\gamma = \gamma'$?

b) Warum gilt $\delta = \delta'$?

c) Welchen Ähnlichkeitssatz kannst du jetzt anwenden?

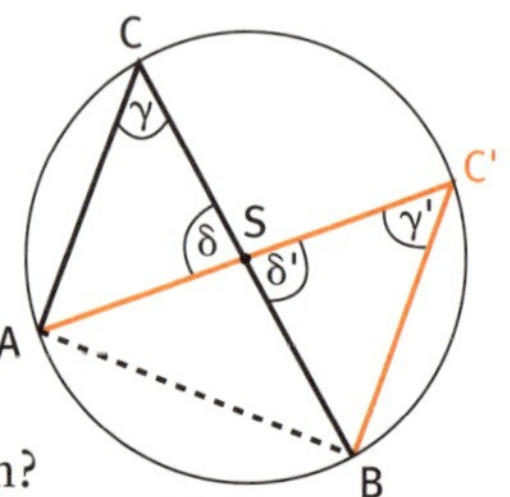

AUFGABE 2

Versuche nachzuweisen, dass folgende Dreiecke ähnlich sind:

a) ADC und BC′D

b) SC′A und SBC

Gehe wie in Aufgabe 1 vor.

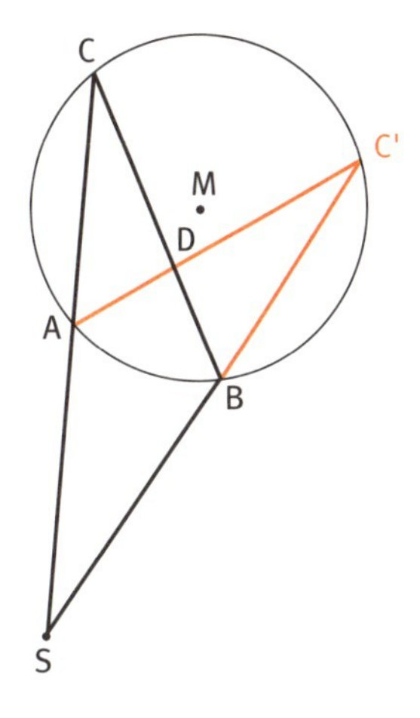

Zusammenfassung

Hier sind wieder alle wichtigen Begriffe und Konstruktionen zusammengestellt, damit du nachschlagen und dich informieren kannst.

Begriffe	Erläuterungen	Beispiele
Streckenverhältnis	Der Quotient von Maßzahlen von Strecken wird Streckenverhältnis genannt.	$\lvert SA\rvert : \lvert SB\rvert = \frac{\lvert SA\rvert}{\lvert SB\rvert} = \frac{2}{5}$
1. Strahlensatz	Werden zwei Strahlen, die von einem Punkt S ausgehen, von zwei parallelen Geraden geschnitten, so verhalten sich die Längen der Streckenabschnitte des einen Strahls wie die **entsprechenden** des anderen Strahls.	$\lvert SA\rvert : \lvert SB\rvert = \lvert SA'\rvert : \lvert SB'\rvert$ $a : c = a' : c'$ $\lvert SA\rvert : \lvert AB\rvert = \lvert SA'\rvert : \lvert A'B'\rvert$ $a : b = a' : b'$

<table>
<tr><th>Begriffe</th><th>Erläuterungen</th><th>Beispiele</th></tr>
<tr><td>2. Strahlensatz</td><td>Werden zwei Strahlen, die von einem Punkt S ausgehen, von zwei parallelen Geraden geschnitten, so verhalten sich die Längen der Streckenabschnitte auf den Parallelen wie die von S aus gemessenen entsprechenden Abschnitte (Scheitelabschnitte) auf einem Strahl.</td><td>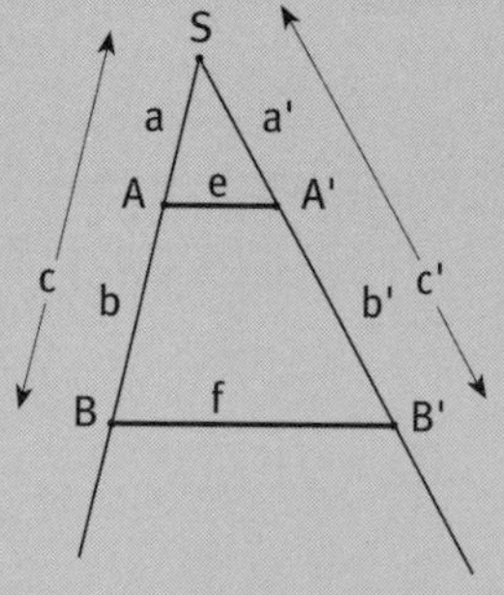

$|\overline{AA'}| : |\overline{BB'}| = |\overline{SA}| : |\overline{SB}|$
$e : f = a : c$
$|\overline{AA'}| : |\overline{BB'}| = |\overline{SA'}| : |\overline{SB'}|$
$e : f = a' : c'$</td></tr>
<tr><td>Zentrische Streckung</td><td>Streckzentrum S
Streckfaktor k:
$\frac{|\overline{SA'}|}{|\overline{SA}|} = \frac{|\overline{SB'}|}{|\overline{SB}|} = \frac{|\overline{SC'}|}{|\overline{SC}|} = k$
gestreckte Strecken:
$|\overline{SA'}| = k \cdot |\overline{SA}|$
$|\overline{SB'}| = k \cdot |\overline{SB}|$
$|\overline{SC'}| = k \cdot |\overline{SC}|$</td><td>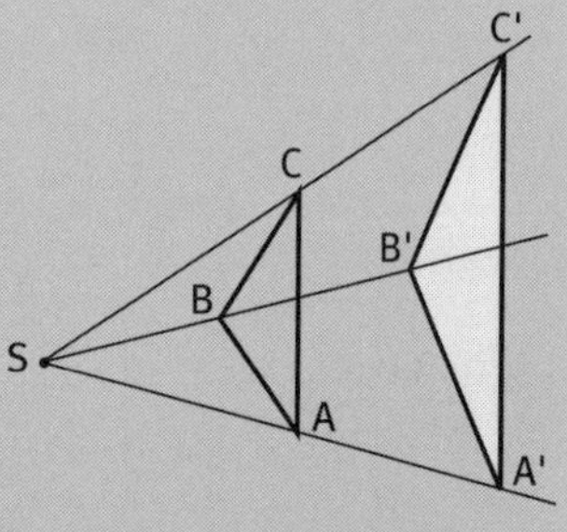
</td></tr>
<tr><td>Kennzeichnung der zentrischen Streckung</td><td colspan="2">Eine Abbildung, bei der jedem Punkt P der Ebene genau ein Punkt P′ zugeordnet wird, heißt zentrische Streckung mit dem Streckzentrum S und dem Streckfaktor k ($k \neq 0$), wenn gilt:
1. P und P′ liegen auf einer Geraden durch S.
2. Es gilt immer $\frac{|\overline{SP'}|}{|\overline{SP}|} = k$ bzw. $|\overline{SP'}| = k \cdot |\overline{SP}|$
3. Ist P = S, so ist auch P′ = S.</td></tr>
<tr><td>Eigenschaften der zentrischen Streckung</td><td>1. Alle Seiten einer Figur werden auf dazu parallele Seiten abgebildet.
2. Die Abbildung ist winkeltreu, d. h. das Bild jedes Winkels ist ein gleich großer Winkel.</td><td>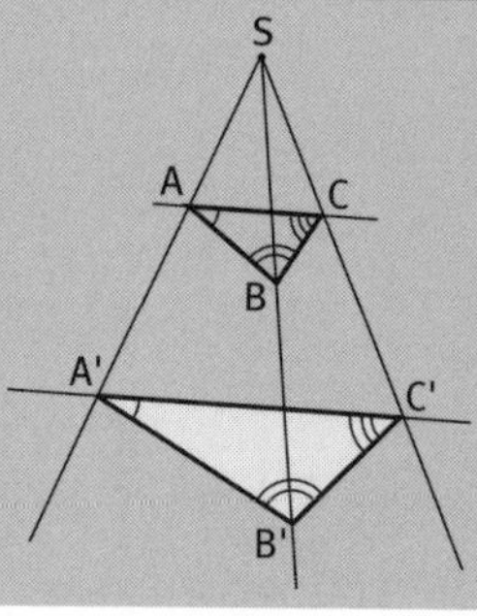
</td></tr>
</table>

Begriffe	Erläuterungen	Beispiele
Ähnlichkeit	Figuren, die durch zentrische Streckung oder Kongruenzabbildung aufeinander abgebildet werden können, heißen **ähnlich.**	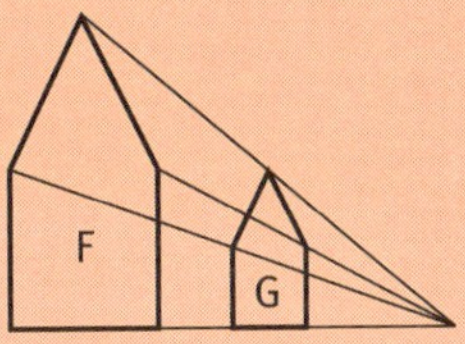 F G F ~ G
Eigenschaften ähnlicher Figuren	In ähnlichen Figuren sind entsprechende Winkel gleich groß und das Verhältnis der Längen entsprechender Seiten ist immer gleich.	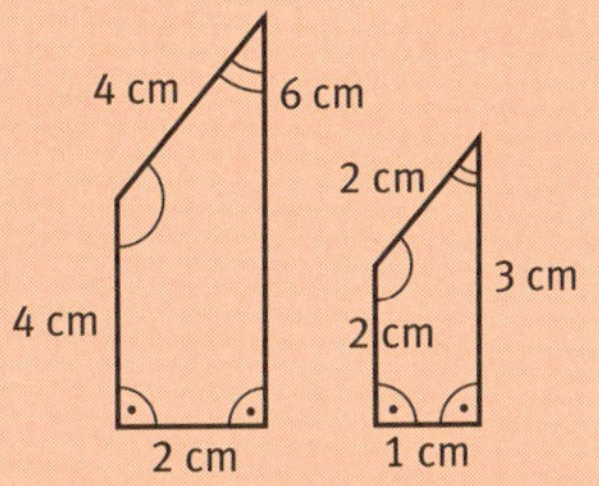 4 cm, 6 cm, 4 cm, 2 cm; 2 cm, 3 cm, 2 cm, 1 cm $\frac{4}{2} = \frac{4}{2} = \frac{2}{1} = \frac{6}{3} = 2$
	Für die Flächeninhalte ähnlicher Figuren gilt:	$A' : A = k^2$ $A' = k^2 \cdot A$
Ähnliche Dreiecke	1. Stimmen zwei Dreiecke in der Größe ihrer Winkel überein, so sind sie ähnlich. 2. Zwei Dreiecke sind schon ähnlich, wenn sie in **zwei** Winkelgrößen übereinstimmen. 3. Besitzen zwei Dreiecke gleiche Verhältnisse entsprechender Seiten, so sind sie ähnlich.	

Test der Grundaufgaben

Überprüfe dein Wissen durch Lösen dieser Aufgaben.

TESTAUFGABE 1

Gib zu dieser Zeichnung alle Proportionen an, die

a) nach dem 1. Strahlensatz

b) nach dem 2. Strahlensatz

gelten.

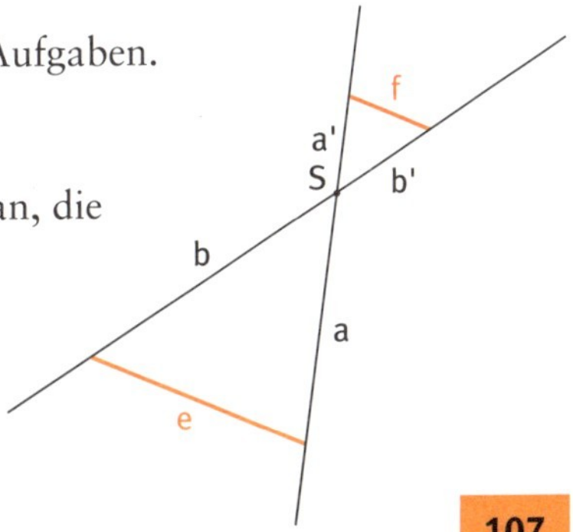

f, a', S, b', b, a, e

TESTAUFGABE

Berechne hier jeweils die fehlende Strecke (4. Proportionale):

a) $a = 2$ cm, $b = 6$ cm, $a' = x$, $b' = 9$ cm

b) $a' = 3$ cm, $b' = 2$ cm, $e = 4$ cm, $f = x$

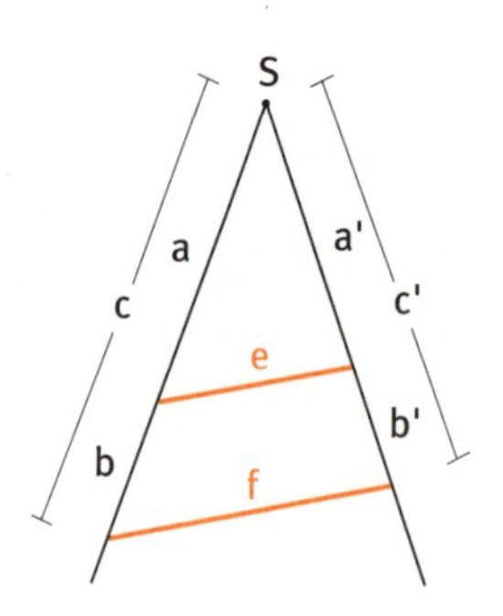

TESTAUFGABE

Der Schatten eines Schornsteins fällt mit dem Schatten eines 3 m hohen Stabes zusammen. Wie hoch ist der Schornstein?

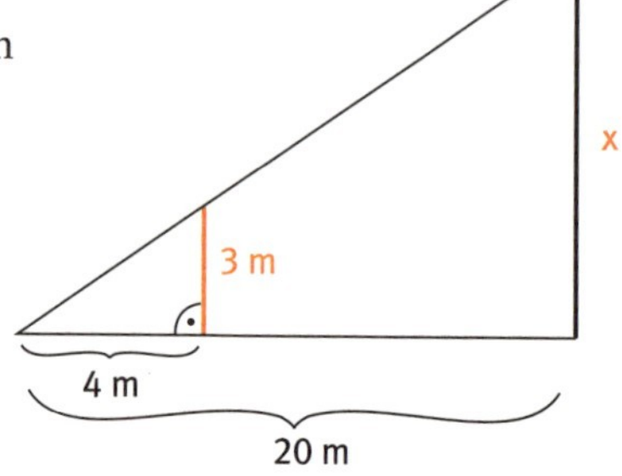

TESTAUFGABE 4

Strecke dieses Dreieck zentrisch mit $k = \frac{1}{2}$.

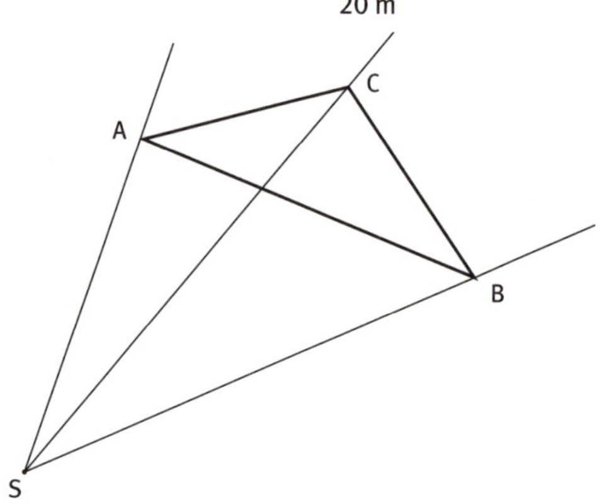

TESTAUFGABE 5

Gegeben sind die Rechtecke:

I	$a = 4$ cm	$b = 6$ cm
II	$a = 5$ cm	$b = 10$ cm
III	$a = 8$ cm	$b = 12$ cm

a) Welche Rechtecke sind ähnlich?

b) Bestimme für sie k.

c) Bilde das Verhältnis ihrer Flächeninhalte. Was erhältst du?

TESTAUFGABE

Konstruiere zwei gleichseitige Dreiecke mit: $s = 3$ cm $s' = 5$ cm.

a) Sind diese Dreiecke ähnlich?

b) Bestimme k.

10 Körperberechnungen

Prismen

MERKE

Volumen

Körper, in denen Grund- und Deckflächen aus kongruenten Vielecken bestehen und deren Seitenflächen Parallelogramme sind, heißen **Prismen**.

Das Volumen aller Prismen berechnet sich aus
Grundfläche G mal **Höhe** h:

$V = G \cdot h$

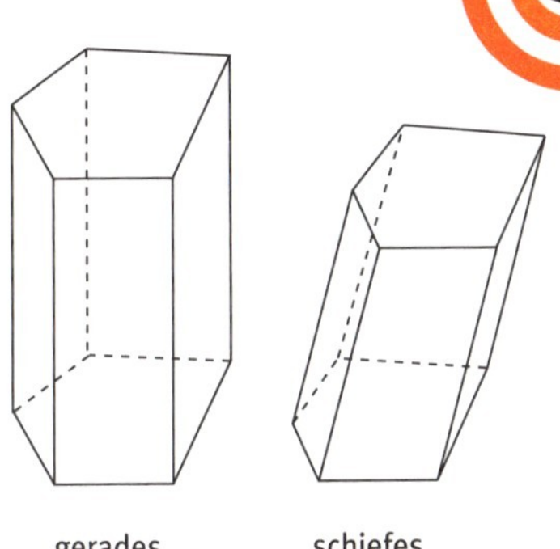

AUFGABE 1

a) Wie groß ist das Volumen dieses Quaders?

b) Alle 6 den Körper begrenzenden Flächen bilden seine Oberfläche O.
Berechne O.

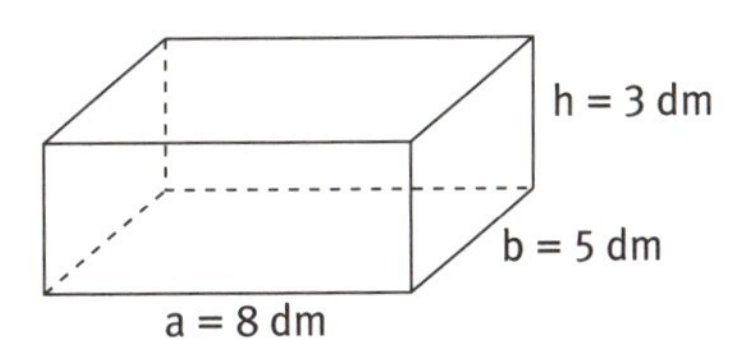

AUFGABE 2

a) Ein quaderförmiges Gefäß mit a = 25 dm; b = 8 dm und c = 5 dm soll mit Wasser gefüllt werden. Wie viel *l* passen hinein?
Bedenke: $1\ \text{dm}^3 = 1\ l$.

b) Das Gefäß soll bei gleicher Grundfläche 800 *l* fassen. Wie groß muss seine Höhe h gewählt werden?

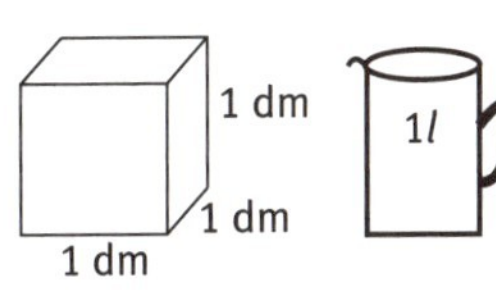

$1\ \text{dm}^3 = 1\ l$

AUFGABE

3 Berechne das Volumen dieser Prismen. Berechne immer erst die Grundfläche G.

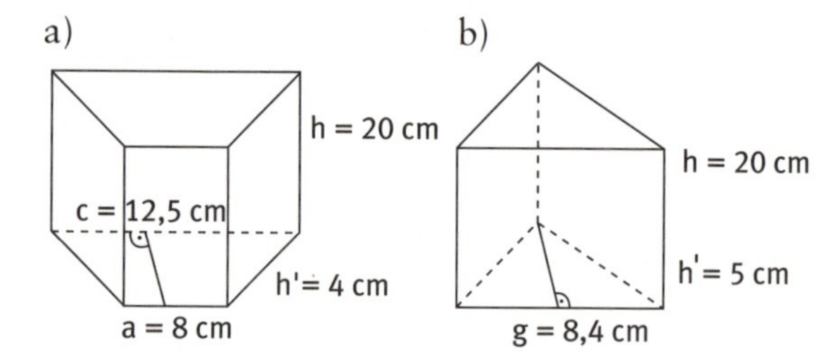

AUFGABE

4 a) Von einem Prisma mit trapezförmiger Grundfläche sind a = 3,2 dm, c = 1,8 dm und h′ = 1,2 dm. Die Höhe des Prismas beträgt h = 15 dm. Bestimme sein Volumen.

b) Wie viel *l* Wasser passen in ein solches Gefäß?

Zylinder

MERKE

Volumen und Mantel

Beim Zylinder bestehen Grund- und Deckfläche aus gleich großen Kreisen. Fasst man den Kreis als Vieleck mit sehr vielen Ecken auf, ist der Zylinder der Sonderfall eines Prismas.
Sein Volumen ergibt sich ebenfalls aus Grundfläche mal Höhe. Rollt man den Mantel M_Z des Zylinders ab, entsteht ein Rechteck.

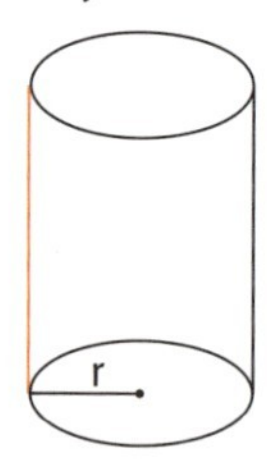

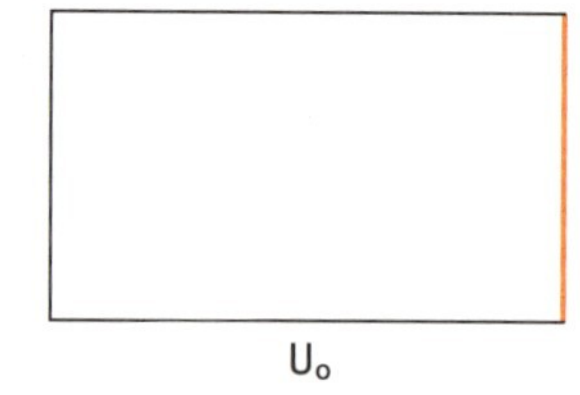

$V_Z = G \cdot h$ $M_Z = U_o \cdot h$
$V_Z = r^2 \pi \cdot h$ $M_Z = 2 r \pi \cdot h$

AUFGABE **1**

Berechne von diesen Zylindern jeweils V_Z und M_Z.

a) r = 5 cm; h = 12 cm
b) r = 40 cm; h = 25 cm
c) r = 2,5 dm; h = 8 dm
d) r = 1,8 m; h = 20 m

AUFGABE **2**

a) Wie viel *l* Wasser passen in einen Zylinder mit r = 4 cm und h = 30 cm? Bedenke: $1\ dm^3 = 1\ l$.

b) Wie groß muss man die Höhe des Zylinders wählen, damit sein Volumen 1 *l* beträgt? Runde das Ergebnis auf eine Stelle nach dem Komma.

c) Wie groß muss h sein, wenn in den Zylinder 5 *l* passen sollen? Runde das Ergebnis.

AUFGABE **3**

a) In ein zylindrisches Gefäß mit r = 20 cm werden 8 *l* gefüllt. Wie hoch steht das Wasser im Gefäß?

b) Wie hoch stünden die 8 *l* in einem Zylinder mit r = 15 cm?

c) Das Wasser steht in einem Gefäß mit r = 15 cm randvoll genau 20 cm hoch. Wie viel *l* wurden eingefüllt?

d) Wie groß ist der Mantel des letzten Gefäßes?

AUFGABE **4**

Dieses Blatt soll, wie in der Abbildung angedeutet, zu einem Zylinder zusammengerollt werden.

a) Wie groß ist h und wie lang ist der Umfang U_o der kreisförmigen Grundfläche?

b) Berechne r des Zylinders.

c) Wie groß ist V_Z?

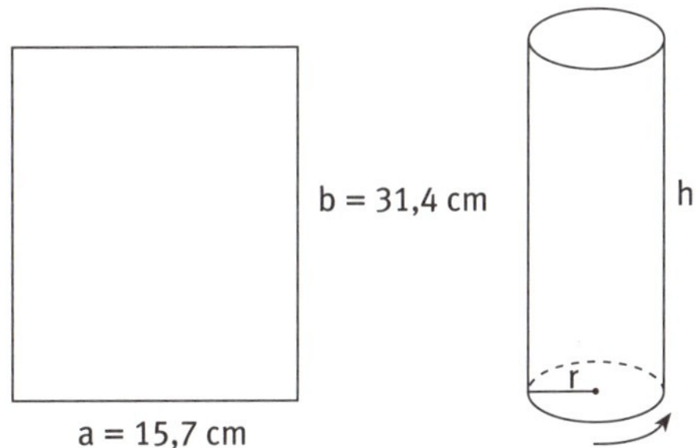

AUFGABE 5

Das Blatt der Aufgabe 4 wird jetzt so zu einem Zylinder zusammengerollt.

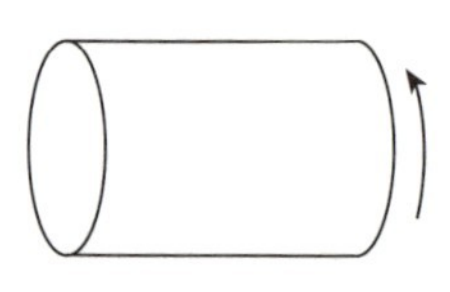

a) Wie groß ist jetzt h und wie lang ist U_o?

b) Berechne r des Zylinders.

c) Bestimme V_Z.

Pyramide und Kegel

MERKE

Volumen

Das Volumen einer **Pyramide** V_{Py} beträgt ein Drittel vom Volumen des entsprechenden Prismas:

$$V_{Py} = \frac{1}{3} \cdot G \cdot h$$

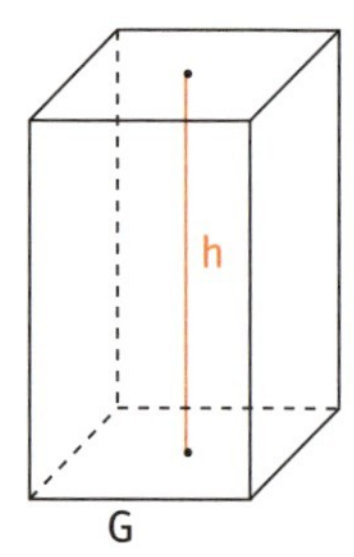

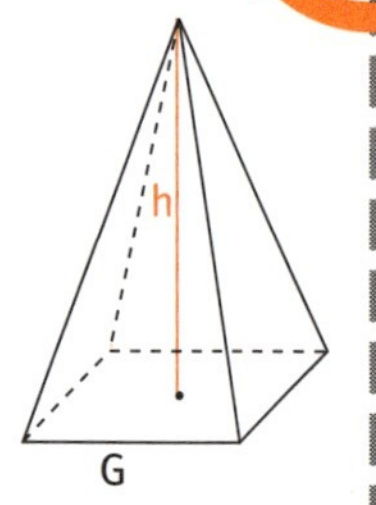

Das Volumen eines **Kegels** V_K ist ein Drittel des Volumens des entsprechenden Zylinders:

$$V_K = \frac{1}{3} \cdot r^2 \pi \cdot h$$

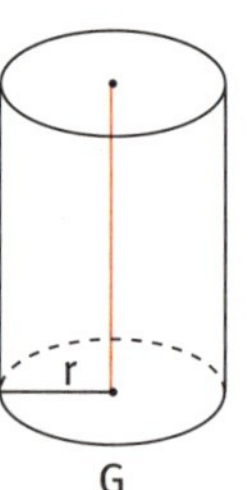

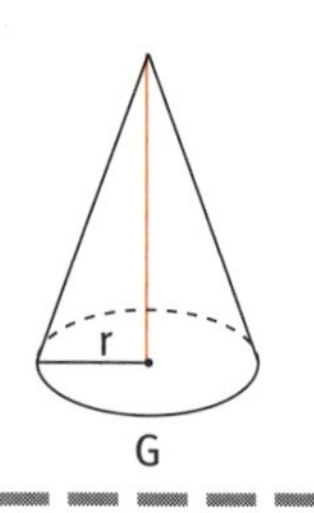

AUFGABE 1

Berechne die Rauminhalte:

a) Eine Pyramide mit rechteckiger Grundfläche $a = 12{,}5$ cm; $b = 9$ cm ist 30 cm hoch.

b) Eine Pyramide besitzt als Grundfläche ein Dreieck mit $g = 12$ cm, $h' = 8$ cm. Ihre Höhe beträgt 60 cm.

c) Eine quadratische Pyramide mit a = 15 cm ist 12 cm hoch.

d) Ein 30 cm hoher Kegel hat den Radius r = 5 cm.

AUFGABE 2

Jeder dieser Körper soll ein Volumen von 1500 cm^3 besitzen. Wie groß muss jeweils h gewählt werden? Runde, wenn notwendig, auf eine Stelle nach dem Komma.

a) Rechteckige Pyramide: a = 22,5 cm; b = 8 cm

b) Quadratische Pyramide: a = 15 cm

c) Dreieckige Pyramide: g = 22,5 cm; h′ = 16 cm

d) Kegel: r = 15 cm

AUFGABE

Stelle die Formeln für die Volumenberechnungen folgender Körper zusammen:

a) Quader ________ b) Würfel ________ c) Prisma ________

d) Zylinder ________ e) Kegel ________ f) Pyramide ________

AUFGABE

Forme jede der Formeln aus Aufgabe 3 so um, dass du h berechnen kannst.

a) h = ____________ b) ____________ c) ____________

d) ____________ e) ____________ f) ____________

AUFGABE 5

Ein Dach hat die Form einer quadratischen Pyramide. Die dreieckigen Dachflächen sollen mit Schiefer eingedeckt werden. Wie groß ist die gesamte Dachfläche? Du musst dazu die Höhe h_s der dreieckigen Flächen berechnen.

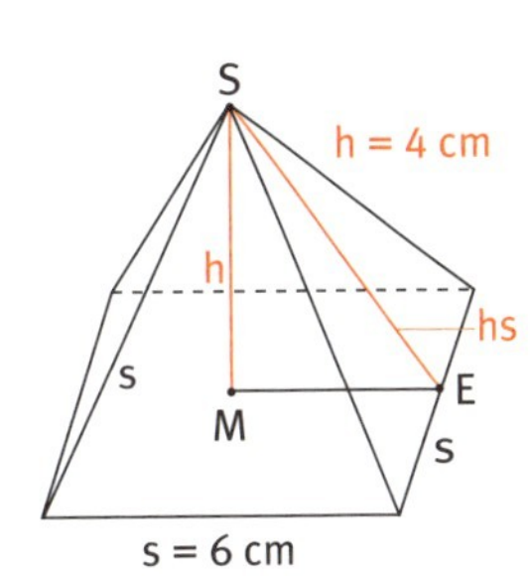

a) Das Dreieck MES ist rechtwinklig. Gib von diesem Dreieck die Hypotenuse und die beiden Katheten an.

b) Wie lang sind die Katheten?

c) Die Hypotenuse h_s musst du mithilfe des Pythagoras berechnen. Welche dieser Formeln ist richtig?

$h_s = \sqrt{h^2 - \left(\frac{s}{2}\right)^2}$; $h_s = \sqrt{h^2 + \left(\frac{s}{2}\right)^2}$; $h_s = \sqrt{\left(\frac{s}{2}\right)^2 - h^2}$

d) Rechne h_s aus.

e) Berechne den Flächeninhalt eines Dreiecks und dann den der gesamten Dachfläche.

AUFGABE 6

Diese Pyramide ist rechteckig. Der Mantel M soll berechnet werden.

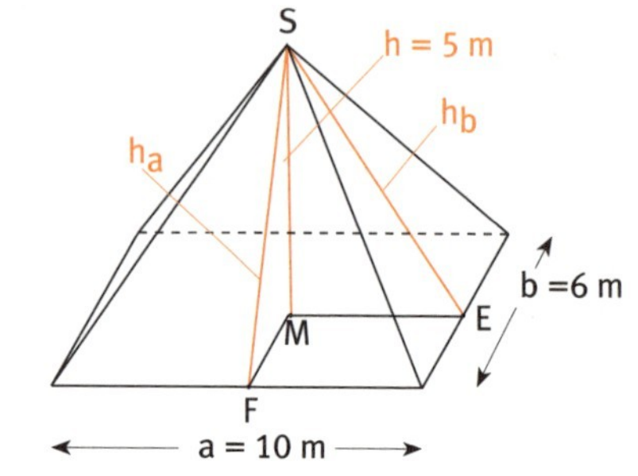

a) Wie heißt jeweils die Hypotenuse in den rechtwinkligen Dreiecken MFS und MES?

b) Wie lang sind jeweils die Katheten bei diesen Dreiecken?

c) Berechne h_a und h_b. (Die Wurzeln auf eine Stelle nach dem Komma runden.)

d) Ermittle M.

AUFGABE 7

Eine andere rechteckige Pyramide hat die Abmessungen:

a = 12 m; b = 10 m; h = 6 m.

Wie groß ist M?

Gehe so vor:

a) Skizze zeichnen und gegebene Werte eintragen.

b) h_a, h_b ermitteln.

c) M berechnen.

AUFGABE **8**

a) Welches Volumen hat dieser Turm?

b) Das Dach soll mit Ziegeln gedeckt werden. Wie viel Quadratmeter sind das? Gehe entsprechend der Aufgabe 7 vor.

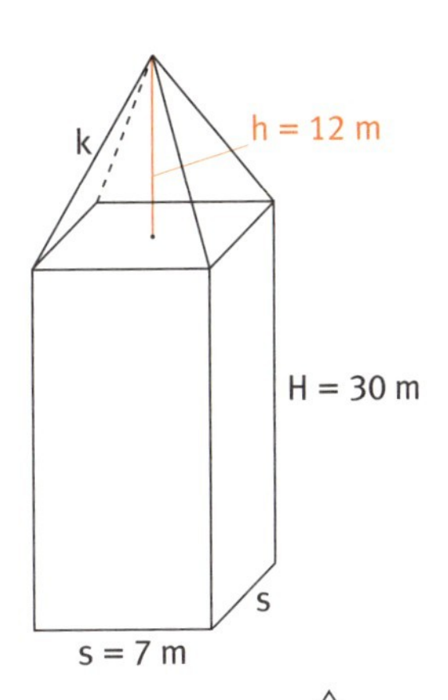

AUFGABE **9**

Wickelt man den Mantel M_K eines Kegels ab, so erhält man einen Kreisausschnitt S mit dem Radius s (Mantellinie genannt).

s
r
α
s
$M_K = S$
b
$b = U_o = 2\pi r$

a) Zeige, dass aus

$M_K = S = \frac{1}{2} \cdot s \cdot b$ und $b = 2\pi r$

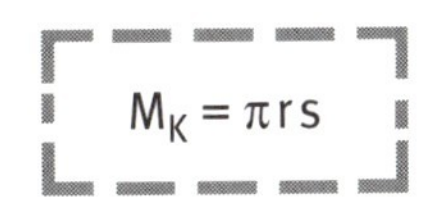

folgt.

b) Berechne M_K für s = 12 cm und r = 5 cm.

AUFGABE

10

Von einem Kegel ist r = 3 cm und h = 4 cm.

a) Welchen Lehrsatz musst du anwenden um s zu berechnen? Fertige eine Skizze an. Wie groß ist also s?

b) Bestimme M_K.

c) Ermittle V_K.

AUFGABE

11

Berechne von diesen Kegeln M_K und V_K.

a) r = 10 cm; h = 12 cm

b) r = 15 cm; h = 25 cm

AUFGABE 12

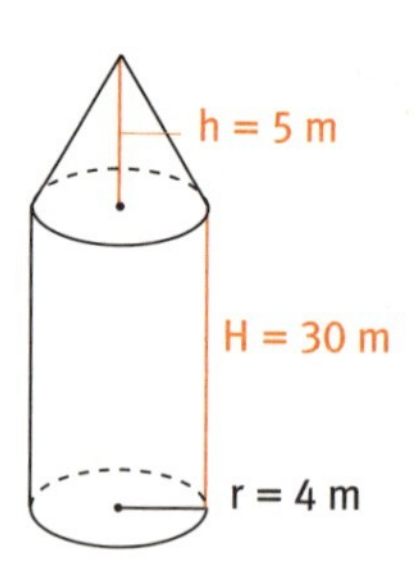

a) Wie groß ist der Rauminhalt des Turmes?

b) Der Turm soll angestrichen werden. Wie groß ist seine gesamte Oberfläche? Überlege dir dazu, aus welchen Teilflächen sich die Gesamtfläche zusammensetzt.

AUFGABE 13

Aus diesem Mantel soll ein Kegel geformt werden. Wie groß ist sein Volumen V_K?

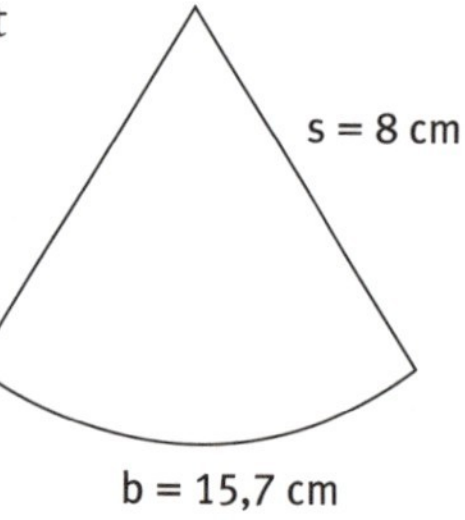

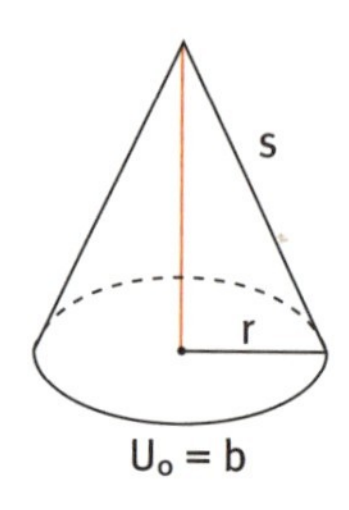

a) Beachte: Die Bogenlänge b ist gleich dem Umfang U_o der Grundfläche des Kegels. Kannst du jetzt r berechnen?

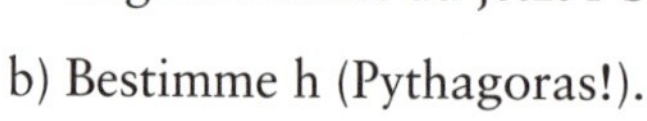

b) Bestimme h (Pythagoras!).

c) Berechne V_K.

AUFGABE 14

Wie groß ist jeweils V_K?

a) b = 78,5 cm; s = 20 cm

b) b = 39,25 cm; s = 25 cm

AUFGABE 15

Aus diesem Kreis soll mit $\alpha = 120°$ ein Kreissektor herausgeschnitten werden.

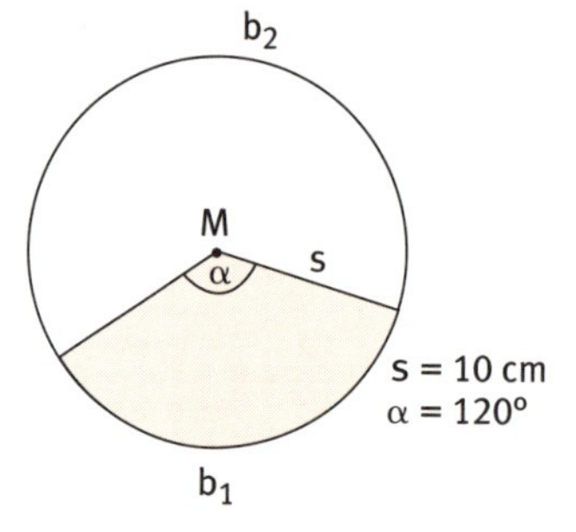

a) Wie lang ist b_1?

b) Bestimme das Volumen V_K.

c) Aus dem Rest des Kreises soll ebenfalls ein Kegel geformt werden. Wie groß ist sein Volumen?

AUFGABE 16

Gehe wie in Aufgabe 15 vor und berechne die Rauminhalte der entstehenden Kegel.

a) $\alpha = 100°$; s = 20 cm

b) $\alpha = 270°$; s = 15 cm

Kugel

Volumen und Oberfläche

Für das **Volumen** und die **Oberfläche** einer Kugel mit dem Radius r gelten:

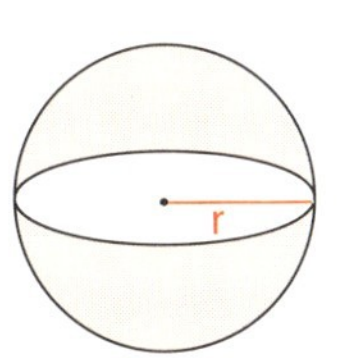

$V_{Ku} = \frac{4}{3}\pi r^3$

$O_{Ku} = 4\pi r^2$

AUFGABE 1

Berechne Volumen und Oberfläche einer Kugel mit

a) $r = 15$ cm b) $r = 3$ cm c) $r = 2{,}5$ cm

AUFGABE 2

Berechne den Radius der Kugeln mit

a) $V = 1\ m^3$ b) $V = 2\ l$ c) $O = 1\ m^2$ d) $O = 6{,}28\ m^2$

AUFGABE 3

Wie lang ist der Äquator U; wie groß sind Oberfläche und Rauminhalt der Erde, wenn man sie als Kugel mit dem Radius $r = 6380$ km betrachtet?

AUFGABE 4

a) Wo entsteht mehr Saft? Aus einer Apfelsine mit 12 cm Durchmesser oder aus zwei Apfelsinen mit je 9 cm Durchmesser? (Die Dicke der Schale wird vernachlässigt!)

b) Wo ist der Anteil an Apfelsinenschale größer?

AUFGABE 5

Aus einem Glastropfen mit 20 mm Durchmesser wird eine Christbaumkugel von 10 cm Durchmesser geblasen. Wie dick ist die Glaswandung der Kugel?

Zusammenfassung

Hier wieder im Überblick die wichtigsten Formeln des letzten Kapitels zum Nachschlagen.

Begriffe	Erläuterungen	Beispiele
Prismen	Körper, deren Grund- und Deckflächen aus kongruenten Vielecken bestehen und deren Seitenflächen Parallelogramme sind. $V = G \cdot h$	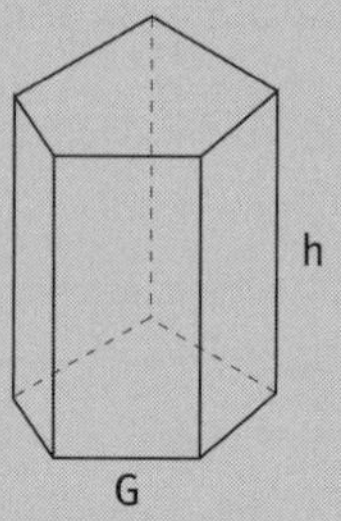 h G
Zylinder	Volumen: $V_Z = G \cdot h$ $V_Z = r^2 \pi \cdot h$ Mantelfläche: $M_Z = U_o \cdot h$ $M_Z = 2 r \pi \cdot h$	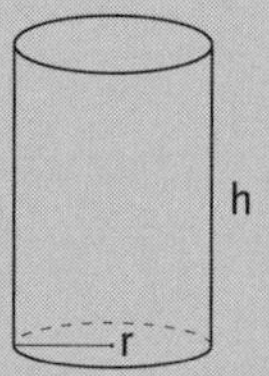 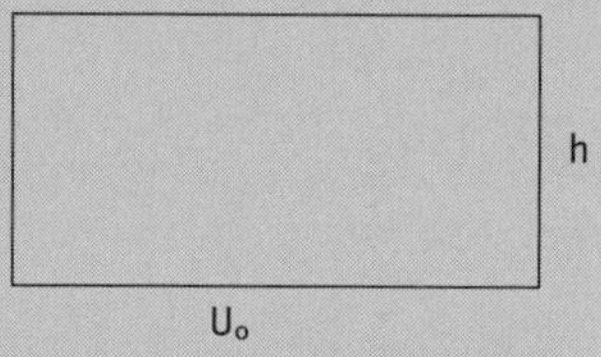 h r h U_o
Pyramide	Das Volumen einer Pyramide V_{Py} beträgt ein Drittel vom Volumen des entsprechenden Prismas $V_{Py} = \frac{1}{3} \cdot G \cdot h$	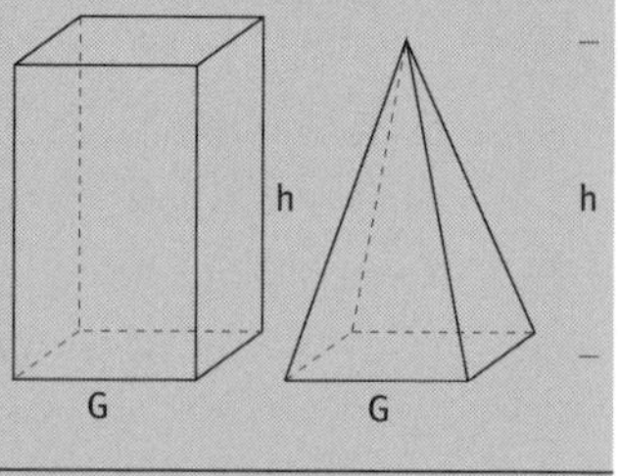 h G h G
Kegel	Das Volumen eines Kegels V_K ist ein Drittel vom Volumen des entsprechenden Zylinders $V_K = \frac{1}{3} \cdot r^2 \pi \cdot h$	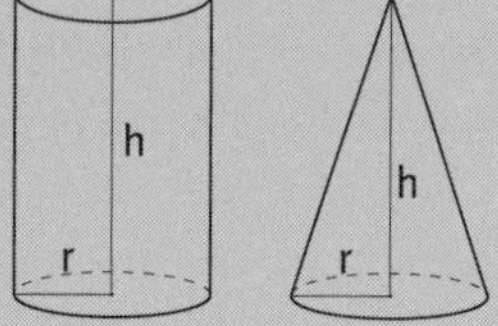 h r h r

Begriffe	Erläuterungen	Beispiele
Kugel	$V_{Ku} = \frac{4}{3} \cdot \pi r^3$ $O_{Ku} = 4 \cdot \pi r^2$	r

Test der Grundaufgaben

Zeige, was du gelernt hast!

TESTAUFGABE **1**

Stelle dir die Formeln zusammen, die man für die Volumenberechnungen von

a) Quader, b) Prisma, c) Pyramide,

d) Zylinder, e) Kegel, f) Kugel

benötigt.

TESTAUFGABE **2**

Ein Behälter soll 924 *l* Öl fassen.
Berechne jeweils die fehlenden Größen, wenn er folgende Formen annehmen soll:

a) Quader mit a = 30 dm; b = 20 dm

b) dreieckiges Prisma mit einem gleichseitigen Dreieck (s = 40 dm) als Grundfläche

c) quadratische Pyramide mit a = 20 dm

d) Zylinder mit r = 10 dm

e) Kegel mit r = 20 dm

f) Kugel

11 Trigonometrie

Winkelfunktionen im rechtwinkligen Dreieck

Die beiden Katheten eines rechtwinkligen Dreiecks werden danach unterschieden, ob sie dem betrachteten Winkel (hier α) **gegen**überliegen – **Gegen**kathete oder **an** dem betreffenden Winkel liegen – **An**kathete.

MERKE

Winkelfunktionen

Für die Seiten und Winkel eines rechtwinkligen Dreiecks ($\beta = 90°$) wird vereinbart

Sinus: $\sin\alpha = \frac{a}{b} = \frac{\text{Gegenkathete}}{\text{Hypotenuse}}$

Kosinus: $\cos\alpha = \frac{c}{b} = \frac{\text{Ankathete}}{\text{Hypotenuse}}$

Tangens: $\tan\alpha = \frac{a}{c} = \frac{\text{Gegenkathete}}{\text{Ankathete}}$

Kotangens: $\cot\alpha = \frac{c}{a} = \frac{\text{Ankathete}}{\text{Gegenkathete}}$

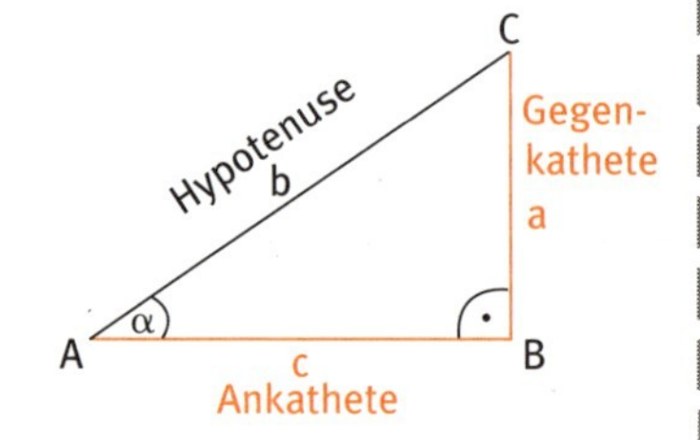

AUFGABE **1**

Die Winkelfunktionen für den Winkel α sollen bestimmt werden.

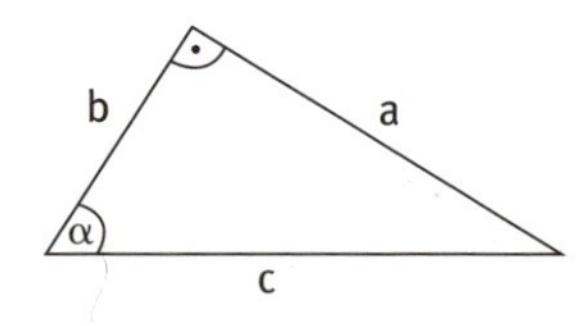

a) Welche Seite ist jetzt für α Ankathete, welche Gegenkathete? Welche Seite ist Hypotenuse?

Bedenke: Die Hypotenuse liegt **immer** dem rechten Winkel gegenüber.

b) Schreibe die Winkelfunktionen auf:

$\sin\alpha =$ $\cos\alpha =$ $\tan\alpha =$ $\cot\alpha =$

AUFGABE 2

Bestimme für jeden Winkel die Winkelfunktionen. Überlege erst, wo für den betreffenden Winkel Ankathete, Gegenkathete und Hypotenuse liegen.

a)

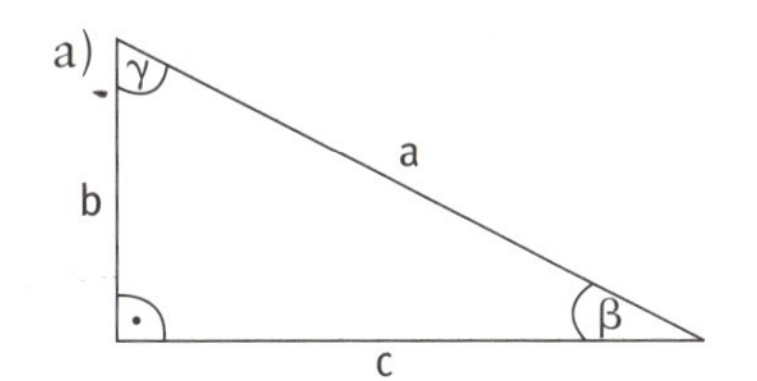

b)

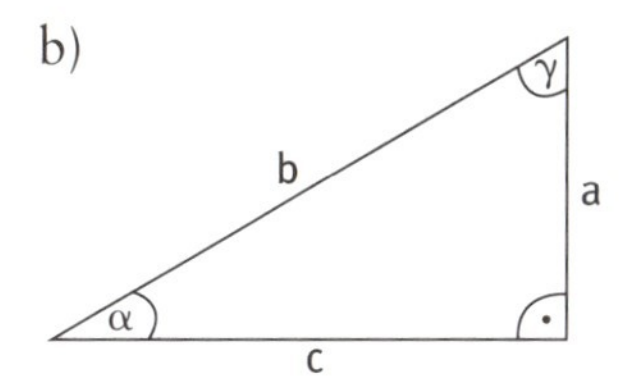

AUFGABE 3

a) Zeichne ein rechtwinkliges Dreieck ($\gamma = 90°$) mit $\alpha = 50°$ und $c = 5$ cm. Dieses lässt sich einfacher zeichnen, wenn du β berechnest (Winkelsumme!).

b) Miss die Längen von a und b und berechne näherungsweise die Werte $\sin\alpha$, $\sin\beta$, $\cos\alpha$, $\cos\beta$, $\tan\alpha$, $\tan\beta$, $\cot\alpha$, $\cot\beta$.

AUFGABE 4

a) Übertrage die nebenstehende Zeichnung im richtigen Maßstab in dein Heft. Wähle für den Radius 10 cm.

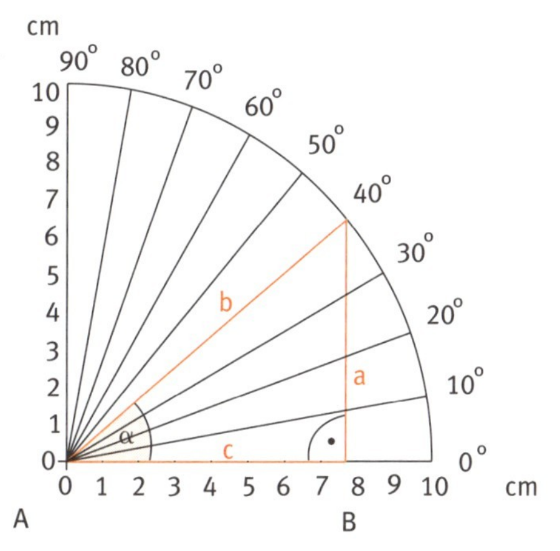

b) Lege eine Tabelle an:

α	10°	20°	…	80°
a				
c				
sin α				
cos α				

c) Lies für jeden Winkel α die Längen der Seiten a und c ab. Beachte, dass b = = 10 cm für alle α gilt. Berechne nun jeweils $\sin\alpha$ und $\cos\alpha$ und trage dann die Werte in die Tabelle ein.

Auf deinem Taschenrechner findest du die Tasten SIN und COS. Weiter findest du einen Schalter oder eine Taste zum Umschalten auf DEG (Winkelgrad) oder RAD (Bogenmaß).

Beispiel:

Schalte auf DEG. Tippe: 40 SIN Ergebnis: 0.6428 (gerundet).
Es gilt: $\sin 40° = 0{,}6428$.

AUFGABE 5

a) Welche Werte ergibt der Taschenrechner für sin 35°, cos 35°, sin 65°, cos 65°?

b) Stelle noch einmal eine Tabelle wie unter Aufgabe 4 b) auf und trage die mit dem Taschenrechner bestimmten Werte für sin α und cos α auf 4 Stellen gerundet ein. Vergleiche die aus der Zeichnung abgelesenen Werte mit den Taschenrechnerwerten.

AUFGABE

Kann im rechtwinkligen Dreieck ein Winkel 0° sein? Kann ein weiterer Winkel 90° sein?

Die Winkelfunktionen sind also bisher nur definiert für

$0° < \alpha < 90°$

Diese Überlegungen führen zu folgenden Vereinbarungen:

$\sin 0° = 0 \qquad \sin 90° = 1$

$\cos 0° = 1 \qquad \cos 90° = 0$

AUFGABE

a) Vergleiche in der Tabelle zu Aufgabe 5 b) die Werte von sin 10° mit cos 80°, und sin 20° mit cos 70° usw. und bestätige damit die Formel:

$$\sin(90° - \alpha) = \cos \alpha$$

b) Zeige mithilfe der Formeln (Definitionen) der Winkelfunktionen:

$$\tan \alpha = \frac{\sin \alpha}{\cos \alpha} \qquad \cot \alpha = \frac{1}{\tan \alpha}$$

c) Auf deinem Taschenrechner ist sicherlich die Taste TAN, während eine Taste COT nicht zu finden ist. Nach der Formel aus b) lässt sich aber auch cot α leicht berechnen.

Beispiel: $\cot 40° = \frac{1}{\tan 40°}$ Tippe: 40 TAN 1/X Ergebnis: ______

d) Trage in eine Tabelle (siehe Aufgabe 4) für α, $\tan\alpha$, $\cot\alpha$ die Werte für 0°, 10°, 20°, …, 90° ein. Warum zeigt der Rechner für tan 90° und cot 0° einen Fehler an? Die Funktionswerte für tan 90° und cot 0° sind nicht definiert.

e) Beweise mithilfe der Formeln aus b) und den Festsetzungen für sin und cos, dass gilt:

$\tan 0° = 0 \qquad \cot 90° = 0$

AUFGABE 8

Berechne mit dem Taschenrechner (auf 4 Stellen nach dem Komma):

a) sin 45° b) cos 45° c) tan 45° d) cot 45°

e) tan 48,7° f) cos 72,45° g) sin 0,374° h) cot 36,7°

AUFGABE 9

Jetzt soll umgekehrt zu einem Winkelfunktionswert der entsprechende Winkel mit dem Taschenrechner bestimmt werden.

Beispiel:

$\sin\alpha = 0{,}581$
$\alpha = x$
Tippe: 0,581 INV SIN Ergebnis: 35,5 (gerundet)
$\alpha = 35{,}5°$

Berechne α auf eine Stelle nach dem Komma:

a) $\sin\alpha = 0{,}125$ b) $\sin\alpha = 0{,}825$ c) $\sin\alpha = 0{,}346$

d) $\cos\alpha = 0{,}346$ e) $\cos\alpha = 0{,}225$ f) $\cos\alpha = 0{,}428$

AUFGABE 10

Berechne auch diese Winkel:

a) $\tan\alpha = 2{,}531$ b) $\tan\alpha = 0{,}945$ c) $\tan\alpha = 12{,}531$

Beispiel:

$\cot \alpha = 1{,}921$
Tippe: 1,921 [1/X] [INV] [TAN] Ergebnis: 27,5 (gerundet)
$\alpha = 27{,}5°$

d) $\cot \alpha = 0{,}874$ e) $\cot \alpha = 4{,}721$ f) $\cot \alpha = 1{,}213$

Anwendungen der Winkelfunktionen

AUFGABE **1**

In einem rechtwinkligen Dreieck ist $c = 6$ cm und $\alpha = 58°$.

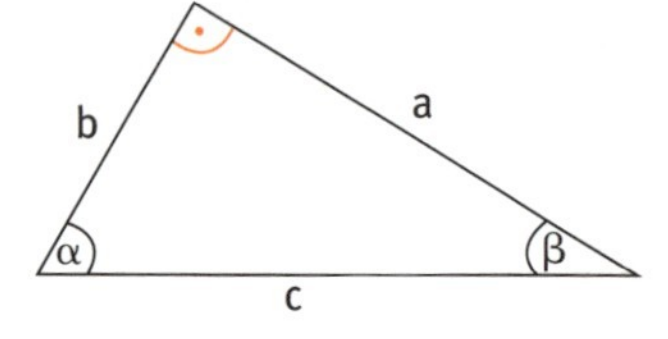

a) Wie lang ist a?

Mithilfe der Winkelfunktionen lassen sich jetzt solche Aufgaben lösen.

Überlege so:

Die Hypotenuse c ist gegeben. Da auch α bekannt ist, suchen wir die Gegenkathete a. Hypotenuse und Gegenkathete weisen auf den $\sin \alpha$ hin. Also:

$$\sin \alpha = \frac{a}{c}$$

$$a = c \cdot \sin \alpha$$

Berechne a.

b) Ermittle in gleicher Weise b.

c) Wie groß ist β?

Gehe so vor:

1. Skizze anfertigen, gesuchte und gegebene Größen eintragen.
2. Überlegen, welche Winkelfunktion am günstigsten zu verwenden ist.
3. Die Gleichung nach der gesuchten Größe auflösen und die Größe berechnen.

AUFGABE 2

In einem rechtwinkligen Dreieck mit $\gamma = 90°$ ist $c = 12$ cm und $\beta = 61{,}2°$. Berechne a, b und α.

AUFGABE 3

Berechne in den folgenden rechtwinkligen Dreiecken die fehlenden Größen.

a) $\alpha = 90°$; $\beta = 35°$; $a = 8$ cm b) $\beta = 90°$; $\gamma = 17{,}5°$; $c = 9{,}5$ cm

AUFGABE 4

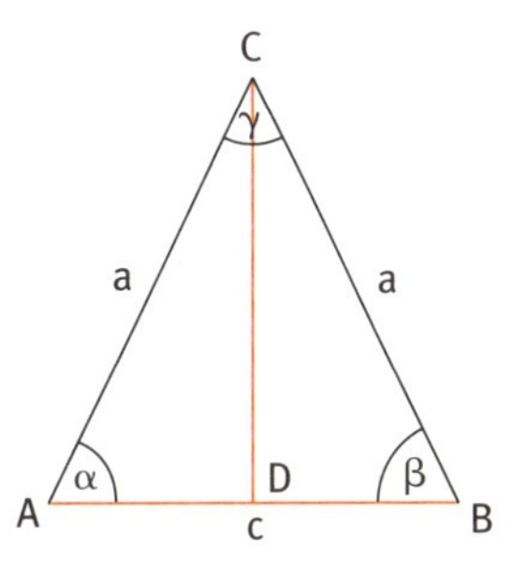

a) Von diesem gleichschenkligen Dreieck ist $c = 12$ cm und $h = 8$ cm. Berechne a und die Winkel. Von welchem rechtwinkligen Dreieck musst du jetzt ausgehen?

b) Von einem anderen gleichschenkligen Dreieck mit $b = a$ sind die Seiten $a = 8{,}5$ cm und $c = 6$ cm gegeben. Berechne die Winkel und die Höhe.

AUFGABE 5

Wie groß ist der Flächeninhalt eines gleichschenkligen Dreiecks mit $b = a$, wenn $a = 8{,}5$ cm und $\alpha = 41°$?

AUFGABE 6

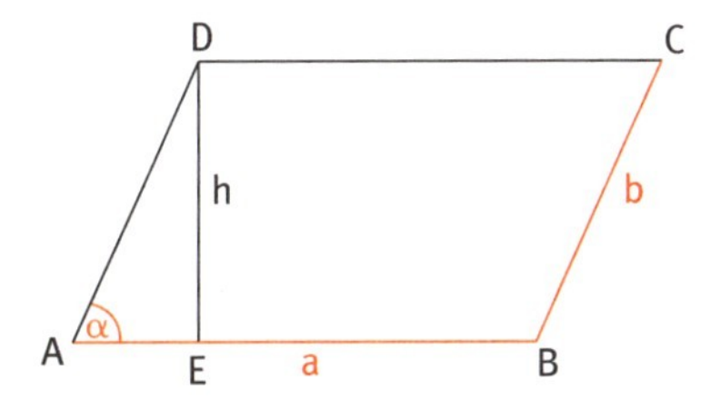

a) $a = 15$ cm; $b = 8$ cm; $\alpha = 51°$
Wie groß ist der Flächeninhalt dieses Parallelogramms?

b) $a = 6{,}5$ cm; $b = 5$ cm; $\alpha = 43°$
Wie groß ist jetzt der Flächeninhalt A_P?

AUFGABE 7

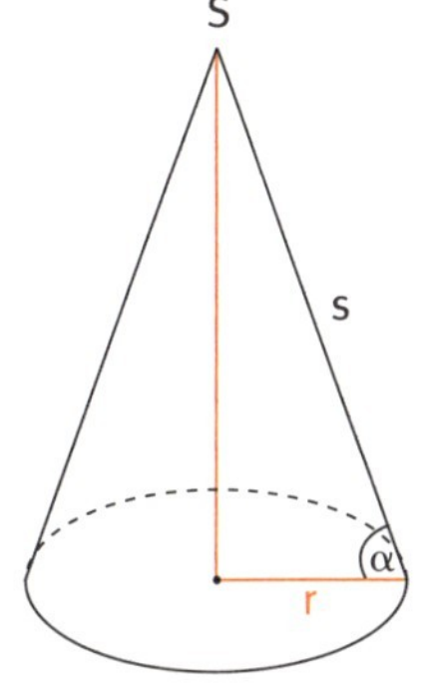

$r = 5$ cm; $h = 8$ cm

a) Wie groß ist der Winkel an der Spitze des Kegels?

b) Welchen Neigungswinkel α besitzt der Kegel?

Sinus- und Kosinusfunktion

AUFGABE 1

Um den Mittelpunkt des Koordinatensystems ist ein Kreis mit dem Radius 1 gezeichnet, der **Einheitskreis**. Der Punkt P bewegt sich auf dem Einheitskreis entgegengesetzt zum Uhrzeigersinn.

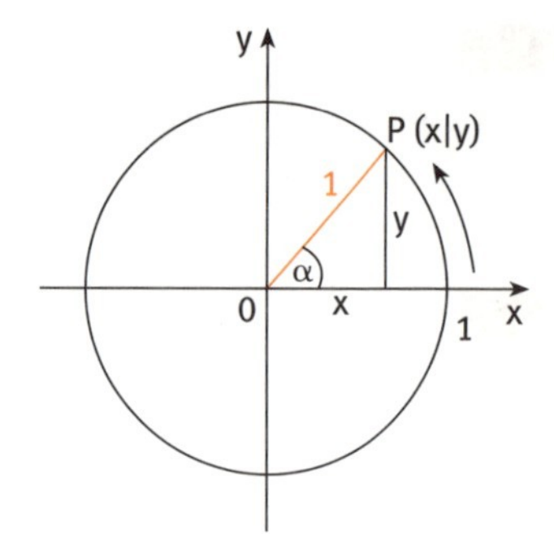

Begründe, warum im Einheitskreis

$\sin \alpha = \frac{y}{1} = y \qquad \cos \alpha = \frac{x}{1} = x$

gilt.

AUFGABE 2

Trage in einen Einheitskreis $\alpha = 120°$ ein.
Zeichne durch P zur x-Achse eine Parallele.
Prüfe nach, dass gilt

$x = -x'; \qquad y = y'$

also

$\cos 120° = -\cos 60° = -\cos (180° - 120°)$

$\sin 120° = \sin 60° = \sin (180° - 120°)$

MERKE

sin und cos für verschiedene Winkel

Allgemein gilt für Winkel α mit $90° \leqq \alpha \leqq 180°$

$\sin \alpha = \sin (180° - \alpha) \qquad \cos \alpha = -\cos (180° - \alpha)$

Durch entsprechende Überlegungen kann man zeigen, dass entsprechend für Winkel α mit $180° \leqq \alpha \leqq 270°$

$\sin \alpha = -\sin (\alpha - 180°) \qquad \cos \alpha = -\cos (\alpha - 180°)$

und für α mit $270° \leqq \alpha \leqq 360°$

$\sin \alpha = -\sin (360° - \alpha) \qquad \cos \alpha = \cos (360° - \alpha)$

gilt.

3 Berechne die Funktionswerte auf dem Taschenrechner auf 3 Stellen nach dem Komma gerundet. Benutze dazu die obigen Beziehungen.

Beispiele:

$\cos 143° = -\cos(180° - 143°)$
$= -\cos 37° = -0{,}799$ (gerundet)
$\sin 205° = -\sin(205° - 180°)$
$= -\sin 25° = -0{,}423$ (gerundet)

a)	b)	c)	d)
sin 145°	cos 236°	sin 105°	cos 246°
sin 315°	cos 188°	sin 211°	cos 100°
sin 165°	cos 345°	sin 216°	cos 296°

Mit dem Taschenrechner lassen sich diese Funktionswerte auch ohne Umrechnung ermitteln.

Beispiel:

cos 143°
Tippe so: 143 COS Ergebnis: −0,799

4 Suchst du zu einem Winkelfunktionswert den zugehörigen Winkel, so ergeben sich wegen der obigen Beziehung zwei Winkel.

Beispiele:

$\sin \alpha = 0{,}719$
Tippe: 0,719 INV SIN Ergebnis: 46 (gerundet)
$\alpha = 46°$ oder, da der Winkelfunktionswert im ersten und zweiten Quadranten positiv ist, kommt auch $180° - \alpha = 134°$ infrage; denn dieser Winkel liegt im zweiten Quadranten.

$\cos \alpha = -0{,}403$
Tippe: 0,403 +/− INV COS Ergebnis: 114 (gerundet)
$\alpha = 114°$. Weil der Kosinus aber auch im dritten Quadranten negativ ist, kommt noch $360° - \alpha = 246°$ in Betracht.

Berechne ebenso:

a) $\sin\alpha = 0{,}258$
$\sin\alpha = -0{,}965$
$\cos\alpha = 0{,}421$
$\cos\alpha = -0{,}325$

b) $\sin\alpha = 0{,}735$
$\sin\alpha = -0{,}092$
$\cos\alpha = 0{,}651$
$\cos\alpha = -0{,}810$

c) $\sin\alpha = 0{,}901$
$\sin\alpha = -0{,}375$
$\cos\alpha = 0{,}092$
$\cos\alpha = 0{,}212$

AUFGABE **5**

a) Übertrage diese Tabelle und das Koordinatensystem in dein Heft.

α	0°	30°	60°	... 360°
$y = \sin\alpha$	0	0,5	0,87	

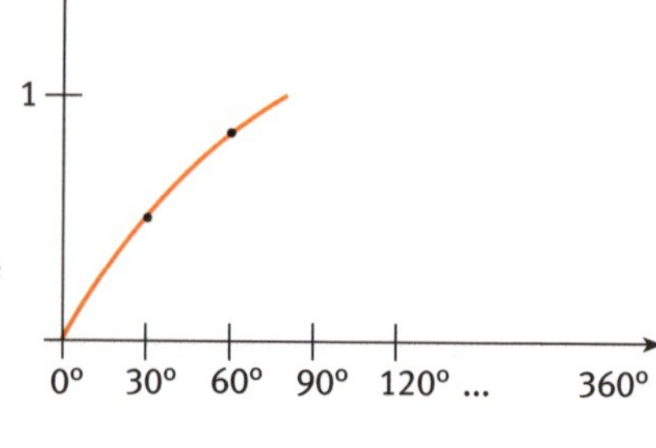

Vervollständige die Tabelle und zeichne die entsprechenden Punkte ein. Du erhältst den Graph der Funktion $\alpha \mapsto \sin\alpha$ mit α aus D. Der Definitionsbereich D umfasst hier die Menge aller Winkel $0° \leqq \alpha \leqq 360°$.

b) Zeichne in gleicher Weise den Graph für $\alpha \mapsto \cos\alpha$.

Sinus- und Kosinussatz

Bei der Berechnung von Dreiecken mithilfe von Winkelfunktionen haben wir uns bisher auf rechtwinklige Dreiecke beschränkt. Mit Sinus- und Kosinussatz können wir Berechnungen in beliebigen Dreiecken ausführen.

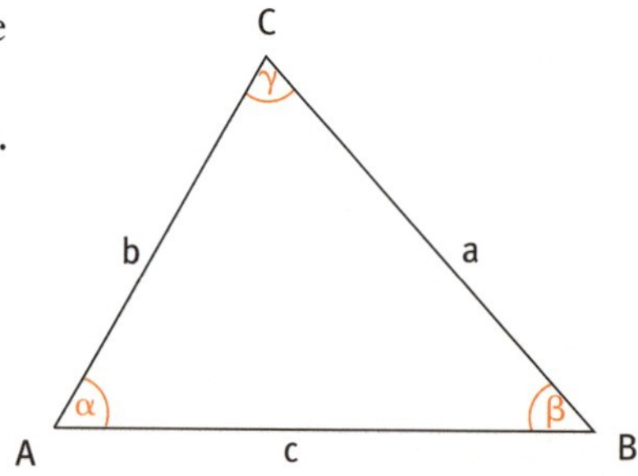

MERKE

Sinussatz

In jedem Dreieck ABC mit den Seiten a, b, c und den Winkeln α, β, γ gelten die Beziehungen

$$\frac{a}{b} = \frac{\sin\alpha}{\sin\beta}; \quad \frac{a}{c} = \frac{\sin\alpha}{\sin\gamma}; \quad \frac{b}{c} = \frac{\sin\beta}{\sin\gamma}$$

Den Sinussatz benötigt man bei der Berechnung beliebiger Dreiecke, wenn
zwei Winkel und eine Seite, oder
zwei Seiten und ein Gegenwinkel
gegeben sind.

AUFGABE 1

$c = 6$ cm; $\alpha = 40°$; $\beta = 75°$
Gesucht: a, b, γ

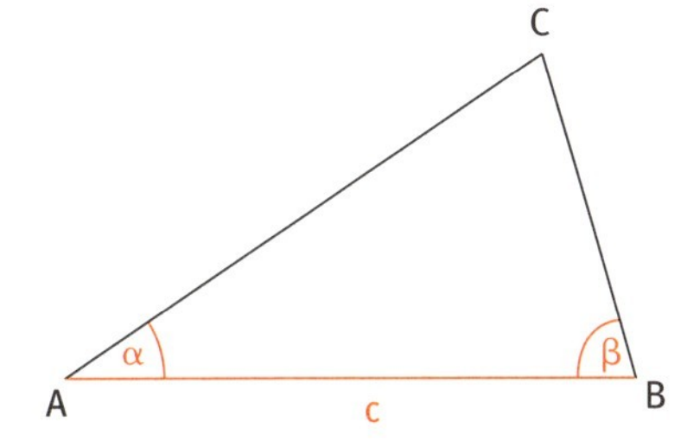

Gehe so vor:

Um den Sinussatz anwenden zu können benötigt man von c den Gegenwinkel γ.

$180° - \alpha - \beta = \gamma$; $\gamma = 65°$

Berechnung von a:

$$\frac{a}{c} = \frac{\sin\alpha}{\sin\gamma}; \quad a = \frac{\sin\alpha}{\sin\gamma} \cdot c$$

Berechnung von b:

$$\frac{b}{c} = \frac{\sin\beta}{\sin\gamma}; \quad b = \frac{\sin\beta}{\sin\gamma} \cdot c$$

AUFGABE 2

$a = 7$ cm; $b = 5$ cm; $\alpha = 69°$
Berechne zunächst β.
Beachte den Hinweis auf der nächsten Seite.

Gehe so vor:

Bestimmen von β:

$\frac{\sin\beta}{\sin\alpha} = \frac{b}{a}$; $\quad \sin\beta = \frac{b}{a}\cdot\sin\alpha$

$\sin\beta = \frac{5}{7}\cdot\sin 69° = 0{,}667$

$\beta_1 = 41{,}8°$ und

$\beta_2 = 180° - 41{,}8°$

$= 138{,}2°$;

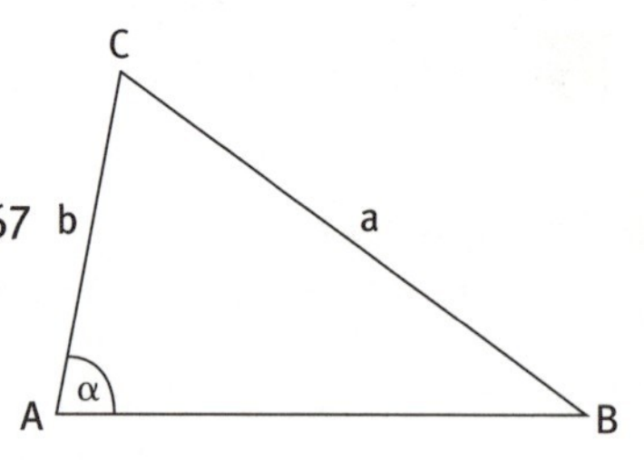

denn zum positiven Sinuswert gehören stets zwei Winkel, einer im ersten, einer im zweiten Quadranten.
β_2 kommt aber nicht in Betracht, da $\alpha + \beta_2 > 180°$ ist.

Berechne nun γ und c. Aus den Kongruenzsätzen für Dreiecke ergibt sich, dass ein Dreieck durch zwei Seiten und einen Winkel nur dann eindeutig bestimmt und damit berechenbar ist, wenn der gegebene Winkel der **größeren** Seite gegenüberliegt (siehe Aufgabe 2). Ist dies nicht der Fall, kann es zwei, eine oder keine Lösung der Aufgabe geben.

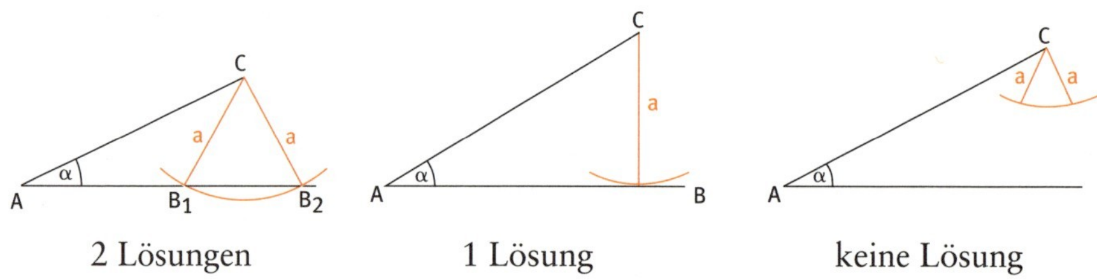

2 Lösungen 1 Lösung keine Lösung

AUFGABE 3

Gegeben: a = 3,5 cm; b = 4,1 cm; α = 49°

Gehe so vor:

Kläre den Sachverhalt bei diesem Aufgabentyp erst durch eine Skizze. Wie viele Lösungen gibt es?

Berechnen von β:

$\frac{\sin\beta}{\sin\alpha} = \frac{b}{a}$; $\quad \sin\beta = \frac{b}{a}\cdot\sin\alpha$

$\sin\beta = \frac{4{,}1}{3{,}5}\cdot\sin 49° = 0{,}884$

$\beta_1 = 62{,}1°$ und $\beta_2 = 180° - 62{,}1° = 117{,}9°$

Da es nach der Skizze zwei Lösungen gibt, müssen wir auch $\beta_2 =$ $= 117{,}9°$ berücksichtigen.

a) Berechne für $\beta_1 = 62{,}1°$ c_1 und γ_1.
b) Berechne für $\beta_2 = 117{,}9°$ c_2 und γ_2.

AUFGABE

4 Berechne die fehlenden Seiten und Winkel.

a) $a = 12$ cm; $\alpha = 47°$; $\beta = 69°$
b) $c = 17$ cm; $\alpha = 37°$; $\beta = 69°$
c) $b = 9$ cm; $\alpha = 105°$; $\gamma = 34°$
d) $a = 16$ cm; $\beta = 45°$; $\gamma = 72°$

Beachte: Falls bei diesen Aufgaben der gegebene Winkel der **größeren** gegebenen Seite nicht gegenüberliegt, fertige erst eine Skizze an.

AUFGABE

5

a) $a = 17$ cm; $b = 12$ cm; $\alpha = 70°$
b) $a = 8$ cm; $c = 15$ cm; $\gamma = 75°$
c) $a = 6$ cm; $c = 8$ cm; $\alpha = 63°$
d) $b = 4$ cm; $c = 6$ cm; $\beta = 71°$

AUFGABE

6 Von diesem Dreieck sind b, c und α gegeben. Kannst du die Seite a mithilfe des Sinussatzes berechnen?

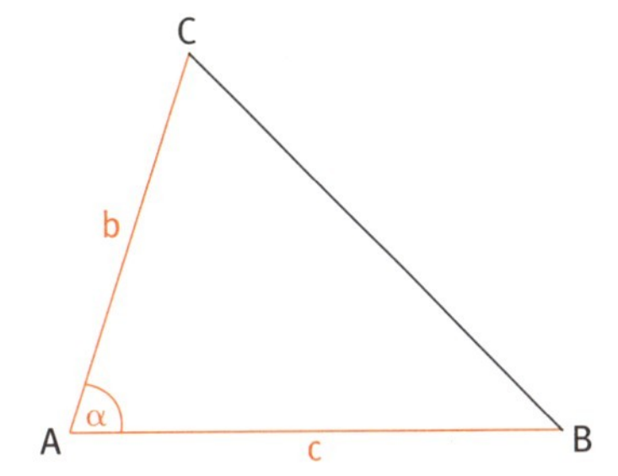

MERKE

Kosinussatz

Für alle Dreiecke ABC gilt:

$$a^2 = b^2 + c^2 - 2bc\cos\alpha$$
$$b^2 = a^2 + c^2 - 2ac\cos\beta$$
$$c^2 = a^2 + b^2 - 2ab\cos\gamma$$

Den Kosinussatz wendet man an, wenn
zwei Seiten und der eingeschlossene Winkel oder
drei Seiten
gegeben sind.

AUFGABE 7

$b = 14$ cm; $c = 13$ cm; $\alpha = 67°$

Gesucht: a, β, γ

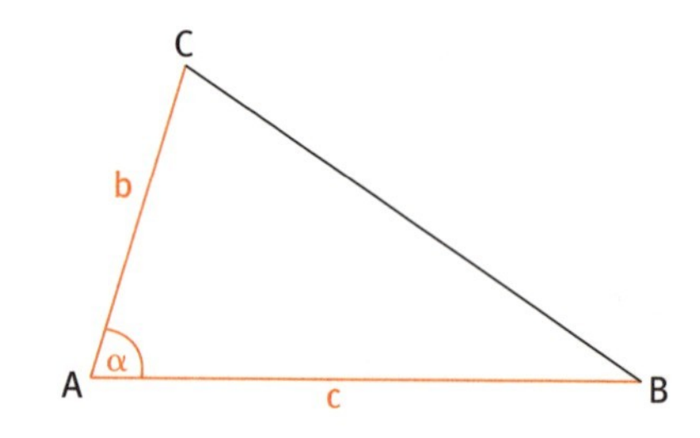

Gehe so vor:

Berechnung von a:

$a^2 = b^2 + c^2 - 2bc\cos\alpha$
$a^2 = 196 + 169 - 142$
$a = \sqrt{223} \approx 14{,}9$
$a = 14{,}9$ cm

Berechnung von β:

Benutze den Sinussatz. Bedenke, dass du stets zwei Winkelwerte für β erhältst. Überlege dir mittels der Winkelsumme im Dreieck, welcher Winkel infrage kommt.
Ermittle dann γ.

AUFGABE 8

$a = 9$ cm; $b = 4$ cm; $c = 7$ cm

Gesucht: α, β, γ

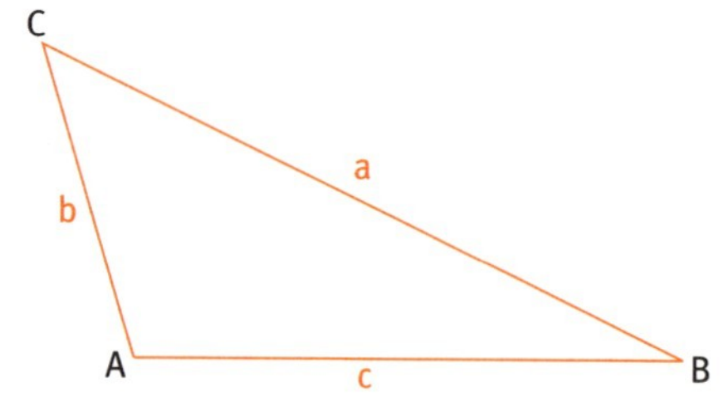

Gehe so vor:

Berechnung von α:

$$a^2 = b^2 + c^2 - 2bc\cos\alpha$$
$$2bc\cos\alpha = b^2 + c^2 - a^2$$
$$\cos\alpha = \frac{b^2 + c^2 - a^2}{2bc}$$
$$\cos\alpha = \frac{16 + 49 - 81}{2 \cdot 4 \cdot 7} \approx -0{,}286$$
$$\alpha = 107° \text{ (gerundet)}$$

Zur Berechnung der fehlenden Winkel könntest du jetzt auch mit dem Sinussatz arbeiten. Berechne aber beide Winkel mit dem Kosinussatz.

AUFGABE 9

Berechne die fehlenden Seiten und Winkel. Lege vorher eine Skizze an.

a) $a = 5$ cm; $b = 6$ cm; $c = 7$ cm
b) $a = 11$ cm; $b = 9$ cm; $\gamma = 71°$
c) $a = 20$ cm; $c = 15$ cm; $\beta = 103°$
d) $a = 9$ cm; $b = 4$ cm; $c = 11$ cm

AUFGABE 10

$b = 8$ cm; $c = 6$ cm; $\alpha = 90°$

Rechne auch hier mit dem Kosinussatz. In welchen berühmten Satz geht jetzt der Kosinussatz über?

AUFGABE 11

Von einem beliebigen Dreieck sind gegeben

1. drei Seiten,
2. zwei Seiten und der Gegenwinkel der größeren Seite,
3. zwei Seiten und der eingeschlossene Winkel,
4. eine Seite und zwei Winkel.

In welchen Fällen muss man die Berechnungen

a) mit dem Kosinussatz und in welchen

b) mit dem Sinussatz beginnen?

AUFGABE 12

Berechne die fehlenden Seiten und Winkel:

a) $a = 8$ cm; $\alpha = 67°$; $\beta = 39°$
b) $a = 7$ cm; $c = 8$ cm; $\beta = 108°$
c) $a = 25$ cm; $b = 29$ cm; $c = 18$ cm
d) $b = 14$ cm; $c = 9$ cm; $\beta = 75°$
e) $c = 17$ cm; $\alpha = 110°$; $\beta = 37°$
f) $b = 8$ cm; $c = 10$ cm; $\alpha = 47°$

Zusammenfassung

Hier wieder die wichtigsten Formeln und Begriffe des Kapitels im Überblick zum Nachschlagen.

Begriffe	Erläuterungen	Beispiele
Winkelfunktionen im rechtwinkligen Dreieck	$\sin\alpha = \frac{\text{Gegenkathete}}{\text{Hypotenuse}}$ $\cos\alpha = \frac{\text{Ankathete}}{\text{Hypotenuse}}$ $\tan\alpha = \frac{\text{Gegenkathete}}{\text{Ankathete}}$ $\cot\alpha = \frac{\text{Ankathete}}{\text{Gegenkathete}}$	Dreieck ABC mit rechtem Winkel bei B; Seiten a, b, c; Winkel α bei A $\sin\alpha = \frac{a}{b}$ $\cos\alpha = \frac{c}{b}$ $\tan\alpha = \frac{a}{c}$ $\cot\alpha = \frac{c}{a}$
Spezielle Werte	$\sin 0° = 0$ $\sin 90° = 1$ $\cos 0° = 1$ $\cos 90° = 0$ $\tan 0° = 0$ – – $\cot 90° = 0$	
Beziehungen zwischen den Winkelfunktionen	$\sin^2\alpha + \cos^2\alpha = 1$ $\frac{\sin\alpha}{\cos\alpha} = \tan\alpha$ $\frac{\cos\alpha}{\sin\alpha} = \cot\alpha$ $\sin\alpha = \cos(90° - \alpha)$ $\cos\alpha = \sin(90° - \alpha)$	
Winkelfunktionen für Winkel $\alpha \geqq 90°$	$90° \leqq \alpha \leqq 180°$: $\sin\alpha = \sin(180° - \alpha)$ $\cos\alpha = -\cos(180° - \alpha)$ $180° \leqq \alpha \leqq 270°$: $\sin\alpha = -\sin(\alpha - 180°)$ $\cos\alpha = -\cos(\alpha - 180°)$	$270° \leqq \alpha \leqq 360°$: $\sin\alpha = -\sin(360° - \alpha)$ $\cos\alpha = \cos(360° - \alpha)$
Sinussatz für beliebige Dreiecke	Dreieck ABC mit Seiten a, b, c und Winkeln α, β, γ $\frac{a}{b} = \frac{\sin\alpha}{\sin\beta}$ $\frac{a}{c} = \frac{\sin\alpha}{\sin\gamma}$ $\frac{b}{c} = \frac{\sin\beta}{\sin\gamma}$	Anwendung, wenn gegeben sind: 1. zwei Winkel und eine Seite oder 2. zwei Seiten und ein Gegenwinkel

Begriffe	Erläuterungen	Beispiele
Kosinussatz für beliebige Dreiecke	$a^2 = b^2 + c^2 - 2bc\cos\alpha$ $b^2 = a^2 + c^2 - 2ac\cos\beta$ $c^2 = a^2 + b^2 - 2ab\cos\gamma$	Anwendung, wenn gegeben sind: 1. zwei Seiten und der eingeschlossene Winkel oder 2. drei Seiten

Test der Grundaufgaben

Überprüfe dein Wissen!

TESTAUFGABE 1

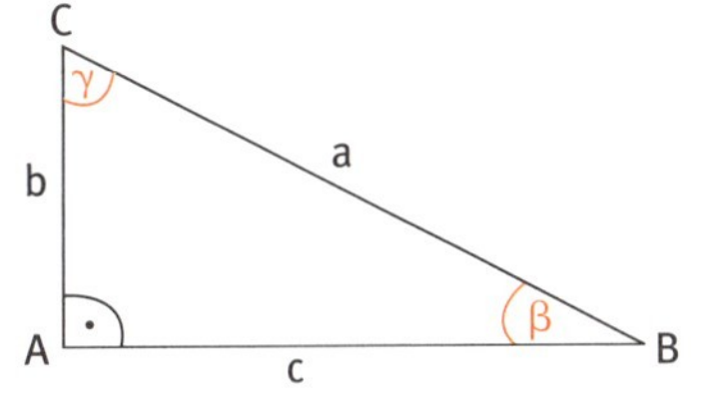

a) Durch welche Seitenverhältnisse sind in diesem Dreieck die Winkelfunktionen für β und γ definiert? Schreibe sie auf.

b) Berechne die Winkelfunktion auf dem Taschenrechner für $\alpha = 35°$ und $\alpha = 120°$.

TESTAUFGABE 2

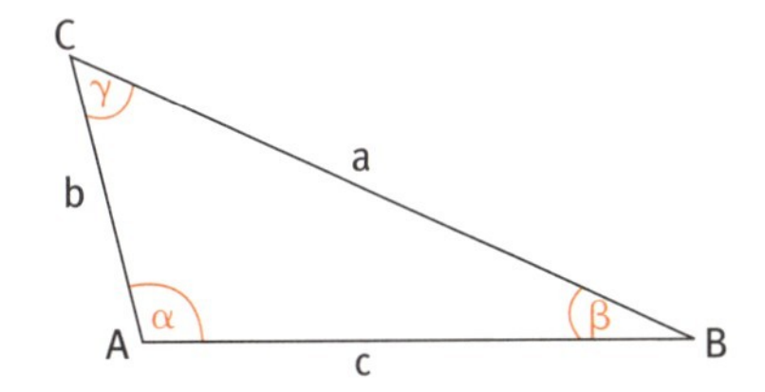

Notiere die drei möglichen Formen

a) des Sinussatzes,

b) des Kosinussatzes.

TESTAUFGABE

Gib an, welche Größen eines Dreiecks gegeben sein müssen, damit man zur Berechnung anderer Größen

a) den Sinussatz

b) den Kosinussatz

anwenden muss.

TESTAUFGABE

Berechne die fehlenden Größen, wenn von einem Dreieck gegeben sind:

a) $a = 5$ cm, $b = 6$ cm, $c = 7$ cm

b) $c = 8$ cm, $\alpha = 49°$, $\beta = 23°$

Mathematische Zeichen

Algebra	
$\in$	ist Element von
$\notin$	ist nicht Element von
$\cap$	Schnittmenge
$\cup$	Vereinigungsmenge
$\subset$	ist echte Teilmenge von
$\not\subset$	ist nicht echteTeilmenge von
$\subseteq$	ist echte oder unechte Teilmenge von
$\emptyset$	leere Menge
$\mathbb{N}$	Natürliche Zahlen
$\mathbb{Z}$	Ganze Zahlen
$\mathbb{B}$	Bruchzahlen
$\mathbb{Q}$	Rationale Zahlen
$\mathbb{R}$	Reelle Zahlen
$=$	ist gleich
$\approx$	ist ungefähr gleich
$\equiv$	ist identisch
$\neq$	ist ungleich
$<$	ist kleiner als
$>$	ist größer als
$\leq$	ist kleiner oder gleich
$\geq$	ist größer oder gleich
$a \mid b$	a ist Teiler von b
$\Rightarrow$	daraus folgt
$\Leftrightarrow$	ist äquivalent zu
$\neg$	logisches "nicht"
$\wedge$	logisches "und"
$\vee$	logisches "oder"
%	Prozent
‰	Promille
∞	unendlich

Geometrie	
A,B,C…	Punkte
a,b,c…	Seiten
α,β,γ…	Winkel
$\angle$(BAC)	Winkel bei A
°	Grad
'	Minuten
"	Sekunden
$\overline{AB}$	Strecke von A nach B
$\overline{AB}$ (mit Anfangsstrich bei A)	Strahl durch B mit dem Anfangspunkt A
$\overrightarrow{AB}$	Vektor von A nach B
$\perp$	ist senkrecht zu
$\parallel$	ist parallel zu
$\cong$	ist kongruent zu
r	Umkreisradius
ρ	Inkreisradius
π	3,141592…(Kreiszahl)

Griechische Buchstaben	
α	Alpha
β	Beta
γ	Gamma
δ	Delta
ε	Epsilon
η	Eta
λ	Lambda
μ	My
ν	Ny
π	Pi
ρ	Rho
φ	Phi

Längenmaße:
1 Meter (m) = 100 Zentimeter (cm) = 1000 Millimeter (mm)
1 Kilometer (km) = 1000 m
1 Dezimeter (dm) = 10 cm
1 cm = 10 mm

Flächenmaße:
1 Quadratmeter (m^2) = 100 Quadratdezimeter (dm^2)
1 Ar (a) = 100m^2
1 Hektar (ha) = 100 a = 10 000 m^2
1 km^2 = 100 ha = 10 000 a = 1 000 000 m^2

Körpermaße:
1 Kubikmeter (m^3) = 1000 Kubikdezimeter (dm^3)
1 dm^3 = 1000 Kubikzentimeter (cm^3)
1 cm^3 = 1000 Kubikmillimeter (mm^3)

Hohlmaße:
1 m^3 = 10 Hektoliter (hl) = 1000 Liter (l)
1 hl = 100 l = 1000 Deziliter (dl)
1 l = 10 dl

Gewichte:
1 Gramm (g) = 1000 Milligramm (mg)
1 Kilogramm (kg) = 1000 g
1 Tonne (t) = 1000 kg
1 Pfund = 500 g = 1/2 kg
1 Unze = 28,35 g

Arznei-Flüssigkeitsmaße:
1 Wasserglas = etwa 170 bis 220 Milliliter (ml)
1 Tasse = etwa 150 ml
1 Eßlöffel = etwa 15 ml
1 Dessertlöffel = etwa 10 ml
1 Teelöffel = etwa 5 ml

Dezimale Vielfache und dezimale Teile:
10^6 Mega (M), 10^3 Kilo (k), 10^2 Hekto (h), 10^1 Deka (da). 10^{-1} Dezi (d), 10^{-2} Zenti (c), 10^{-3} Milli (m), 10^{-6} Mikro (µ)

DIN-Formate:
A 4 (Briefbogen) = 210 x 297 mm;
A 5 = 148 x 210 mm;
A 6 (Postkarte) = 105 x 148 mm

Primzahlen bis 1601

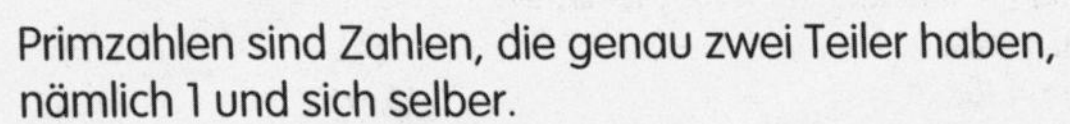

Primzahlen sind Zahlen, die genau zwei Teiler haben, nämlich 1 und sich selber.

2	157	367	599	829	1087	1327
3	163	373	601	839	1091	1361
5	167	379	607	853	1093	1367
7	173	383	613	857	1097	1373
11	179	389	617	859	1103	1381
13	181	397	619	863	1109	1399
17	191	401	631	877	1117	1409
19	193	409	641	881	1123	1423
23	197	419	643	883	1129	1427
29	199	421	647	887	1151	1429
31	211	431	653	907	1153	1433
37	223	433	659	911	1163	1439
41	227	439	661	919	1171	1447
43	229	443	673	929	1181	1451
47	233	449	677	937	1187	1453
53	239	451	683	941	1193	1459
59	241	457	691	947	1201	1471
61	251	463	701	953	1213	1481
67	257	467	709	967	1217	1483
71	263	479	719	971	1223	1487
73	269	487	727	977	1229	1489
79	271	491	733	983	1231	1493
83	277	499	739	991	1237	1499
89	281	503	743	997	1249	1511
97	283	509	751	1009	1259	1523
101	293	521	757	1013	1277	1531
103	307	523	761	1019	1279	1543
107	311	541	769	1021	1283	1549
109	313	547	773	1031	1289	1553
113	317	557	787	1033	1291	1559
127	331	563	797	1039	1297	1567
131	337	569	809	1049	1301	1571
137	347	571	811	1051	1303	1579
139	349	577	821	1061	1307	1583
149	353	587	823	1063	1319	1597
151	359	593	827	1069	1321	1601

Eine Zahl b heißt Primfaktor einer Zahl a, wenn b eine Primzahl ist und a sich durch b teilen läßt. Die Tabelle enthält die Primfaktorzerlegungen aller Zahlen, die kleiner als 949 sind und die sich nicht durch 2,3 oder 5 teilen lassen.

Zahl	Primfaktoren	Zahl	Primfaktoren	Zahl	Primfaktoren
49	7^2	407	$11 \cdot 37$	697	$17 \cdot 41$
77	$7 \cdot 11$	413	$7 \cdot 59$	703	$19 \cdot 37$
91	$7 \cdot 13$	427	$7 \cdot 61$	707	$7 \cdot 101$
119	$7 \cdot 17$	437	$19 \cdot 23$	713	$23 \cdot 31$
121	11^2	451	$11 \cdot 41$	721	$7 \cdot 103$
133	$7 \cdot 19$	469	$7 \cdot 67$	731	$17 \cdot 43$
143	$11 \cdot 13$	473	$11 \cdot 43$	737	$11 \cdot 67$
161	$7 \cdot 23$	481	$13 \cdot 37$	749	$7 \cdot 107$
169	13^2	493	$17 \cdot 29$	763	$7 \cdot 109$
187	$11 \cdot 17$	497	$7 \cdot 71$	767	$13 \cdot 59$
203	$7 \cdot 29$	511	$7 \cdot 73$	779	$19 \cdot 41$
209	$11 \cdot 19$	517	$11 \cdot 47$	781	$11 \cdot 71$
217	$7 \cdot 31$	527	$17 \cdot 31$	791	$7 \cdot 113$
221	$13 \cdot 17$	529	23^2	793	$13 \cdot 61$
247	$13 \cdot 19$	533	$13 \cdot 41$	799	$17 \cdot 47$
253	$11 \cdot 23$	539	$7^2 \cdot 11$	803	$11 \cdot 73$
259	$7 \cdot 37$	551	$19 \cdot 29$	817	$19 \cdot 43$
287	$7 \cdot 41$	553	$7 \cdot 79$	833	$7^2 \cdot 17$
289	17^2	559	$13 \cdot 43$	841	29^2
299	$13 \cdot 23$	581	$7 \cdot 83$	847	$7 \cdot 11^2$
301	$7 \cdot 43$	583	$11 \cdot 53$	861	$23 \cdot 37$
319	$11 \cdot 29$	589	$19 \cdot 31$	869	$11 \cdot 79$
323	$17 \cdot 19$	611	$13 \cdot 47$	871	$13 \cdot 67$
329	$7 \cdot 47$	623	$7 \cdot 89$	889	$7 \cdot 127$
341	$11 \cdot 31$	629	$17 \cdot 37$	893	$19 \cdot 47$
343	7^3	637	$7^2 \cdot 13$	899	$29 \cdot 31$
361	19^2	649	$11 \cdot 59$	901	$17 \cdot 53$
371	$7 \cdot 53$	667	$23 \cdot 29$	913	$11 \cdot 83$
377	$13 \cdot 29$	671	$11 \cdot 61$	917	$7 \cdot 131$
391	$17 \cdot 23$	679	$7 \cdot 97$	923	$13 \cdot 71$
403	$13 \cdot 31$	689	$13 \cdot 53$	931	$7^2 \cdot 19$

Prozent- und Zinsrechnung

Prozent: Für Brüche mit dem Nenner 100 ist die Bezeichnung Prozent, geschrieben %, gebräuchlich. Prozent bedeutet "Hundertstel".

25% ist eine andere Schreibweise für den Bruch $\frac{25}{100}$.

Bezeichnungen

Prozentrechnung: Der Grundwert G ist das Ganze. Der Prozentsatz p% gibt an, welcher Bruchteil vom Ganzen zu bilden ist. Der Prozentwert W gibt an, wie groß dieser Teil ist. Ist der Prozentsatz p%, so nennt man p die Prozentzahl.

Zinsrechnung: Das Kapital K ist der verliehene oder ausgeliehene Geldbetrag. Die Jahreszinsen Z sind die Leihgebühr für ein Jahr. Der Zinssatz p% legt fest, wieviel Prozent des Kapitals die Jahreszinsen betragen. Die Zeit, während der ein Kapital ausgeliehen oder verliehen wird, heißt Laufzeit. Im Geldwesen gilt: Ein Monat zählt 30 Tage. Ein Jahr zählt 360 Tage.

Formeln

Gesucht: Prozentwert W **Gegeben:** Prozentsatz p% Grundwert G $W=\frac{p}{100}\cdot G$	**Gesucht:** Prozentsatz p% **Gegeben:** Prozentwert W Grundwert G $p=100\cdot\frac{W}{G}$	**Gesucht:** Grundwert G **Gegeben:** Prozentwert W Prozentsatz p% $G=\frac{100}{p}\cdot W$	**Gesucht:** Jahreszinsen Z **Gegeben:** Zinssatz p% Kapital K $Z=\frac{p}{100}\cdot K$	**Gesucht:** Zinssatz p% **Gegeben:** Jahreszinsen Z Kapital K $p=100\cdot\frac{Z}{K}$
Gesucht: Kapital K **Gegeben:** Jahreszinsen Z Zinssatz p% $K=\frac{100}{p}\cdot Z$	**Gesucht:** Zinsen Z_m f. m Monate **Gegeben:** Jahreszinsen Z Laufzeit: m $Z_m=\frac{m}{12}\cdot Z$	**Gesucht:** Zinsen Z_m f. m Monate **Gegeben:** Zinssatz p% Kapital K Laufzeit: m $Z_m=\frac{m\cdot p\cdot K}{12\cdot 100}$	**Gesucht:** Zinsen Z_t für t Tage **Gegeben:** Jahreszinsen Z Laufzeit: t $Z_t=\frac{t}{360}\cdot Z$	**Gesucht:** Zinsen Z_t für t Tage **Gegeben:** Zinssatz p% Kapital K Laufzeit: t $Z_t=\frac{t\cdot p\cdot K}{360\cdot 100}$
Gesucht: Laufzeit: t Tage **Gegeben:** Jahreszinsen Z, für t Tage $t=\frac{360\,Z_t}{Z}$	**Gesucht:** Laufzeit: t Tage **Gegeben:** Zinssatz p% Kapital K, Zinsen Z, für t Tage $t=\frac{360\cdot 100\cdot Z_t}{pK}$	**Gesucht:** Kapital K **Gegeben:** Zinssatz p% Laufzeit t, Zinsen Z, für t Tage $K=\frac{360\cdot 100\cdot Z_t}{tp}$	**Gesucht:** Zinssatz p% **Gegeben:** Laufzeit t, Kapital K, Zinsen Z, für t Tage $p=\frac{360\cdot 100\cdot Z_t}{tK}$	**Gesucht:** Endkapital K_n nach n Jahren **Gegeben:** Anfangskapital K; Zinssatz p% $K_n=K\cdot(1+\frac{p}{100})^n$

Binomische Formeln

$(a+b)^2 = a^2+2ab+b^2$ (1. Binomische Formel)

$(a-b)^2 = a^2-2ab+b^2$ (2. Binomische Formel)

$a^2-b^2 = (a+b)(a-b)$ (3. Binomische Formel)

Potenzen und Wurzeln

Definitionen

$a^0 = 1$

$a^{-n} = \frac{1}{a^n}$

$a^{\frac{1}{n}} = \sqrt[n]{a}$

$a^{\frac{m}{n}} = \sqrt[n]{a^m}$

$a^{-\frac{m}{n}} = \frac{1}{\sqrt[n]{a^m}}$

Potenzgesetze

$a^m \cdot a^n = a^{m+n}$

$a^m : a^n = a^{m-n}$

$a^n \cdot b^n = (ab)^n$

$a^n : b^n = \left(\frac{a}{b}\right)^n$

$(a^m)^n = a^{mn} = (a^n)^m$

Wurzelgesetze

$\sqrt[n]{a} \cdot \sqrt[n]{b} = \sqrt[n]{ab}$

$\sqrt[n]{a} : \sqrt[n]{b} = \sqrt[n]{\frac{a}{b}}$

$\left(\sqrt[n]{a}\right)^m = \sqrt[n]{a^m} = \sqrt[kn]{a^{km}}$

$\sqrt[m]{\sqrt[n]{a}} = \sqrt[mn]{a} = \sqrt[n]{\sqrt[m]{a}}$

Logarithmen

Definition

$x = \log_b a \Leftrightarrow b^x = a$

Sätze

$\log_b b = 1 \qquad \log_b 1 = 0$

$\log(u \cdot v) = \log u + \log v$

$\log\frac{u}{v} = \log u - \log v$

$\log u^n = n \cdot \log u$

$\log \sqrt[n]{u} = \frac{1}{n} \log u$

Quadratische Gleichung

Normalform: $x^2 + px + q = 0$

p/q-Formel $x_{1/2} = -\frac{p}{2} \pm \sqrt{\frac{p^2}{4} - q}$

Flächenberechnung

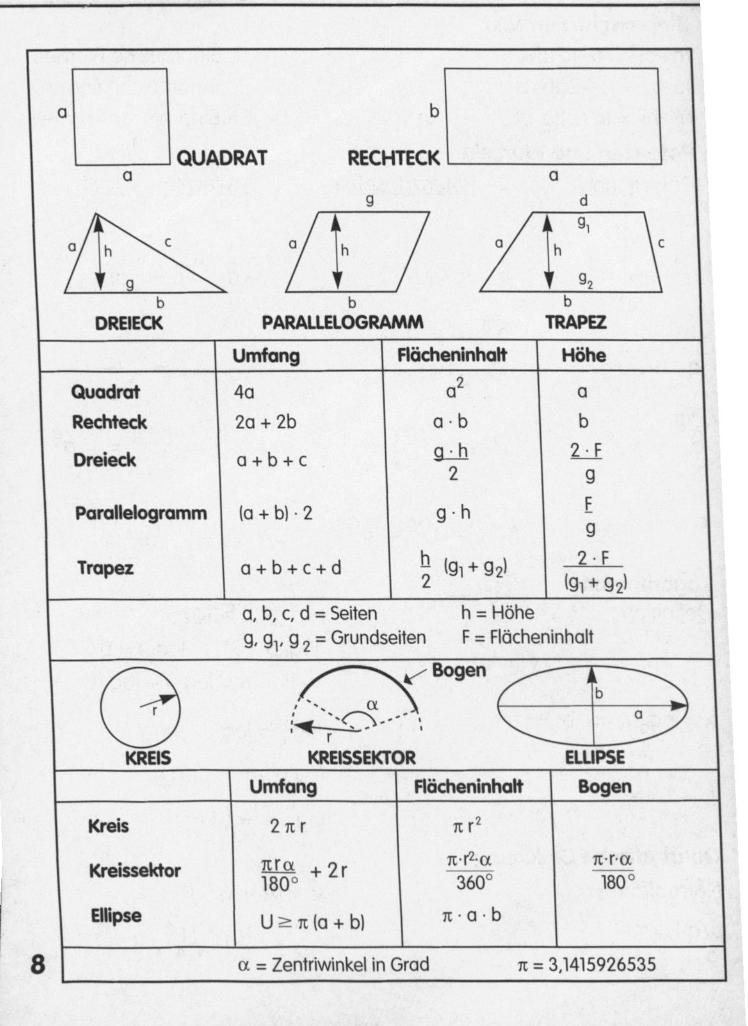

	Umfang	Flächeninhalt	Höhe
Quadrat	$4a$	a^2	a
Rechteck	$2a + 2b$	$a \cdot b$	b
Dreieck	$a + b + c$	$\frac{g \cdot h}{2}$	$\frac{2 \cdot F}{g}$
Parallelogramm	$(a + b) \cdot 2$	$g \cdot h$	$\frac{F}{g}$
Trapez	$a + b + c + d$	$\frac{h}{2}(g_1 + g_2)$	$\frac{2 \cdot F}{(g_1 + g_2)}$

a, b, c, d = Seiten h = Höhe
g, g_1, g_2 = Grundseiten F = Flächeninhalt

	Umfang	Flächeninhalt	Bogen
Kreis	$2 \pi r$	πr^2	
Kreissektor	$\frac{\pi r \alpha}{180°} + 2r$	$\frac{\pi \cdot r^2 \cdot \alpha}{360°}$	$\frac{\pi \cdot r \cdot \alpha}{180°}$
Ellipse	$U \geq \pi (a + b)$	$\pi \cdot a \cdot b$	

α = Zentriwinkel in Grad $\pi = 3{,}1415926535$

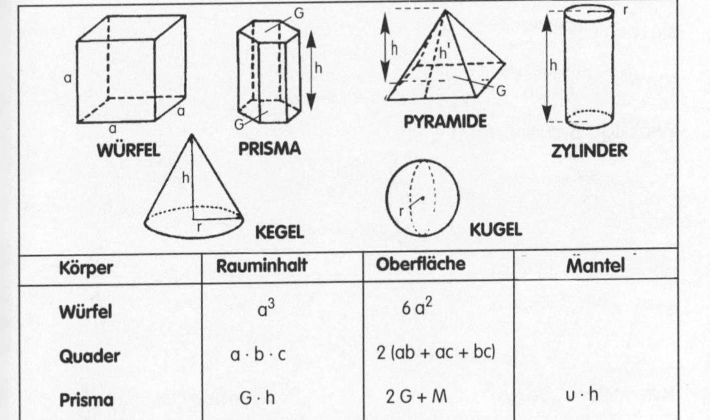

Körper	Rauminhalt	Oberfläche	Mantel
Würfel	a^3	$6a^2$	
Quader	$a \cdot b \cdot c$	$2(ab + ac + bc)$	
Prisma	$G \cdot h$	$2G + M$	$u \cdot h$
Pyramide	$\frac{G \cdot h}{3}$	$G + M$	$\frac{u \cdot h'}{2}$ *
Zylinder	$\pi r^2 h$	$2\pi r(r + h)$	$2\pi r h$
Kegel	$\frac{\pi r^2 h}{3}$	$\pi r(r + s)$	$\pi r s$
Kugel	$\frac{4}{3} \pi r^3$	$4\pi r^2$	

a, b, c, = Kanten	s = Mantellinie
h = Höhe des Körpers	u = Umfang der Grundfläche
h' = Höhe der Seitenflächen	G = Grundfläche
r = Radius	M = Mantel

* gilt nur für die quadratische Pyramide

Im rechtwinkligen Dreieck gilt:

$\sin\alpha = \frac{\text{Gegenkathete}}{\text{Hypotenuse}}$ $\cos\alpha = \frac{\text{Ankathete}}{\text{Hypotenuse}}$

$\tan\alpha = \frac{\text{Gegenkathete}}{\text{Ankathete}}$ $\cot\alpha = \frac{\text{Ankathete}}{\text{Gegenkathete}}$

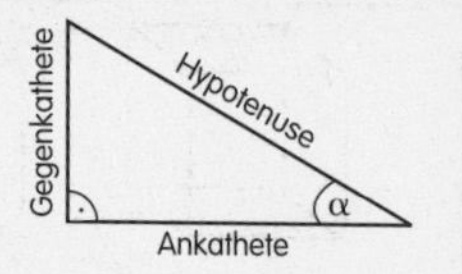

Wichtige Beziehungen

$\cos^2\alpha + \sin^2\alpha = 1$ | $\tan\alpha = \frac{\sin\alpha}{\cos\alpha}$ | $\cot\alpha = \frac{1}{\tan\alpha}$

$\sin\alpha = \frac{\tan\alpha}{\pm\sqrt{1+\tan^2\alpha}}$ | $\cos\alpha = \frac{1}{\pm\sqrt{1+\tan^2\alpha}}$ | $\tan\alpha = \frac{\sin\alpha}{\pm\sqrt{1-\sin^2\alpha}}$

Besondere Werte

	0 $0°$	$\frac{\pi}{6}$ $30°$	$\frac{\pi}{4}$ $45°$	$\frac{\pi}{3}$ $60°$	$\frac{\pi}{2}$ $90°$
sin	0	$\frac{1}{2}$	$\frac{1}{2}\sqrt{2}$	$\frac{1}{2}\sqrt{3}$	1
cos	1	$\frac{1}{2}\sqrt{3}$	$\frac{1}{2}\sqrt{2}$	$\frac{1}{2}$	0
tan	0	$\frac{\sqrt{3}}{3}$	1	$\sqrt{3}$	∞
cot	∞	$\sqrt{3}$	1	$\frac{\sqrt{3}}{3}$	0

Beispiel: $\sin 30° = \frac{1}{2}$

Umwandlungen

	$90°\pm\alpha$	$180°\pm\alpha$	$270°\pm\alpha$	$360°-\alpha$ $(-\alpha)$
sin	$\cos\alpha$	$\mp\sin\alpha$	$-\cos\alpha$	$-\sin\alpha$
cos	$\mp\sin\alpha$	$-\cos\alpha$	$\pm\sin\alpha$	$\cos\alpha$
tan	$\mp\cot\alpha$	$\pm\tan\alpha$	$\mp\cot\alpha$	$-\tan\alpha$
cot	$\mp\tan\alpha$	$\pm\cot\alpha$	$\mp\tan\alpha$	$-\cot\alpha$

Beispiel: $\cos(90° + \alpha) = -\sin\alpha$

Dreiecksberechnungen

Sinussatz: $\frac{a}{\sin\alpha} = \frac{b}{\sin\beta} = \frac{c}{\sin\gamma} = 2r$ r: Umkreisradius

Kosinussatz: $a^2 = b^2 + c^2 - 2bc\cos\alpha$

Flächeninhalt: $A = \frac{1}{2}ab\sin\gamma = 2r^2\sin\alpha\sin\beta\sin\gamma$

Lösungsheft

Hans Bergmann/Karola Bergmann/Renate Teifke

Training Mathematik

Für den Abschluss 10. Schuljahr

Ernst Klett Verlag
Stuttgart Düsseldorf Leipzig

Inhalt

Satz: Windhueter GmbH, Schorndorf
Druck: Wilhelm Röck, Weinsberg
Beilage zu 3-12-922016-X

1 Lineare Gleichungssysteme

Lineare Gleichungen

AUFGABE 1

a) $15 = 15$
Die Aussage ist wahr.

b) $-6 = 15$
Die Aussage ist falsch.

AUFGABE 2

a) $y = \frac{1}{2}x + 4$

b)

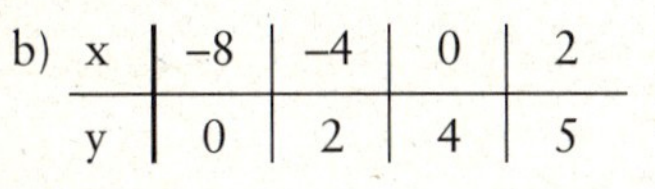

x	−8	−4	0	2
y	0	2	4	5

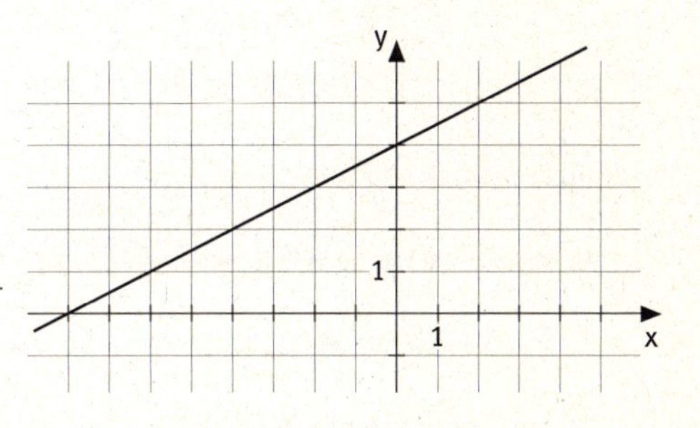

c), d) ja

AUFGABE 3

a) $y = \frac{1}{2}x + \frac{3}{2}$

x	−1	0	1
y	1	$\frac{3}{2}$	2

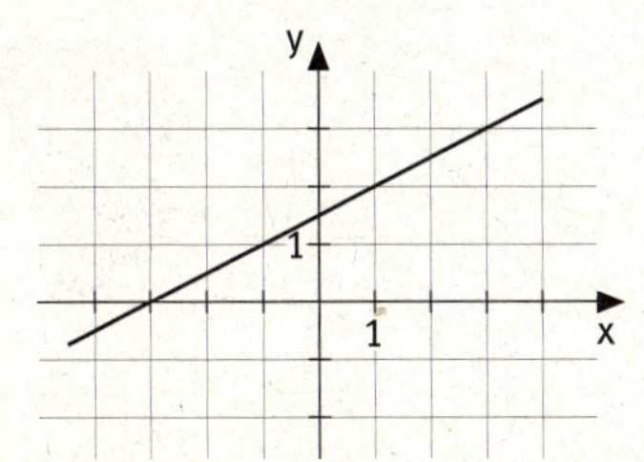

b) $y = -2x + 4$

x	−1	0	1	2
y	6	4	3	0

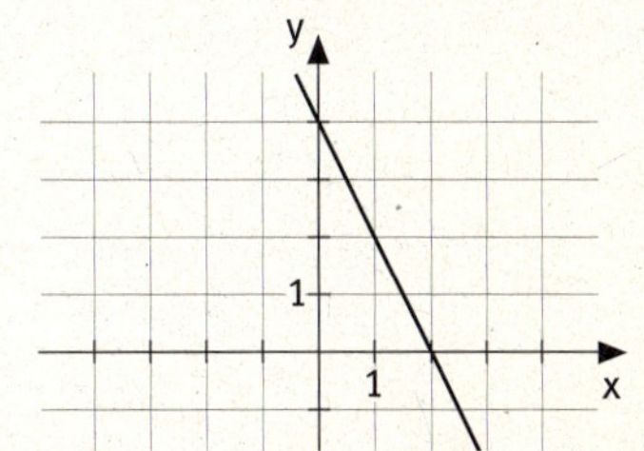

c) $y = 4x - 2$

x	−1	0	1
y	−6	−2	2

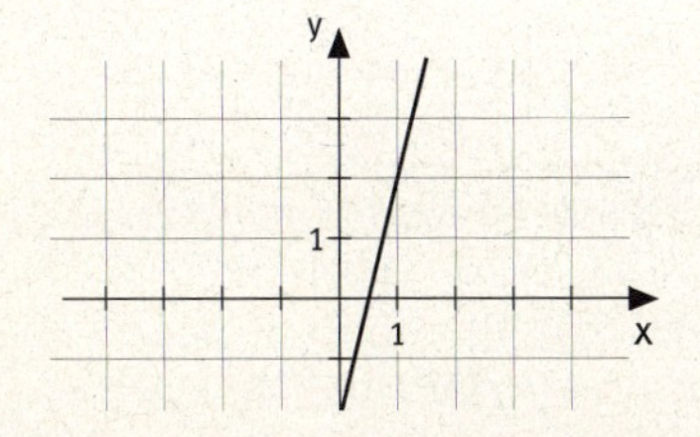

d) $y = -\frac{1}{2}x + 2$

x	−1	0	1
y	$2\frac{1}{2}$	2	$1\frac{1}{2}$

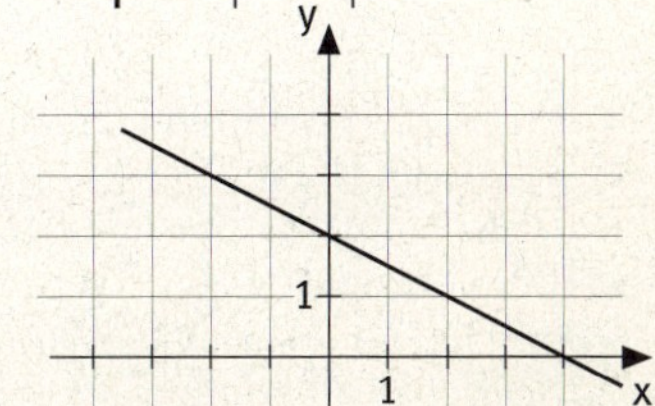

Zeichnerisches Lösen von linearen Gleichungssystemen

Im Folgenden sind nicht zu allen Aufgaben die Graphen gezeichnet!

AUFGABE 1

a)

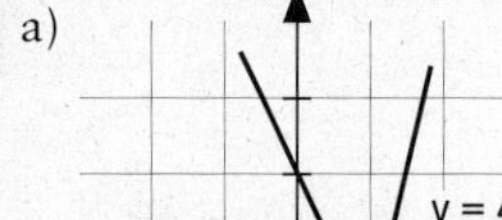

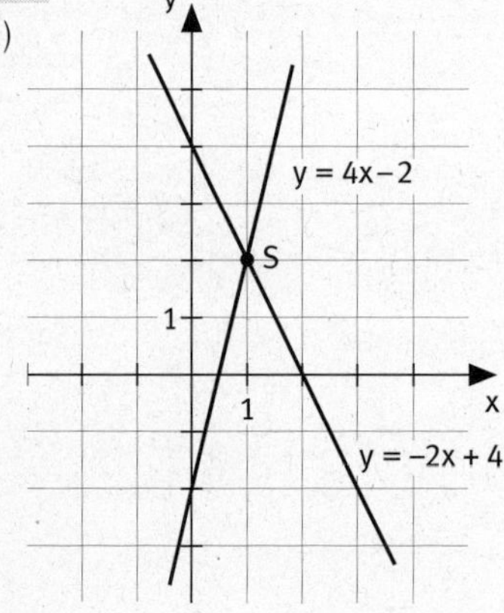

b) S(1|2)
Die Aussagen $2 = (-2) \cdot 1 + 4$ und $2 = 4 \cdot 1 - 2$ sind wahr.

AUFGABE 2

a) 1.

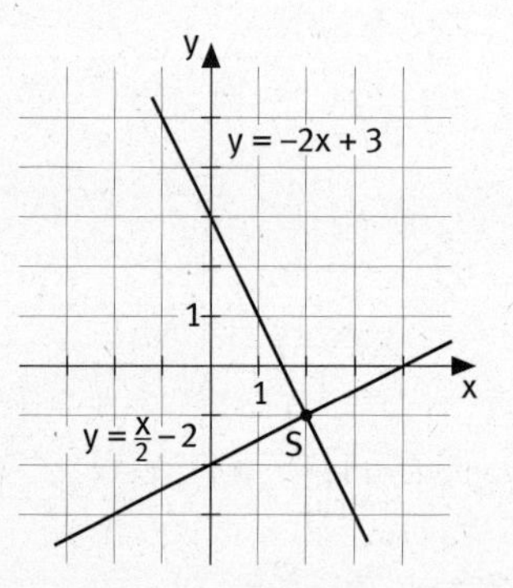

2. S(2|−1)
3. Die Aussagen $-1 = (-2) \cdot 2 + 3$ und $-1 = \frac{1}{2} \cdot 2 - 2$ sind wahr.
4. Lösung des linearen Gleichungssystems: (2; −1) bzw. L = {(2; −1)}

b) 1.

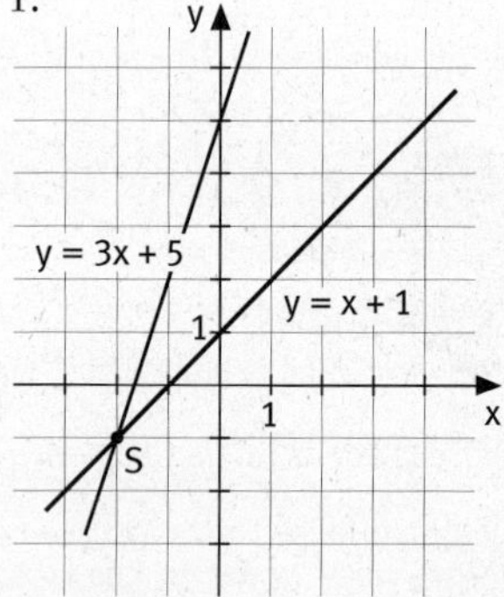

2. S(−2|−1)
3. Die Aussagen $-1 = (-2) + 1$ und $-1 = 3 \cdot (-2) + 5$ sind wahr.
4. (−2; −1) bzw. L = {(−2; −1)}

c) (−1; 3)
L = {(−1; 3)}

d) (0; 3)
L = {(0; 3)}

e) (4; 3)
L = {(4; 3)}

f) (1; 2)
L = {(1; 2)}

AUFGABE 3

a)

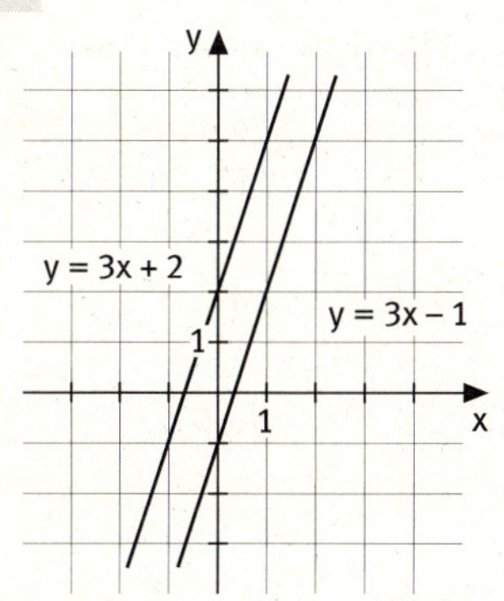

b) Die Geraden verlaufen parallel.

c) Es gibt keine Lösung.

AUFGABE 4

a)

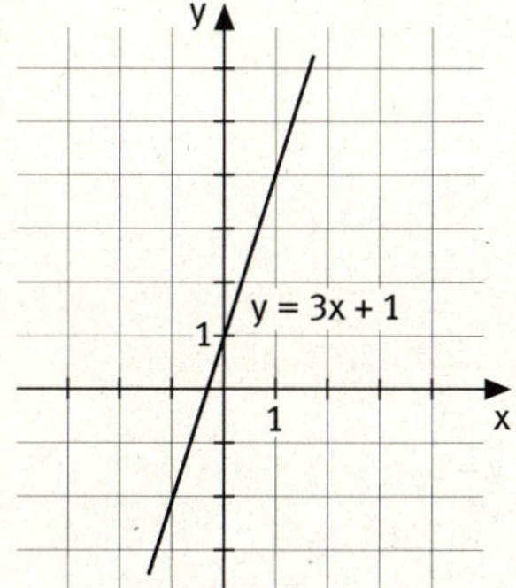

b) Die Geraden fallen zusammen (Doppelgerade).

c) Es gibt unendlich viele Lösungen.

Rechnerisches Lösen von linearen Gleichungssystemen

Einsetzungsverfahren

a)

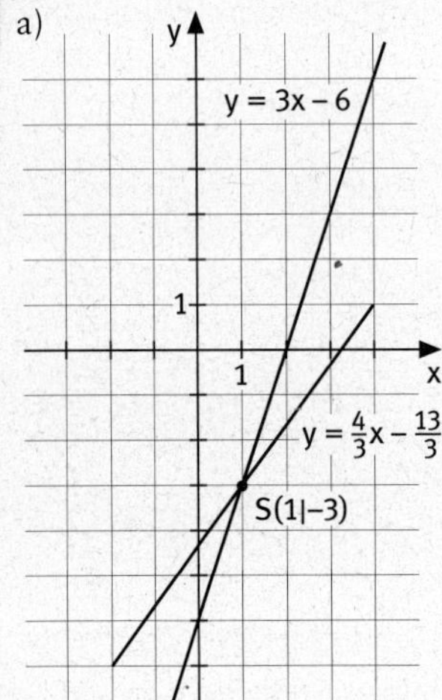

a) (5; 4); L = {(5; 4)}

b) (4; –6); L = {(4; –6)}

c) (–1; 2); L = {(–1; 2)}

Additionsverfahren

L = {(2; –5)}

a) L = {(8; 10)}

b) Die erste Gleichung mit –5,
die zweite Gleichung mit 6 multiplizieren.
L = {(8; 10)}

AUFGABE 

a) $L = \{(-11; -13)\}$

b) $L = \{(-114; -69\}$

c) $L = \{(0; 1)\}$

AUFGABE 

a) $L = \{(3; 2)\}$

$y = \frac{1}{2}x + \frac{1}{2} \wedge y = -x + 5$

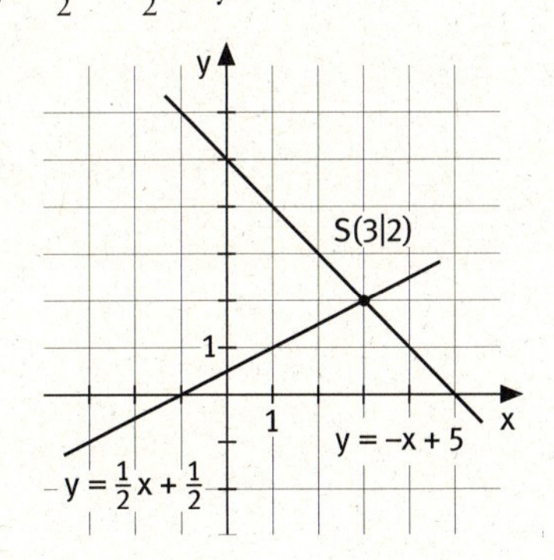

b) keine Lösung (Geraden laufen parallel) $L = \{\}$

$y = -2x + 8 \wedge y = -2x + 6$

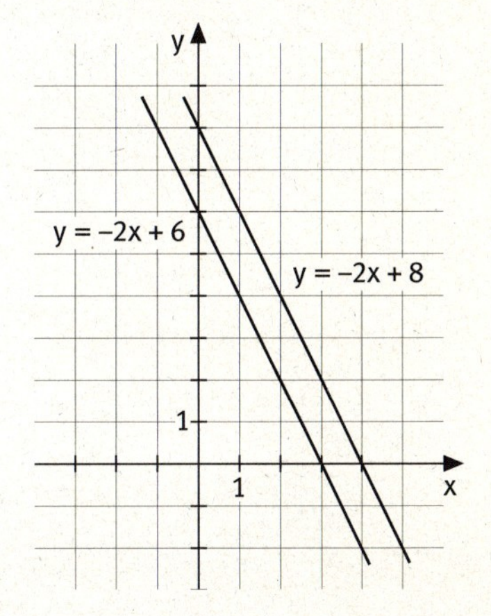

c) unendlich viele Lösungen (Doppelgerade) $y = \frac{1}{2}x + 2 \wedge y = \frac{1}{2}x + 2$

$L = \{(x; y) \in \mathbb{Q} \times \mathbb{Q} \mid y = \frac{1}{2}x + 2\}$

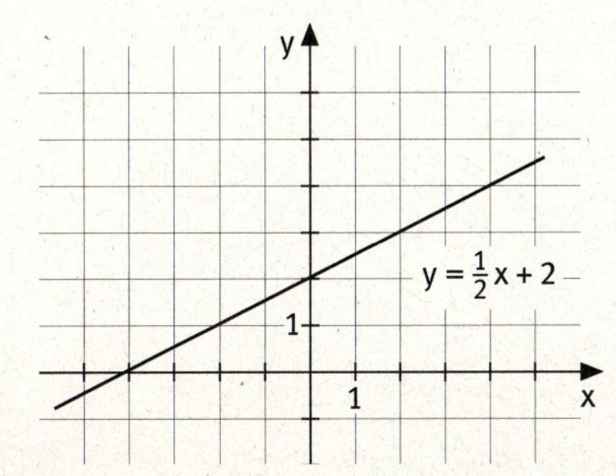

AUFGABE 

a)
$$\begin{aligned} &-7x + 3y = -1 \\ \wedge\ &-5x + 2y = -2 \\ \hline &L = \{(4; 9)\} \end{aligned}$$

b)
$$\begin{aligned} &-5x + 2y = -4 \\ \wedge\ &-4x + 4y = 4 \\ \hline &L = \{(2; 3)\} \end{aligned}$$

c)
$$\begin{aligned} &-10x + 4y = 10 \\ \wedge\ &-9x + 3y = 6 \\ \hline &L = \{(1; 5)\} \end{aligned}$$

Anwendungen linearer Gleichungssysteme

AUFGABE 1

$$y = 60x$$
$$\wedge\ y + 30x = 210$$

$$x = 2\tfrac{1}{3}$$
$$y = 140$$

AUFGABE

x: Anzahl der Stunden bis zum Treffpunkt
y: Entfernung des Treffpunktes von A

$$4x = y$$
$$\wedge\ 36 - 5x = y$$

$$x = 4$$
$$y = 16$$

Sie treffen sich nach 4 Std. 16 km von A enfernt.

AUFGABE

x: Geschwindigkeit des 2. Boten

y: Entfernung des Treffpunktes

$$4\tfrac{1}{2} \cdot 6 = y$$
$$\wedge\ x \cdot 4 = y$$

$$x = 6\tfrac{3}{4}$$

Der zweite Bote muss $6\frac{3}{4}$ km in der Stunde zurücklegen.

$$y = 27$$

Die Boten treffen sich nach 27 km.

AUFGABE

$$y = 3x$$
$$\wedge\ x + y = 12$$

$$x = 3$$
$$y = 9$$

Die Zahl lautet 93.

AUFGABE

x: erste Zahl
y: zweite Zahl

$$x + y = 15$$
$$\wedge\ 3x + 4y = 50$$

$$x = 10$$
$$y = 5$$

Die erste Zahl lautet 10, die zweite 5.

AUFGABE 6

x: erste Zahl
y: zweite Zahl

$$\begin{aligned} x + y &= 36 \\ \wedge\ 2x - y &= 36 \\ \hline x &= 24 \\ y &= 12 \end{aligned}$$

Die erste Zahl lautet 24, die zweite 12.

Test der Grundaufgaben

TESTAUFGABE 1

a) 1) $y = -x + 3$ ①
$y = 4x - 2$ ②

2) $y = 2x + 3$ ①
$y = 2x + 1$ ②

3) $y = 3x + 2$ ①
$y = 3x + 2$ ②

1)

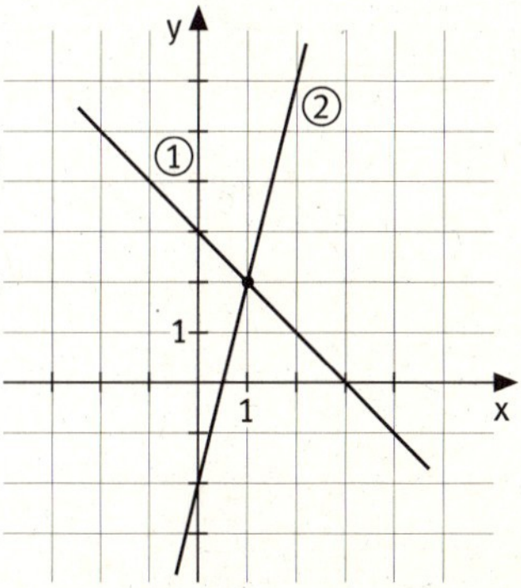

2)

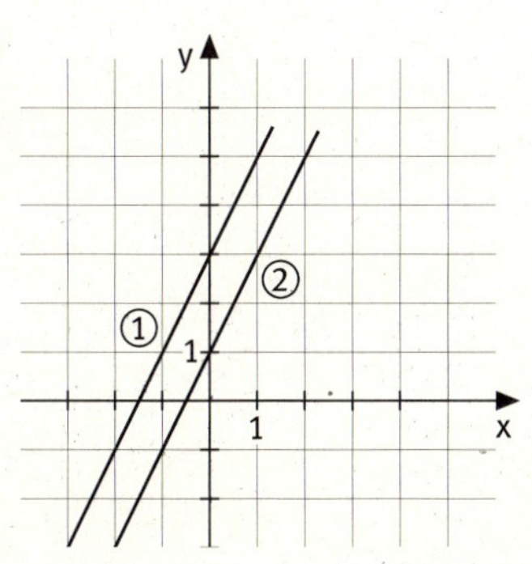

3)

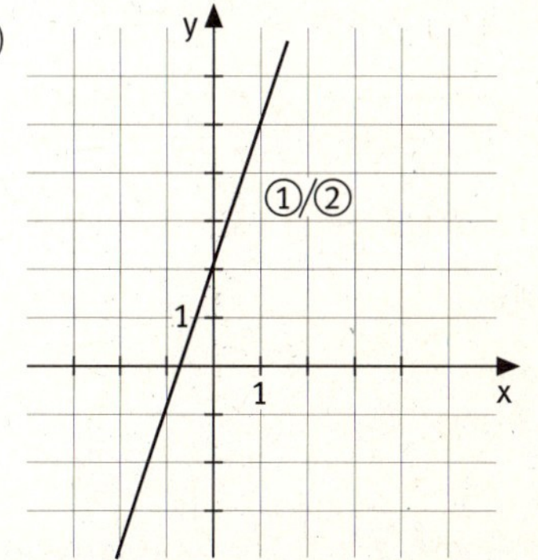

b) 1) Geraden schneiden sich.
$L = \{(1; 2)\}$

2) Geraden verlaufen parallel.
$L = \{\,\}$

3) Geraden fallen aufeinander (Doppelgerade).
$L = \{(x; y) \in \mathbb{Q} \times \mathbb{Q} \mid y = 3x + 2\}$

TESTAUFGABE

a) 1) $L = \{(-3; 1)\}$
   2) $L = \{(x; y) \in \mathbb{Q} \times \mathbb{Q} \mid 2x - 5y + 10 = 0\}$
   3) $L = \{\}$

b) 1) genau eine Lösung
   2) unendlich viele Lösungen
   3) keine Lösung

TESTAUFGABE

x: Einerziffer
y: Zehnerziffer
y ist die Zehnerziffer, das bedeutet, wir haben y Zehner, also $y \cdot 10$. Addieren wir dazu die Einer, so ergibt sich die Gesamtzahl aus der Addition der Zehner und Einer, also: $(y \cdot 10 + x)$.

$$\begin{array}{c} x + y = 13 \\ (y \cdot 10 + x) - 9 = x \cdot 10 + y \\ \hline x = 6 \\ y = 7 \end{array}$$

Die gesuchte Zahl lautet 76.

2 Quadratische Funktionen

Die quadratische Funktion $x \mapsto x^2$

AUFGABE 1

x	0	0,5	1	1,5	2
x^2	0	0,25	1	2,25	4

AUFGABE 2

a)

x	–2	–1,5	–1	–0,5	0	0,5	1	1,5	2
x^2	4	2,25	1	0,25	0	0,25	1	2,25	4

b) Die Symmetrieachse ist die y-Achse.

Allgemeine quadratische Funktionen

AUFGABE 1

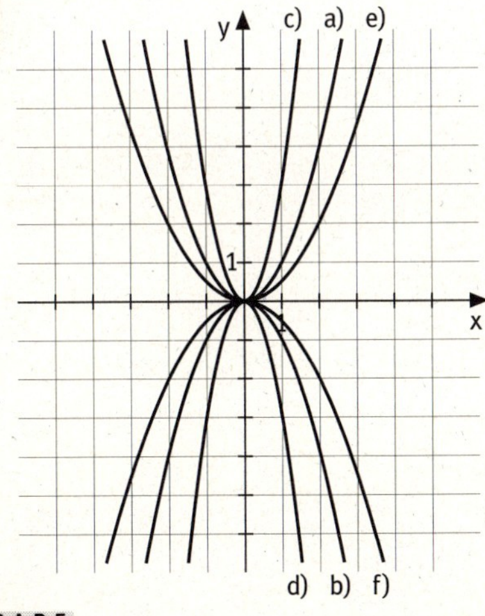

1) bei S(0|0)
2) ja
3) d), b), f) bei Funktionen mit negativem Vorzeichen

AUFGABE 2

$a < 0$ gilt für ②

AUFGABE 3

a)

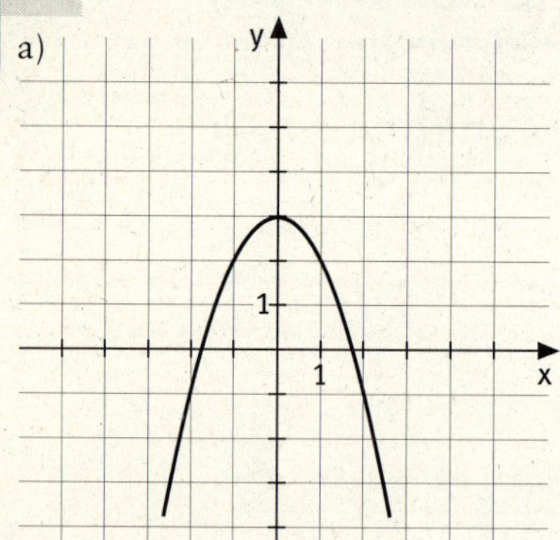

b)

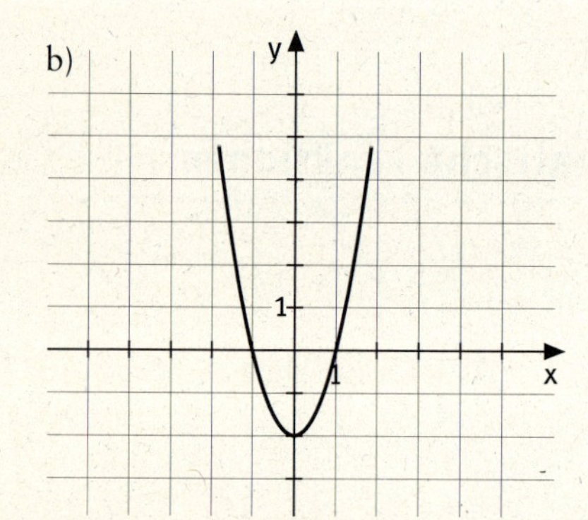

c)

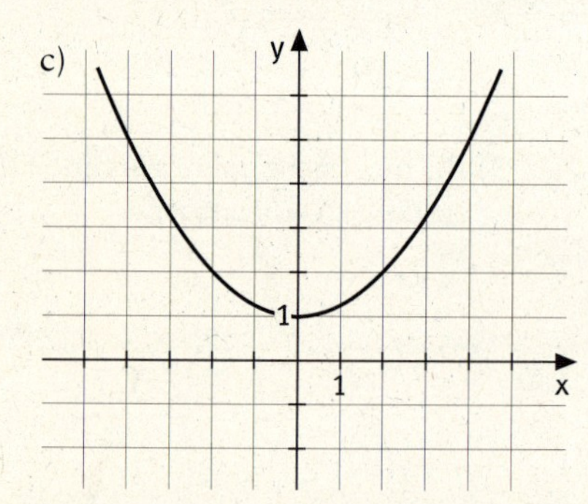

1) a) S(0|3) b) S(0|–2) c) S(0|1)
2) bei a)

AUFGABE

a) ① gehört zu $x \mapsto (x + 4)^2$
② gehört zu $x \mapsto (x - 4)^2$

b) S(–4; 0) gehört zu ①
S(4; 0) gehört zu ②

AUFGABE

a) $x^2 + 8x + 16$ b) $x^2 - 8x + 16$

c) $x^2 + 6x + 9$ d) $x^2 - x + \frac{1}{4}$

AUFGABE

a) $(x + 2)^2$ b) $(x + 5)^2$ c) $\left(x + \frac{1}{2}\right)^2$

AUFGABE

a) $(x - 1)^2 - 4$ b) $(x + 3)^2 - 7$ c) $(x - 4)^2 - 17$

AUFGABE

a) $x \mapsto (x - 3)^2 + 2$ gehört zu ②
$x \mapsto (x + 3)^2 - 2$ gehört zu ①

b) zu ① S(–3|–2)
zu ② S(3|2)

AUFGABE

10 a)

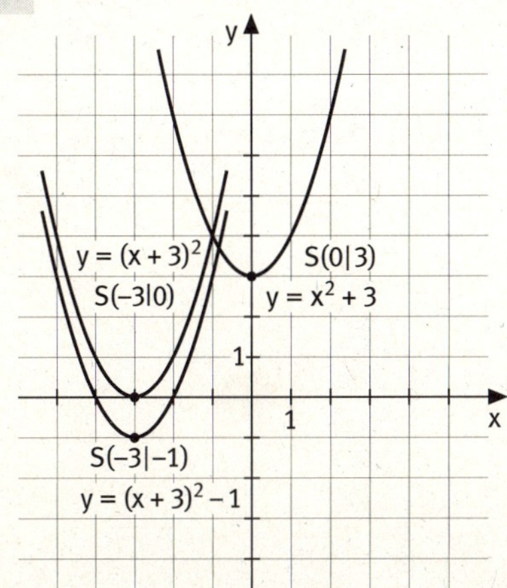

b)

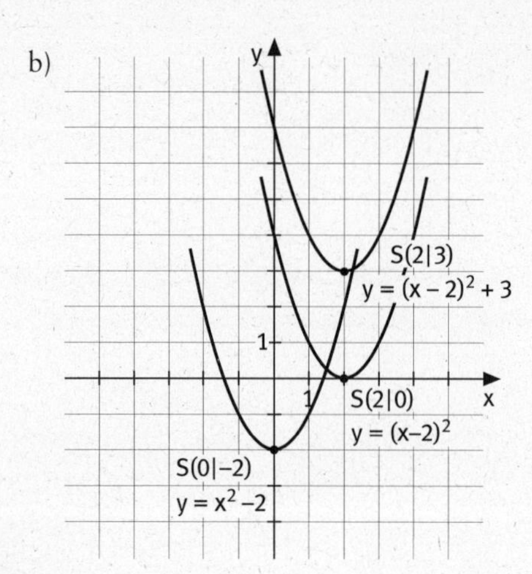

AUFGABE **11**

a) $y = (x - 1)^2 - 4$
$S(1|-4)$

b) $y = (x + 3)^2 - 1$
$S(-3|-1)$

c) $y = (x - 2)^2 - 3$
$S(2|-3)$

d) $y = (x + 1)^2 - 3$
$S(-1|-3)$

(ohne Abbildung)

Test der Grundaufgaben

TESTAUFGABE

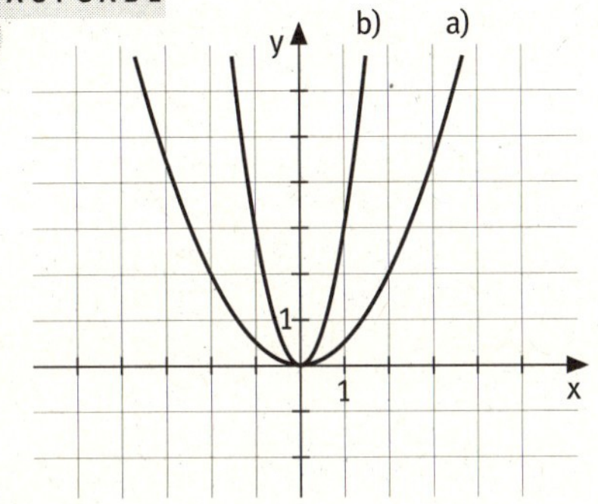

TESTAUFGABE

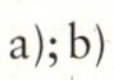

a); b)

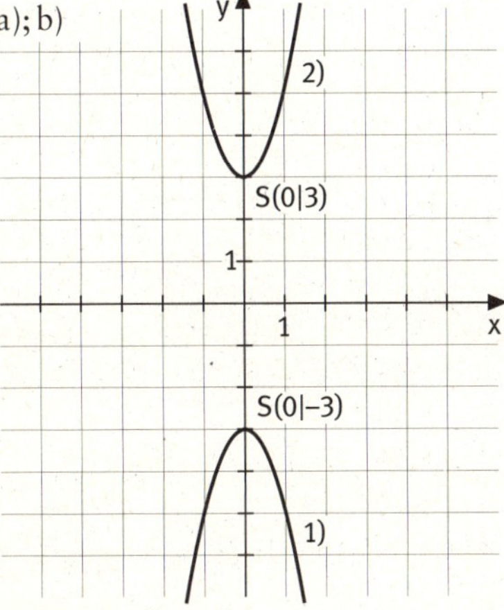

c) Bei 1) ist die Parabel nach unten geöffnet.

TESTAUFGABE

a) $y = (x - 2)^2 + 1$
$S(2|1)$

b) $y = (x + 1)^2 - 4$
$S(-1|-4)$

3 Reelle Zahlen

Wurzelziehen durch Näherungsverfahren

AUFGABE 1

a = 1,5 cm ist richtig.

AUFGABE 2

6; 60; 100; 5; 50; 0,5; 1,5; 0,25

AUFGABE 3

$a_1 = 2$
$a_2 = 2 : 2 = 1$
$a_3 = \frac{2+1}{2} = 1,5$

Für a_3 bis a_6 erhält man die gleichen Näherungswerte wie im Beispiel.

AUFGABE 4

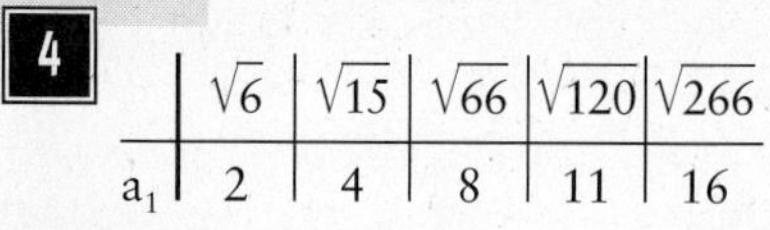

	$\sqrt{6}$	$\sqrt{15}$	$\sqrt{66}$	$\sqrt{120}$	$\sqrt{266}$
a_1	2	4	8	11	16

AUFGABE 5

Berechnung von $\sqrt{17}$:
$a_1 = 4$
$a_2 = 17 : 4 = 4,25$
$a_3 = \frac{4 + 4,25}{2} = 4,125$
$a_4 = 17 : 4,125 = 4,1212$
$a_5 = \frac{4,125 + 4,1212}{2} = 4,1231$
$\sqrt{17} \approx 4,1231$

$\sqrt{7} \approx 2,65$
$\sqrt{5} \approx 2,24$
$\sqrt{12} \approx 3,46$
$\sqrt{61} \approx 7,81$
$\sqrt{91} \approx 9,54$

Reelle Zahlen

AUFGABE 1

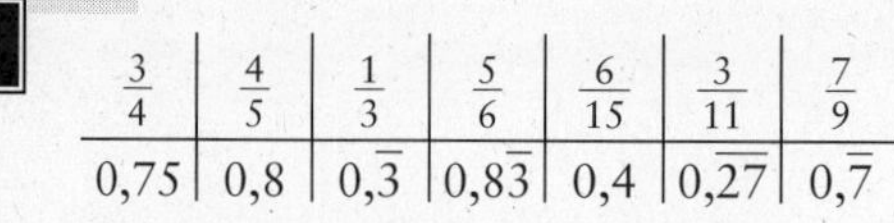

$\frac{3}{4}$	$\frac{4}{5}$	$\frac{1}{3}$	$\frac{5}{6}$	$\frac{6}{15}$	$\frac{3}{11}$	$\frac{7}{9}$
0,75	0,8	$0,\overline{3}$	$0,8\overline{3}$	0,4	$0,\overline{27}$	$0,\overline{7}$

AUFGABE

a) $\frac{3}{4}$; $\frac{4}{5}$; $\frac{6}{15}$

b) $\frac{1}{3}$; $\frac{5}{6}$; $\frac{3}{11}$; $\frac{7}{9}$

Test der Grundaufgaben

TESTAUFGABE

Näherung $\sqrt{7}$:

1. geschätzter Näherungswert	$a_1 = 3$, denn $3^2 = 9$
2. Divisionskontrolle	$a_2 = 7 : 9 = 0,\overline{7}$
3. Mittelwertsbildung	$a_3 = \frac{a_1 + a_2}{2} = \frac{3 + 0,\overline{7}}{2} = 1,\overline{8}$
4. Divisionskontrolle	$a_4 = 7 : 1,\overline{8} \approx 3,7059$
5. Mittelwertsbildung	$a_5 = \frac{1,\overline{8} + 3,7059}{2} \approx 2,7974$
6. Divisionskontrolle	$a_6 = 7 : 2,7974 \approx 2,5023$
	$a_7 = \frac{2,7974 + 2,5023}{2} \approx 2,6499$
	$a_8 = 7 : 2,6499 \approx 2,6416$
	$a_9 = \frac{2,6499 + 2,6416}{2} \approx 2,6458$

$\sqrt{5} \approx 2,6458$ (Taschenrechner $\sqrt{5} = 2,645\,751\,3\ \ldots$)

TESTAUFGABE

a)
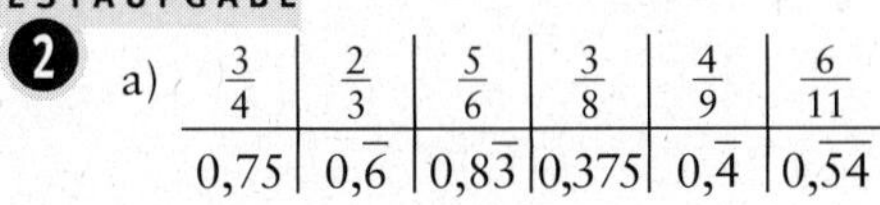

$\frac{3}{4}$	$\frac{2}{3}$	$\frac{5}{6}$	$\frac{3}{8}$	$\frac{4}{9}$	$\frac{6}{11}$
$0,75$	$0,\overline{6}$	$0,8\overline{3}$	$0,375$	$0,\overline{4}$	$0,\overline{54}$

b) abbrechend: $\frac{3}{4}$; $\frac{3}{8}$

unendlich periodisch: $\frac{2}{3}$; $\frac{5}{6}$; $\frac{4}{9}$; $\frac{6}{11}$

TESTAUFGABE

rational: $\frac{3}{7}$; $0,4\overline{5}$; $\sqrt{\frac{4}{25}} = \frac{2}{5}$; $0,\overline{3}$

irrational: $\sqrt{7}$; $\sqrt{23}$

4 Quadratische Gleichungen

Reinquadratische Gleichungen

AUFGABE

a) $L = \{4; -4\}$ b) $L = \{5; -5\}$ c) $L = \{6; -6\}$ d) $L = \{1; -1\}$

AUFGABE

a) $L = \{+\sqrt{7}; -\sqrt{7}\}$ b) $L = \{+\sqrt{11}; -\sqrt{11}\}$

c) $L = \{+\sqrt{3}; -\sqrt{3}\}$ d) $L = \{+\sqrt{17}; -\sqrt{17}\}$

AUFGABE

a) $L = \{1; -7\}$ b) $L = \{4 + \sqrt{11}; 4 - \sqrt{11}\}$

c) $L = \{\frac{3}{2}; -\frac{1}{2}\}$ d) $L = \{5; -1\}$

e) $L = \{-8 + 2\sqrt{2}; -8 - 2\sqrt{2}\}$ f) $L = \left\{-\frac{1}{2}; -\frac{3}{2}\right\}$

Quadratische Ergänzung

AUFGABE

a) $\left(x - \frac{5}{2}\right)^2 = -6 + \frac{25}{4}$
$L = \{2; 3\}$

b) $\left(x + \frac{3}{2}\right)^2 = 10 + \frac{9}{4}$
$L = \{2; -5\}$

c) $\left(x + \frac{5}{2}\right)^2 = -6 + \frac{25}{4}$
$L = \{-2; -3\}$

d) $(x + 4)^2 = 9 + 16$
$L = \{1; -9\}$

e) $\left(x - \frac{3}{2}\right)^2 = 40 + \frac{9}{4}$
$L = \{8; -5\}$

f) $\left(x - \frac{1}{2}\right)^2 = 12 + \frac{1}{4}$
$L = \{4; -3\}$

AUFGABE

a) $x^2 - 9x + 18 = 0$
$L = \{6; 3\}$

b) $x^2 + 8x + 12 = 0$
$L = \{-2; -6\}$

c) $x^2 + 2x - 3 = 0$
$L = \{1; -3\}$

AUFGABE

a) $x^2 - 2x - 3 = 0$; $L = \{3; -1\}$ b) $x^2 - 36 = 0$; $L = \{6; -6\}$

c) $x^2 - 7x + 6 = 0$; $L = \{1; 6\}$ d) $x^2 - \frac{7}{3}x + \frac{2}{3} = 0$; $L = \{\frac{1}{3}; 2\}$

Allgemeines Lösungsverfahren

AUFGABE 1

a) $D = \frac{36}{4} - 10$

$D = -1$; keine Lösungen, $L = \{\}$

b) $D = 0$; $L = \{3\}$

c) $D = 1$; $L = \{2; 4\}$

AUFGABE 2

a) $D = -1$; $L = \{\}$

b) $D = 5$; $L = \{5 + \sqrt{5}; 5 - \sqrt{5}\}$

c) $D = 0$; $L = \{5\}$

d) $x^2 - x - 12 = 0$; $L = \{4; -3\}$

e) $x^2 - 3x - 40 = 0$; $L = \{8; -5\}$

f) $x^2 + x = 0$; $L = \{0; -1\}$

g) $x^2 - 5x + 6 = 0$; $L = \{2; 3\}$

h) $x^2 + 2x - 3 = 0$; $L = \{1; -3\}$

i) $x^2 - \frac{7}{3}x + \frac{2}{3} = 0$; $L = \{\frac{1}{3}; 2\}$

Grafisches Lösen von quadratischen Gleichungen

AUFGABE 1

a) $S_1(-1|1)$; $S_2(2|4)$

b) $L = \{2; -1\}$

c) Die x-Werte entsprechen den x-Koordinaten von a).

AUFGABE 2

Aus Platzgründen sind nicht alle Graphen abgebildet!

a) $y = x^2$
$y = -4x - 3$
$S_1(-1|1)$
$S_2(-3|9)$
$L = \{-1; -3\}$

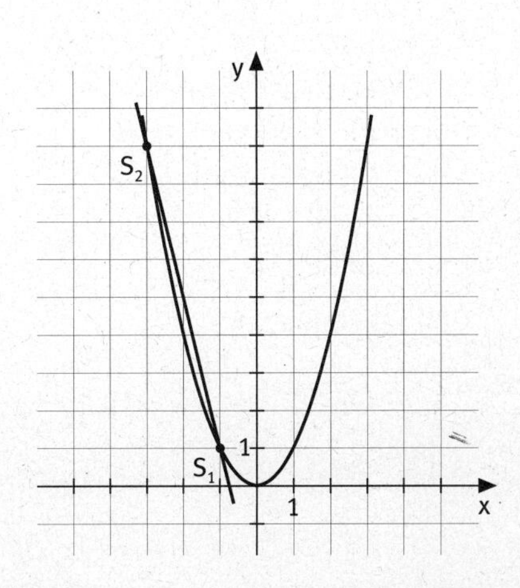

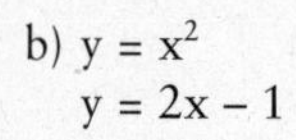

b) $y = x^2$
$y = 2x - 1$

$S_1(1|1)$
$L = \{1\}$

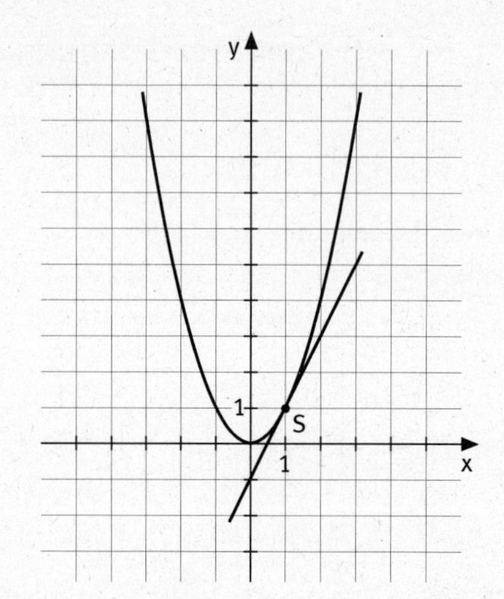

c) $S_1(1|1)$; $S_2(-4|16)$
$L = \{1; -4\}$

AUFGABE

3

a) $y = x^2$
$y = 2x - 2$

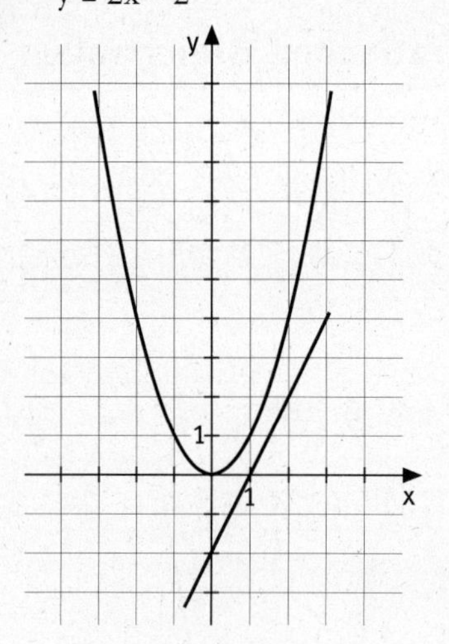

kein Schnittpunkt!
$L = \{\}$

b) $y = x^2$
$y = 2x + 3$

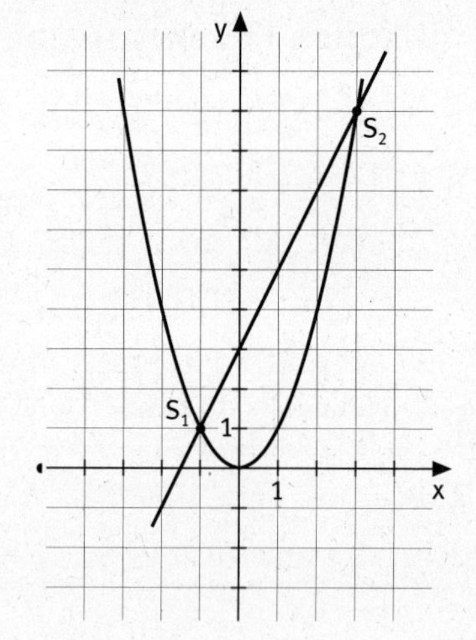

$S_1(-1|1)$; $S_2(3|9)$
$L = \{-1; 3\}$

c) $y = x^2$
$y = x - \frac{1}{4}$

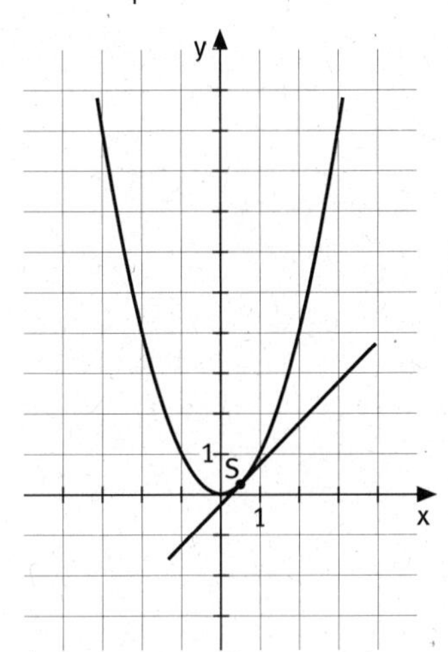

$S\left(\frac{1}{2} \middle| \frac{1}{4}\right)$
$L = \left\{\frac{1}{2}\right\}$

Satz von Vieta

AUFGABE

b) $x_1 + x_2 = 5$
$x_1 \cdot x_2 = -6$

AUFGABE

2

1) a) ja   b) ja   c) nein
d) nein   e) nein   f) ja

2) c) $x_1 = 5$; $x_2 = -3$ d) $x_1 = 1$; $x_2 = -3$ e) $x_1 = 3$; $x_2 = -2$

AUFGABE

3

$x^2 + 7x - 8 = 0$; $x_1 = 1$; $x_2 = -8$

AUFGABE

a) $L = \{7; -8\}$ b) $L = \left\{-\frac{2}{3}; \frac{1}{4}\right\}$
c) $L = \left\{\sqrt{5}; -\frac{3}{4}\right\}$ d) $L = \{5\}$

Test der Grundaufgaben

TESTAUFGABE

a) $L = \{2; -1\}$

b) $x_1 = 2;\ x_2 = -1$

c) $y = x^2$ und $y = x + 2$

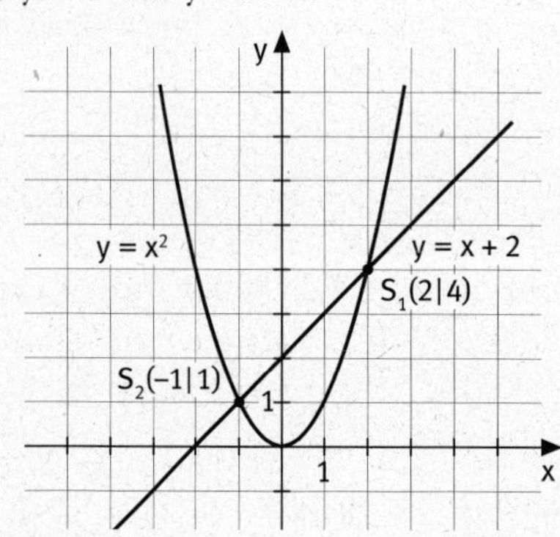

TESTAUFGABE

a) $D = 0$; eine Lösung; $L = \{3\}$

b) $D = \frac{49}{4}$; zwei Lösungen; $L = \{3; -4\}$

c) $D = -3$; keine Lösung; $L = \{\ \}$

TESTAUFGABE

a) $(x - 2)(x + 6) = 0$
$x^2 + 4x - 12 = 0$

b) $L = \{2; -6\}$

Vieta:
$x_1 + x_2 = -4$
$p = 4$

$x_1 \cdot x_2 = -12$
$q = -12$

5 Potenzen – Potenzfunktionen

Potenzen mit Exponenten aus ℕ

AUFGABE
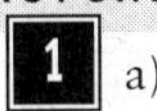
a) 4^3 b) 4^5 c) $\left(\frac{1}{2}\right)^3$ d) $(-2)^4$ e) a^4 f) $(-x)^3$

AUFGABE

a) 8 und 9 b) 32 und 25 c) 27; –27; –27

AUFGABE

a) $1{,}43 \cdot 10^8$; $34\,000\,000\,000 = 3{,}4 \cdot 10^{10}$; $4{,}75 \cdot 10^{10}$

b) 3 080 000; 999 000 000; 84 300 000 000; 1 700 000
6 Stellen
($\cdot\ 10^6$ bedeutet: Verschiebe das Komma um 6 Stellen nach rechts!)

AUFGABE

a) 11 200 000 000; 9 900 000 000; 32 000 000; 402 000 000 000

b) 1.734 13 ; 1. 12 ; 4.63 07

Rechnen mit Potenzen

AUFGABE

a) $x^{3+7} = x^{10}$; z^5; a^{10}

b) $\frac{1}{x^{4+5}} = \frac{1}{x^9}$; $\frac{1}{z^6}$; $\frac{1}{a^6}$

c) $x^{7-4} = x^3$; $z^0 = 1$; 1

d) $x^{2 \cdot 3} = x^6$; z^{21}; a^5

AUFGABE 2

a) $a^3 \cdot b^6$; $x^8 \cdot y^{12}$; $p^6 \cdot q^8$; $(3u^2)^3 \cdot v^3 = 27u^6 \cdot v^3$

b) $\frac{a^8}{b^{12}}$; $\frac{1}{64x^6}$; $8a^6b^9$; $\frac{x^{10} \cdot y^{20}}{z^{15}}$

AUFGABE 3

a) $3^3 \cdot 5^3 = (3 \cdot 5)^3 = 15^3$

b) $2^{4+5} = 2^9$

AUFGABE 4

$(x^2 - 2x + 1) \cdot (x - 4) = x^3 - 2x^2 + x - 4x^2 + 8x - 4$
$= x^3 - 6x^2 + 9x - 4$

AUFGABE 5

a) $x^2 - 2x + 1$ b) $x^3 + 3x^2 - 9x + 5$

c) $a^3 - 4a^2 + 5a - 2$ d) $4y^2 - 4y + 1$

Potenzfunktionen mit Exponenten aus ℕ

AUFGABE 1

a)

x	−3	−2	−1	0	1	2	3
x^2	9	4	1	0	1	4	9
x^3	−27	−8	−1	0	1	8	27
x^4	81	16	1	0	1	16	81
x^5	−243	−32	−1	0	1	32	243

b) Für x = 0 ist der Funktionswert immer 0.
Für x = 1 ist der Funktionswert immer 1.
Für x = −1 ist der Funktionswert
bei geraden Exponenten 1; bei ungeraden Exponenten −1.

AUFGABE 2

a)

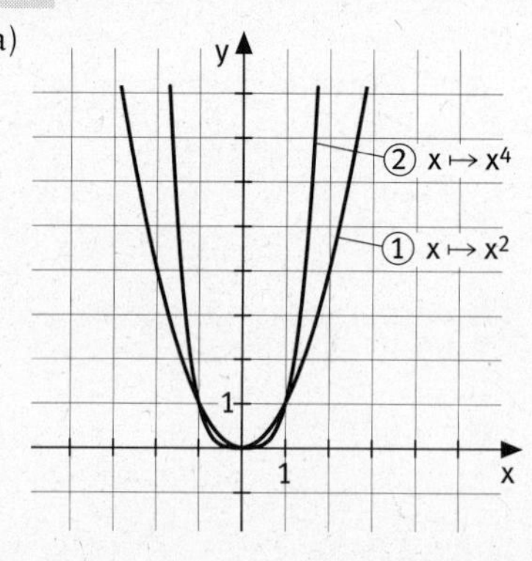

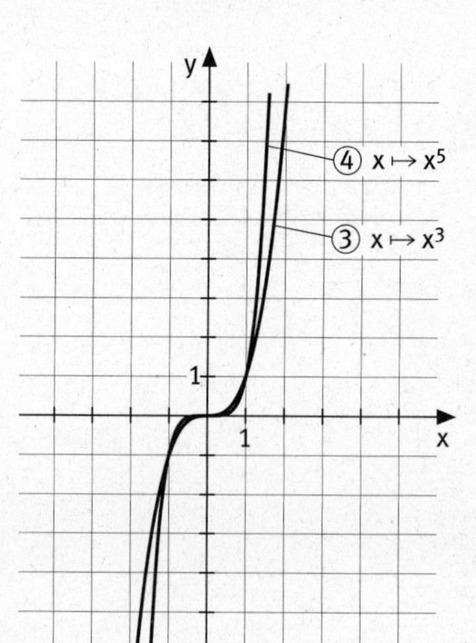

b) Die Graphen ①, ② sind symmetrisch zur y-Achse, die Graphen ③, ④ sind punktsymmetrisch zum Ursprung.

AUFGABE

a)
b)
c)

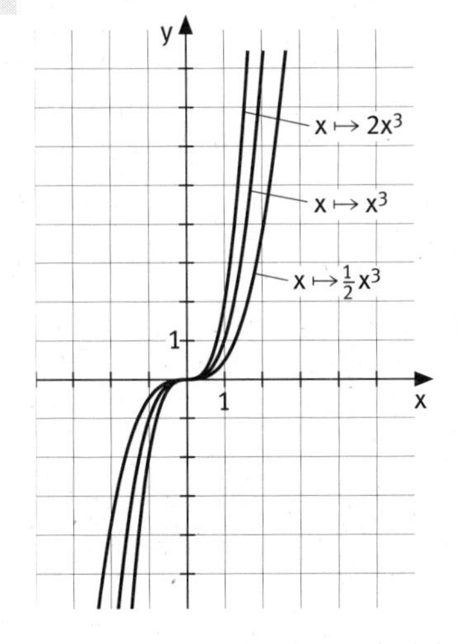

d)
e)
f)

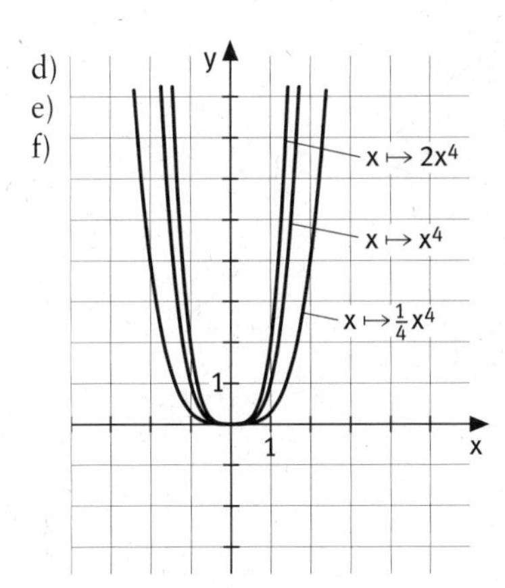

Potenzen mit Exponenten aus $\mathbb{Z}$

AUFGABE **1**

a) $\frac{1}{5}$; $\frac{1}{5^2} = \frac{1}{25}$; $\frac{1}{125}$; $\frac{1}{9}$; $\frac{1}{27}$; $\frac{1}{100}$; $\frac{1}{1000}$

b) $\frac{1}{\left(\frac{1}{2}\right)^2} = 4$; 1; $-\frac{1}{27}$; -27; 81; $\frac{16}{9}$

c) $\frac{1}{a+b}$; 1; $\frac{1}{(a+b)^2}$

AUFGABE **2**

a) $4{,}81 \cdot 10^{-3}$; $9{,}8 \cdot 10^{-5}$; $1{,}1 \cdot 10^{-5}$

b) 0,0015; 0,000 048 76; 0,000 009; 0,000 234

3 Stellen 5 Stellen

AUFGABE **3**

a) $\frac{2^3}{2^5} = \frac{1}{4}$; $\frac{1}{2^8} = \frac{1}{256}$; $\frac{1}{2^4} = \frac{1}{16}$; $\frac{(-2)^3}{(-2)^6} = -\frac{1}{8}$

b) x^7; $\frac{1}{x}$; $\frac{1}{x^7}$

AUFGABE

a) $\frac{1}{2}$; $\frac{1}{2^5}$; 2^5; 2

b) $\frac{1}{x^3}$; $\frac{1}{x^7}$; x^3

AUFGABE 5

a) $x^{2-3} \cdot y^{3+2} \cdot z^{1+1} = \frac{y^5 \cdot z^2}{x}$

b) $a^3 \cdot b^2 \cdot c$

c) $\frac{a^2}{b^6}$

d) $0{,}4 \cdot 5 \cdot 8 \cdot a^{-1} \cdot b^2 = \frac{16b^2}{a}$

AUFGABE 6

a) $2^{-6} = \frac{1}{2^6} = \frac{1}{64}$; $2^6 = 64$; $(2^2)^3 = 64$

b) $\frac{1}{a^{12}}$; x^6; y^8

Potenzfunktionen mit Exponenten aus $\mathbb{Z}$

AUFGABE 1

a) $x \mapsto \frac{1}{x}$; $x \mapsto \frac{1}{x^2}$; $x \mapsto \frac{1}{x^3}$; $x \mapsto \frac{1}{x^4}$

b)

x	-3	-2	-1	$-0{,}5$	0	$0{,}5$	1	2	3
$\frac{1}{x}$	$-\frac{1}{3}$	$-\frac{1}{2}$	-1	-2		2	1	$\frac{1}{2}$	$\frac{1}{3}$
$\frac{1}{x^2}$	$\frac{1}{9}$	$\frac{1}{4}$	1	4		4	1	$\frac{1}{4}$	$\frac{1}{9}$
$\frac{1}{x^3}$	$-\frac{1}{27}$	$-\frac{1}{8}$	-1	-8		8	1	$\frac{1}{8}$	$\frac{1}{27}$
$\frac{1}{x^4}$	$\frac{1}{81}$	$\frac{1}{16}$	1	16		16	1	$\frac{1}{16}$	$\frac{1}{81}$

c) Für $x = 0$ sind die Funktionen nicht definiert.
Für $x = 1$ haben die Funktionen den gemeinsamen Funktionswert 1.
Für $x = -1$ ist er bei geraden Exponenten 1; bei ungeraden Exponenten -1.

d)

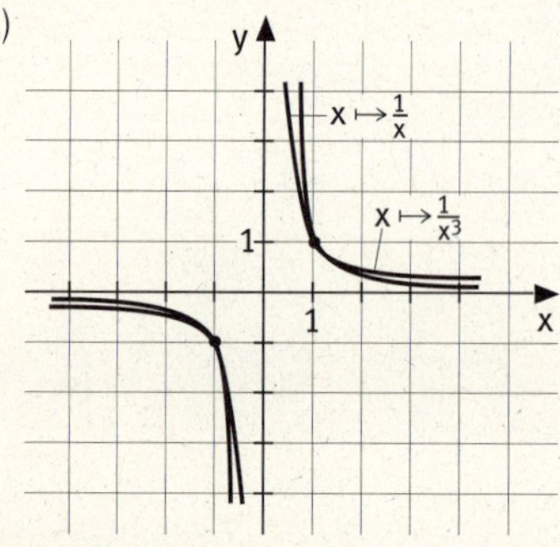

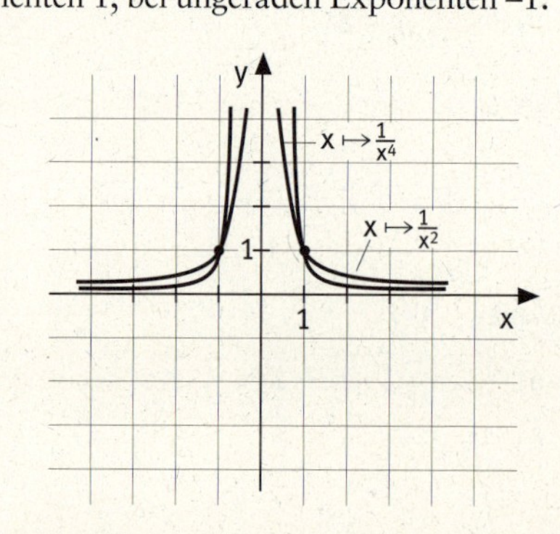

AUFGABE 2

zu ①: $x \mapsto \frac{1}{x}$ und $x \mapsto \frac{1}{x^3}$

zu ②: $x \mapsto \frac{1}{x^2}$ und $x \mapsto \frac{1}{x^4}$

n-te Wurzeln

AUFGABE

a) $\sqrt[3]{27} = 3$, da $3^3 = 27$ b) $\sqrt[4]{16} = 2;\ \ 2^4 = 16$

c) $\sqrt[5]{100\,000} = 10;\ 10^5 = 100\,000$ d) $\sqrt[2]{25} = 5;\ \ 5^2 = 25$

AUFGABE

2 Beachte: $\sqrt[n]{1} = 1;$ $\sqrt[n]{0} = 0$

a) 2 b) 1 c) 0 d) 10

AUFGABE 3

a) $a \cdot b$ b) $\frac{x}{y}$ c) $\frac{1}{z}$

AUFGABE

a) $\sqrt[4]{3^3 \cdot 3} = \sqrt[4]{3^4} = 3$ b) $\sqrt[5]{2^3 \cdot 2^2} = \sqrt[5]{2^5} = 2$

c) $\sqrt[3]{10^3} = 10$ d) $\sqrt[3]{\frac{2^4}{2}} = \sqrt[3]{2^3} = 2$

e) $\sqrt[5]{\frac{3^7}{3^2}} = \sqrt[5]{3^5} = 3$ f) $\sqrt[4]{2^4} = 2$

AUFGABE

a) $\sqrt[3]{1000 \cdot 2} = \sqrt[3]{1000} \cdot \sqrt[3]{2} = 10\sqrt[3]{2}$

b) $\sqrt[4]{16 \cdot 3} = 2\sqrt[4]{3}$

c) $\sqrt[5]{32 \cdot 2} = 2\sqrt[5]{2}$

Potenzen mit Exponenten aus ℚ

AUFGABE

a) $\sqrt[4]{16^3} = \sqrt[4]{2^{12}} = 2^{\frac{12}{4}} = 8$ b) $\frac{1}{\sqrt[4]{16^3}} = \frac{1}{\sqrt[4]{2^{12}}} = \frac{1}{8}$

c) $\sqrt[4]{\left(\frac{1}{16}\right)^3} = \sqrt[4]{\left(\frac{1}{2^4}\right)^3} = \frac{1}{8}$ d) 3

e) $\sqrt[5]{32} = \sqrt[5]{2^5} = 2$ f) $\frac{1}{\sqrt{4}} = \frac{1}{2}$

g) $\frac{1}{\sqrt[4]{81}} = \frac{1}{\sqrt[4]{3^4}} = \frac{1}{3}$

AUFGABE 2

$x^{\frac{3}{4}}$; $\frac{1}{x^{\frac{3}{4}}} = x^{-\frac{3}{4}}$; $y^{\frac{3}{9}} = y^{\frac{1}{3}}$; $a^{\frac{12}{3}} = a^4$; $(a-x)^{\frac{5}{4}}$

AUFGABE 3

a) $a^{\frac{1}{2}+\frac{1}{4}} = a^{\frac{3}{4}} = \sqrt[4]{a^3}$

$a^{\frac{1}{3}+\frac{2}{9}} = a^{\frac{5}{9}} = \sqrt[9]{a^5}$

$x^{\frac{5}{6}-\frac{7}{12}} = x^{\frac{3}{12}} = x^{\frac{1}{4}} = \sqrt[4]{x}$

$x^{-\frac{3}{4}-\frac{1}{2}} = x^{-\frac{5}{4}} = \frac{1}{\sqrt[4]{x^5}}$

b) $\sqrt[4]{a}$; $\sqrt[4]{a}$; $\frac{1}{\sqrt[10]{x}}$; $\frac{1}{\sqrt[14]{y}}$; $\sqrt[5]{a^3}$; $\frac{1}{\sqrt[5]{x^7}}$

c) $\sqrt[6]{x}$; $\sqrt[3]{a^2}$; y; 1; a; x^2

AUFGABE 4

a) $6^{\frac{1}{3}} \cdot 6^{\frac{1}{4}} = 6^{\frac{1}{3}+\frac{1}{4}} = 6^{\frac{7}{12}} = \sqrt[12]{6^7}$

b) $9^{\frac{1}{2}} \cdot 9^{\frac{1}{3}} = 9^{\frac{5}{6}} = \sqrt[6]{9^5}$

c) $7^{\frac{1}{2}} : 7^{\frac{1}{3}} = 7^{\frac{1}{2}-\frac{1}{3}} = 7^{\frac{1}{6}} = \sqrt[6]{7}$

d) $x^{\frac{1}{3}} \cdot x^{\frac{1}{5}} = x^{\frac{8}{15}} = \sqrt[15]{x^8}$

e) $a^{\frac{1}{2}} \cdot a^{\frac{1}{n}} = a^{\frac{1}{2}+\frac{1}{n}} = a^{\frac{n+2}{2n}} = \sqrt[2n]{a^{n+2}}$

f) $a^{\frac{3}{5}} \cdot a^{\frac{4}{10}} = a$

g) $a^{\frac{3}{5}} : a^{\frac{4}{10}} = a^{\frac{3}{5}-\frac{2}{5}} = a^{\frac{1}{5}} = \sqrt[5]{a}$

h) $x^{\frac{1}{2}} : x^{\frac{2}{3}} = x^{\frac{1}{2}-\frac{2}{3}} = x^{-\frac{1}{6}} = \frac{1}{\sqrt[6]{x}}$

i) $x^{\frac{1}{3}} : x^{\frac{2}{5}} = x^{\frac{1}{3}-\frac{2}{5}} = x^{-\frac{1}{15}} = \frac{1}{\sqrt[15]{x}}$

AUFGABE 5

Du kannst diese Aufgabe mit Potenzen oder Wurzeln rechnen.

a) $(2^2 \cdot 3)^{\frac{1}{2}} = 2 \cdot 3^{\frac{1}{2}} = 2\sqrt{3}$ oder $\sqrt{12} = \sqrt{4 \cdot 3} = \sqrt{4} \cdot \sqrt{3} = 2\sqrt{3}$

$(5^2 \cdot 2)^{\frac{1}{2}} = 5\sqrt{2}$; $\sqrt{100} \cdot \sqrt{2} = 10\sqrt{2}$; $\sqrt{25} \cdot \sqrt{3} = 5\sqrt{3}$

$(2^3 \cdot 2)^{\frac{1}{3}} = 2\sqrt[3]{2}$; $\sqrt[3]{1000} \cdot \sqrt[3]{3} = 10\sqrt[3]{3}$; $\sqrt[3]{27} \cdot \sqrt[3]{2} = 3\sqrt[3]{2}$

b) $\sqrt{4a^2} = 2a$; $\sqrt{4a} = 2\sqrt{a}$; $\sqrt{2a^2} = a\sqrt{2}$; $\sqrt[3]{8a} = 2\sqrt[3]{a}$; $\sqrt[3]{2} \cdot \sqrt[3]{a^3} = a\sqrt[3]{2}$

AUFGABE 6

a) $\left(b^{\frac{1}{4}}\right)^{\frac{1}{3}} = b^{\frac{1}{12}} = \sqrt[12]{b}$

b) $\left(\left(x^4\right)^{\frac{1}{2}}\right)^{\frac{1}{3}} = \left(x^4\right)^{\frac{1}{6}} = x^{\frac{2}{3}} = \sqrt[3]{x^2}$

c) $\left(\left(a^{10}\right)^{\frac{1}{5}}\right)^{\frac{1}{4}} = \left(a^{10}\right)^{\frac{1}{20}} = a^{\frac{1}{2}} = \sqrt{a}$

d) $\left(\left(x^{\frac{1}{2}}\right)^{\frac{1}{2}}\right)^{\frac{1}{2}} = x^{\frac{1}{8}} = \sqrt[8]{x}$

AUFGABE

a) $\frac{\sqrt[4]{x^3}}{x}$ b) $\frac{\sqrt[5]{a^3}}{a}$ c) $\frac{5}{2} \cdot \sqrt[3]{4}$

d) $\frac{7 \cdot \sqrt[3]{a^2 b}}{ab}$ e) $5 \cdot \frac{\sqrt[4]{x^2 y^3}}{xy}$

Arbeiten mit dem Taschenrechner

AUFGABE

a) 64 b) 78 125 c) 0,015 006 25

d) 0,0123 e) 35,7225 f) $9{,}5734 \cdot 10^{13}$

g) $1{,}0446 \cdot 10^{-14}$ h) 3,0852 i) 0,3241

AUFGABE

a) 3,3437 b) 2,5910 c) 0,0747

d) 17,9594 e) 66,9059

AUFGABE

a) 0,6300 b) 0,6412 c) 0,0934

d) 1,4427 e) 0,2738

AUFGABE

a) $2^{\frac{1}{4}} = 1{,}1892$ b) $10^{\frac{1}{3}} = 2{,}1544$ c) $28^{\frac{2}{5}} = 3{,}7920$

d) $0{,}87^{\frac{3}{6}} = 0{,}87^{\frac{1}{2}} = \sqrt{0{,}87} = 0{,}9327$ e) $3{,}756^{\frac{4}{5}} = 2{,}8826$

Test der Grundaufgaben

TESTAUFGABE 1

$\frac{1}{16}$; $\frac{1}{\left(\frac{2}{3}\right)^3} = \frac{27}{8} = 3\frac{3}{8}$; $\frac{1}{0{,}1^4} = \frac{1}{0{,}0001} = 10\,000$

TESTAUFGABE 2

a) $2{,}7 \cdot 10^7$; $1{,}5 \cdot 10^{-4}$

b) 705 000; 0,000 125

TESTAUFGABE 3

a) $\frac{1}{x^2}$; $\frac{1}{x^{13}}$

b) $\frac{x^9}{y^6}$ $\frac{1}{x^6 y^8}$

TESTAUFGABE 

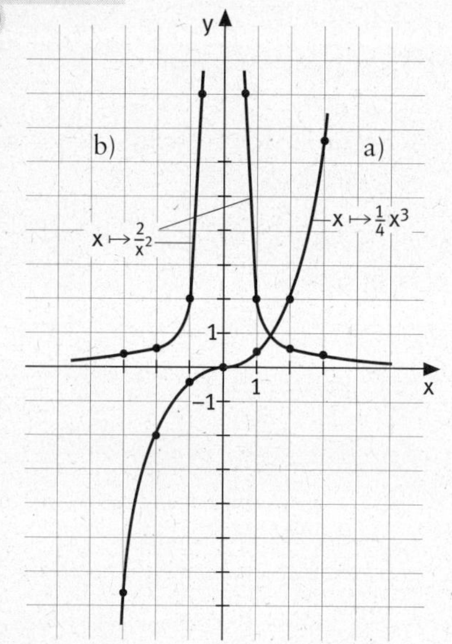

TESTAUFGABE 5

a) 10; $\frac{1}{2}$

b) $\sqrt{25} = 5$; $\frac{1}{\sqrt[3]{27}} = \frac{1}{3}$

TESTAUFGABE 6

$a^{\frac{11}{12}} = \sqrt[12]{a^{11}}$; $x^{\frac{1}{5}} = \sqrt[5]{x}$; $\frac{1}{a^{\frac{3}{8}}} = \frac{1}{\sqrt[8]{a^3}}$

TESTAUFGABE 7

a) $a^{\frac{3}{2}} \cdot a^{\frac{4}{3}} = a^{\frac{17}{6}} = \sqrt[6]{a^{17}}$; $\frac{x^{\frac{1}{3}}}{x^{\frac{4}{5}}} = x^{\frac{1}{3}-\frac{4}{5}} = x^{-\frac{7}{15}} = \frac{1}{\sqrt[15]{x^7}}$

b) $a^{\frac{6}{5}\cdot\frac{1}{3}} = a^{\frac{2}{5}} = \sqrt[5]{a^2}$; $\left(\left(x^{\frac{1}{2}}\right)^{\frac{1}{2}}\right)^{\frac{1}{2}} = x^{\frac{1}{8}} = \sqrt[8]{x}$

6 Exponential- und Logarithmusfunktionen

Exponentialfunktionen

Aus Platzgründen sind nicht alle Graphen abgebildet.

AUFGABE

Achtung: Verdreifachen heißt $\boxed{\cdot 3}$ in jedem Jahr!

a) nach 1 Jahr: 3 Millionen DM
nach 2 Jahren: 9 Millionen DM
nach 3 Jahren: 27 Millionen DM

b) vor 1 Jahr: $\frac{1}{3}$ Million DM
vor 2 Jahr: $\frac{1}{9}$ Million DM
vor 3 Jahren: $\frac{1}{27}$ Million DM

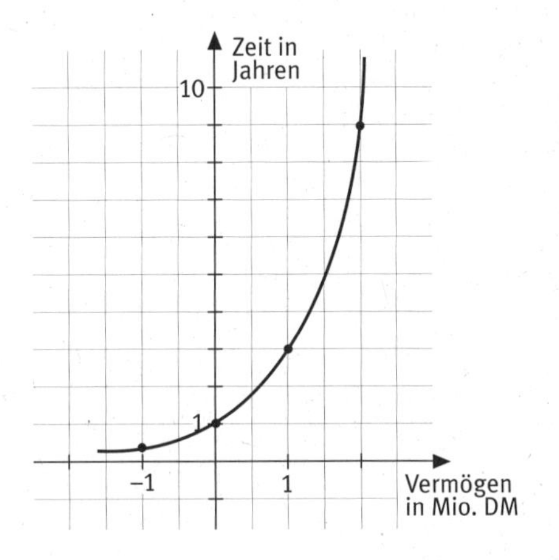

c)

x	−3	−2	−1	0	1	2	3	4
3^x	$\frac{1}{27}$	$\frac{1}{9}$	$\frac{1}{3}$	1	3	9	27	81

AUFGABE

a) nach 1 Jahr: $\frac{1}{3}$ Million DM
nach 2 Jahren: $\frac{1}{9}$ Million DM
nach 3 Jahren: $\frac{1}{27}$ Million DM

b) vor 1 Jahr: 3 Millionen DM
vor 2 Jahren: 9 Millionen DM
vor 3 Jahren: 27 Millionen DM

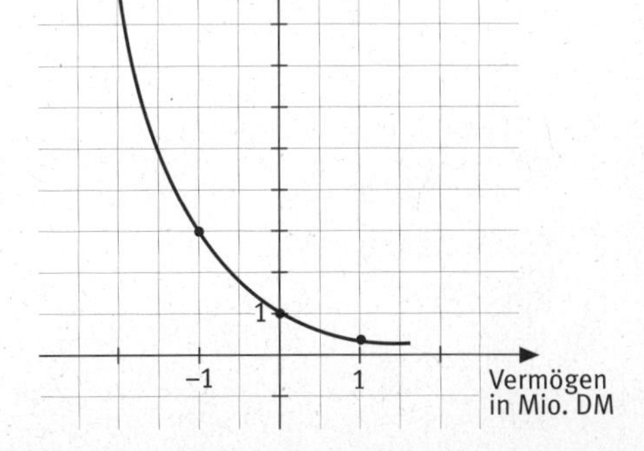

c)

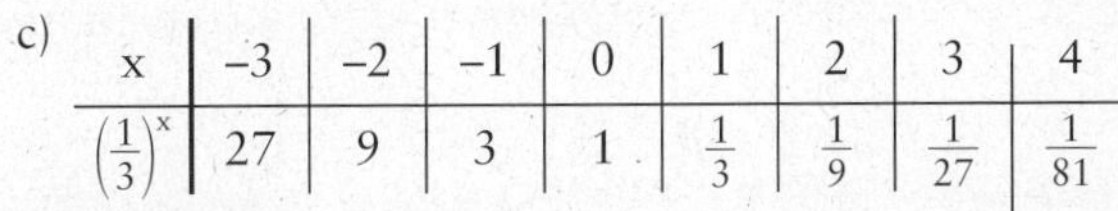

x	−3	−2	−1	0	1	2	3	4
$\left(\frac{1}{3}\right)^x$	27	9	3	1	$\frac{1}{3}$	$\frac{1}{9}$	$\frac{1}{27}$	$\frac{1}{81}$

AUFGABE

a) nach 1 Monat: $1{,}2 \cdot 5000 = 6000$ Pflanzen
nach 2 Monaten: 7200 Pflanzen
nach 3 Monaten: 8640 Pflanzen

b) vor 1 Monat: $5000 : 1{,}2 \approx 4167$ Pflanzen
vor 2 Monaten: ≈ 3472 Pflanzen
vor 3 Monaten: ≈ 2894 Pflanzen

c)

x	–4	–3	–2	–1	0	1	2	3	4
$1{,}2^x$	2411	2894	3472	4167	5000	6000	7200	8640	10368

Achtung: Die Werte sind gerundet; bei Pflanzen gibt man keine Stelle nach dem Komma an.

d) Beispiel:
$x = -2$ in die Funktionsgleichung eingesetzt, ergibt:
$5000 \cdot 1{,}2^{-2} = 3472{,}22$

Achtung: Beim Eintippen in den Taschenrechner Reihenfolge beachten:

1,2 [Y^x] 2 [+/–] [×] 5000 [=]

d.h. erst $1{,}2^{-2}$ berechnen, dann mit 5000 multiplizieren.

Logarithmusfunktionen

AUFGABE

a)

x	–3	–2	–1	0	1	2	3
2^x	$\frac{1}{8}$	$\frac{1}{4}$	$\frac{1}{2}$	1	2	4	8

b)

x	$\frac{1}{8}$	$\frac{1}{4}$	$\frac{1}{2}$	1	2	4	8
$\log_2 x$	–3	–2	–1	0	1	2	3

c)

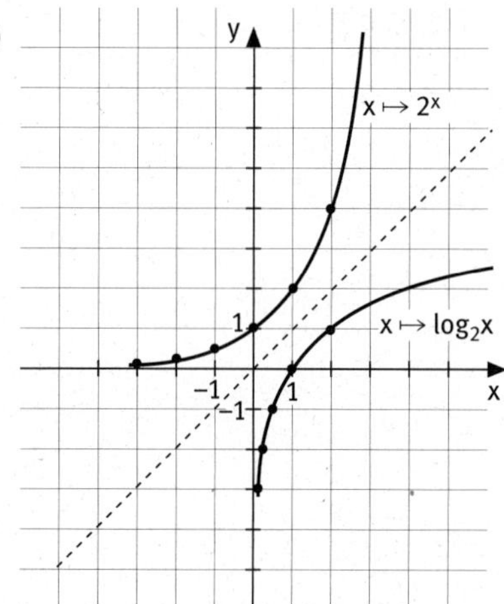

AUFGABE **2**

$\log_2 4 = 2$ entspricht $2^2 = 4$

$\log_2 1 = 0$ entspricht $2^0 = 1$

$\log_2 \frac{1}{8} = -3$ entspricht $2^{-3} = \frac{1}{8}$

$\log_2 \frac{1}{32} = -5$ entspricht $2^{-5} = \frac{1}{32}$

AUFGABE **3**

a) $\log_2 8 = 3$, denn $2^x = 8$, also $x = 3$, weil $2^3 = 8$

b) $x = -4$

c) $x = 6$

AUFGABE **4**

a) $\log_2 x = 5$ entspricht $2^5 = x$; $x = 32$

b) $x = 8$

c) $x = 1000$

Rechnen mit Logarithmen

AUFGABE

a) $\log_2(4 \cdot 16) = \log_2 4 + \log_2 16 = 2 + 4 = 6$

b) $\log_2 32 - \log_2 4 = 5 - 2 = 3$

c) $1 + 3 = 4$

d) 2

AUFGABE

a) $\log_2 \frac{1}{2^2} = -\log_2 2^2 = -2\log_2 2 = -2 \cdot 1 = -2$

b) $\log_2 \frac{1}{2^4} = -\log_2 2^4 = -4\log_2 2 = -4 \cdot 1 = -4$

c) $-4\log_{10} 10 = -4$

d) $-3\log_{10} 10 = -3$

AUFGABE

a) $\log_2 2^6 = 6 \cdot \log_2 2 = 6 \cdot 1 = 6$

b) $\log_2 2^5 = 5$

c) $\log_{10} 10^2 = 2$

d) $\log_{10} 10^4 = 4$

e) $\frac{3}{4} \cdot \log_2 2 = \frac{3}{4}$

f) $-\frac{1}{2}$

g) $\frac{4}{5}$

h) $-\frac{2}{3}$

AUFGABE

a) $\log_5(25 \cdot 5) = \log_5 125 = 3$

b) $\log_7 \frac{7}{49} = \log_7 \frac{1}{7} = -1$

c) $\log_5 625^{\frac{1}{2}} = \log_5 \sqrt{625} = \log_5 25 = 2$

d) $\log_4 64^2 = \log_4 (4^3)^2 = \log_4 4^6 = 6$

e) $\log_2 16^{\frac{1}{2}} - \log_2 4^2 = \log_2 \sqrt{16} - \log_2 16 = \log_2 2^2 - \log_2 2^4 = 2 - 4 = -2$

f) $\log_2 8^{\frac{1}{3}} = \log_2 \sqrt[3]{8} = \log_2 2 = 1$

AUFGABE

a) $\log_2 3 + \log_2 5 = 1{,}5850 + 2{,}3219 = 3{,}9069$

b) $\log_2 3 + \log_2 4 = 1{,}5850 + 2 = 3{,}5850$

c) $2 \cdot \log_2 3 = 3{,}1700$

d) $\log_2(2^2 \cdot 5^2) = 2\log_2 2 + 2\log_2 5 = 2 + 2 \cdot 2{,}3219 = 6{,}6438$

e) $\log_2 3 - \log_2 10 = \log_2 3 - \log_2(2 \cdot 5) = \log_2 3 - (\log_2 2 + \log_2 5)$
$= 1{,}5850 - 1 - 2{,}3219 = -1{,}7369$

f) $\log_2(2 \cdot 3) - \log_2(3 \cdot 5) = 1 + 1{,}5850 - 1{,}5850 - 2{,}3219 = -1{,}3219$

AUFGABE

0,7782; 1,1761; 3,1374; −1,4597; 1,3763

Test der Grundaufgaben

TESTAUFGABE

a)

x	-2	-1	0	1	2
2^x	$\frac{1}{4}$	$\frac{1}{2}$	1	2	4
$\left(\frac{1}{2}\right)^x$	4	2	1	$\frac{1}{2}$	$\frac{1}{4}$

b)

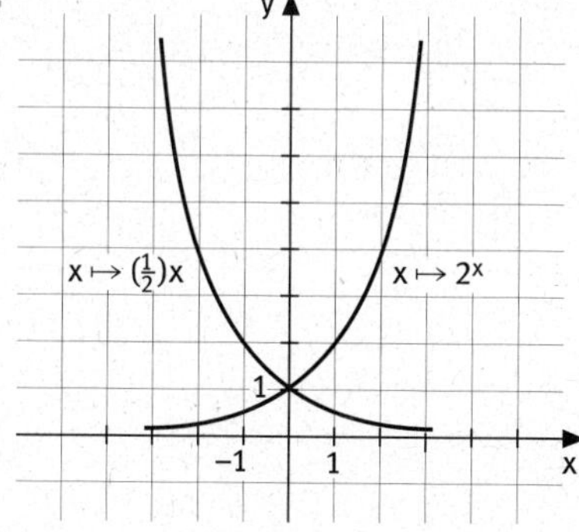

TESTAUFGABE

2

a)

x	−2	−1	0	1	2
$y=3^x$	$\frac{1}{9}$	$\frac{1}{3}$	1	3	9

b)

x	$\frac{1}{9}$	$\frac{1}{3}$	1	3	9
$y=\log_3 x$	−2	−1	0	1	2

c)

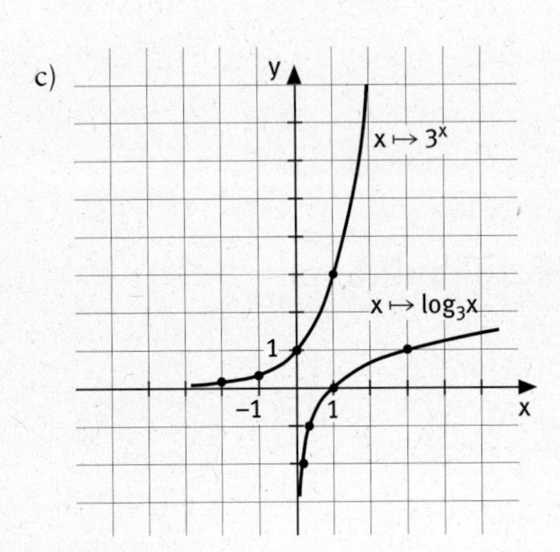

TESTAUFGABE

a) 8

b) −2

c) −3

d) 4

7 Kreisberechnungen

Umfang und Flächeninhalt

AUFGABE

$A_o = r^2 \cdot \pi$; $U_o = 2r \cdot \pi$

a) $A_o = 25\ cm^2 \cdot \pi = 78{,}50\ cm^2$
$U_o = 10\ cm \cdot \pi = 31{,}40\ cm^2$

b) $d = 12$ cm, also $r = 6$ cm
$A_o = 113{,}04\ cm^2$
$U_o = 37{,}68$ cm

c) $A_o = 176{,}63\ cm^2$
$U_o = 47{,}10$ cm

d) $A_o = 4{,}52\ m^2$
$U_o = 7{,}54$ m

AUFGABE

$U_o = 2r \cdot \pi$; $r = \frac{U_o}{2\pi}$

$A_o = r^2 \cdot \pi$; $r^2 = \frac{A_o}{\pi}$; $r = \sqrt{\frac{A_o}{\pi}}$

b) ist also richtig.

c) ist richtig.

AUFGABE

a) 1) $r = \frac{U_o}{2\pi}$; $r = \frac{18{,}84\ cm}{2 \cdot 3{,}14} = 3$ cm
$A_o = 9\ cm^2 \cdot \pi = 28{,}26\ cm^2$
2) $r = 4$ cm; $A_o = 50{,}24\ cm^2$
3) $r = 8$ cm; $A_o = 200{,}96\ cm^2$

b) 1) $r = \sqrt{\frac{A_o}{\pi}}$; $r = \sqrt{\frac{113{,}04\ cm^2}{\pi}} = \sqrt{36\ cm^2} = 6$ cm
$U_o = 12\ cm \cdot \pi = 37{,}68$ cm
2) $r = 10$ m; $U_o = 62{,}80$ cm
3) $r = 5$ cm; $U_o = 31{,}4$ cm

AUFGABE

a) $r = \frac{U_o}{2\pi}$; $r = 24$ m; $A_o = 576\ m^2 \cdot \pi = 1808{,}64\ m^2$
Die Fläche des Teiches beträgt $1808{,}64\ m^2$.

b) Der neue Radius beträgt 24 m + 2 m = 26 m.
$U_o = 2 \cdot 26\ m \cdot \pi = 163{,}28$ m
Der äußerste Rand des Weges ist 163,28 m lang.

c) Die Wegfläche ergibt sich aus der Differenz des Flächeninhalts der beiden Kreise mit den Radien $r = 24$ m bzw. $r = 26$ m.
$r = 24$ m; $A_1 = 1808{,}64\ m^2$ $\quad A_2 - A_1 = 314\ m^2$
$r = 26$ m; $A_2 = 2122{,}64\ m^2$ $\quad$ Die Fläche des Weges beträgt $314\ m^2$.

AUFGABE

a) Großer Zeiger: $U_1 = 10 \text{ cm} \cdot \pi = 31{,}40 \text{ cm}$ Weglänge
Kleiner Zeiger: $U_2 = 6 \text{ cm} \cdot \pi = 18{,}84 \text{ cm}$ Weglänge

b) Großer Zeiger: 12 Umdrehungen
kleiner Zeiger: 1 Umdrehung

c) Großer Zeiger: $U = 12 \cdot U_1 = 376{,}8 \text{ cm}$
Kleiner Zeiger: $U = 1 \cdot U_1 = 18{,}84 \text{ cm}$

AUFGABE

6

a) Fläche des Quadrats: $A_\square = 16 \text{ cm} \cdot 16 \text{ cm} = 256 \text{ cm}^2$.
Der Durchmesser des Kreises entspricht der Seite des Quadrats, also ist die Fläche des Deckels mit r = 8 cm: $A_\circ = 64 \text{ cm}^2 \cdot \pi = 200{,}96 \text{ cm}^2$.
Die Fläche des Restbleches beträgt $A_\square - A_\circ = 55{,}04 \text{ cm}^2$.

b) Fläche eines Deckels mit r = 4 cm: $A_\circ = 16 \text{ cm}^2 \cdot \pi = 50{,}24 \text{ cm}^2$
Gesamtfläche der 4 Deckel: $4 \cdot 50{,}24 \text{ cm}^2 = 200{,}96 \text{ cm}^2$.
Die Restfläche $A_\square - 4\,A_\circ$ ist wiederum $55{,}04 \text{ cm}^2$.

c) Fläche eines Deckels mit r = 2 cm: $A_\circ = 4 \text{ cm}^2 \cdot \pi = 12{,}56 \text{ cm}^2$.
Gesamtfläche der 16 Deckel: $16 \cdot 12{,}56 \text{ cm}^2 = 200{,}96 \text{ cm}^2$.
Die Restfläche $A_\square - 16\,A_\circ$ beträgt $55{,}04 \text{ cm}^2$.
Die Restflächen in a), b) und c) sind gleich groß.

AUFGABE

a) $U_1 = \frac{U_\circ}{2}$; $U_1 = \frac{2 \cdot 9 \text{ cm} \cdot \pi}{2} = 28{,}26 \text{ cm}$

b) Durchmesser eines mittleren Bogens: $\frac{d}{3} = \frac{18}{3} \text{ cm} = 6 \text{ cm}$

$U_2 = \frac{6 \text{ cm} \cdot \pi}{2} = 9{,}42 \text{ cm}$; $3 \cdot U_2 = 28{,}26 \text{ cm}$

c) Durchmesser eines kleinsten Bogens: $\frac{d}{9} = \frac{18}{9} \text{ cm} = 2 \text{ cm}$

$U_3 = \frac{2 \text{ cm} \cdot \pi}{2} = 3{,}14 \text{ cm}$; $9 \cdot U_3 = 28{,}26 \text{ cm}$

d) Die Länge der Halbkreisbögen ist gleich.

Kreisteile

AUFGABE

a) $S_1 = \frac{144 \text{ cm}^2 \cdot \pi}{360°} \cdot 60° = 75{,}36 \text{ cm}^2$

b) Mittelpunktwinkel der Restfläche: $\beta = 360° - \alpha = 300°$

$S_2 = \frac{144 \text{ cm}^2 \cdot \pi}{360°} \cdot 300° = 376{,}8 \text{ cm}^2$.

c) $S_1 + S_2 = 452{,}16 \text{ cm}^2$; $A_\circ = 144 \text{ cm}^2 \cdot \pi = 452{,}16 \text{ cm}^2$
Die Flächeninhalte stimmen überein.

AUFGABE

2

a) $b_1 = \frac{40 \text{ cm} \cdot \pi}{360°} \cdot 45° = 15{,}70 \text{ cm}$

b) Der Restwinkel β beträgt $360° - \alpha = 315°$, also folgt:
$b_2 = \frac{40 \text{ cm} \cdot \pi}{360°} \cdot 315° = 109{,}9 \text{ cm}$

c) $b_1 + b_2 = 125{,}6 \text{ cm}$; $U_\circ = 40 \text{ cm} \cdot \pi = 125{,}6 \text{ cm}$
Die Bogenlängen stimmen überein.

AUFGABE

a) $S = \frac{225 \text{ cm}^2 \cdot \pi}{360°} \cdot 120° = 235{,}5 \text{ cm}^2$

$b = \frac{30 \text{ cm} \cdot \pi}{360°} \cdot 120° = 31{,}4 \text{ cm}$

b) $S = 42{,}39 \text{ cm}^2$; $b = 9{,}42 \text{ cm}$

c) $S = 50{,}24 \text{ cm}^2$; $b = 12{,}56 \text{ cm}$

d) $S = 301{,}44 \text{ cm}^2$; $b = 50{,}24 \text{ cm}$

AUFGABE

In fünf Minuten überstreicht er $360° : 12 = 30°$.

a) 60°; 150°; 270°

b) 60°; 90°; 240°

c) $S = \frac{36 \text{ cm}^2 \cdot \pi}{360°} \cdot 240° = 75{,}36 \text{ cm}^2$

d) $S = \frac{16 \text{ cm}^2 \cdot \pi}{360°} \cdot 270° = 37{,}68 \text{ cm}^2$

Test der Grundaufgaben

TESTAUFGABE

a) $U_\circ = 2r \cdot \pi$ oder $U_\circ = d \cdot \pi$

b) $A_\circ = r^2 \cdot \pi$ oder $A_\circ = \frac{d^2}{4} \cdot \pi$

c) $S = \frac{r^2 \cdot \pi}{360°} \cdot \alpha$

d) $b = \frac{2r \cdot \pi}{360°} \cdot \alpha$

(wobei α den jeweils dazugehörigen Mittelpunktwinkel bezeichnet)

TESTAUFGABE

a) Großer Zeiger: Kreisumfang $U = 2\pi r$;
$U = 2\pi \cdot 120 \text{ cm} = 753{,}6 \text{ cm} \approx 7{,}5\text{m}$

Kleiner Zeiger: $b = 2\pi r \cdot \frac{\alpha}{360°}$;

$b = 2\pi \cdot 80 \text{ cm} \cdot \frac{30°}{360°} = 41{,}9 \text{ cm} \approx 0{,}4 \text{ m}$

b) Großer Zeiger: $A = \pi r^2$; $A = 45\,216\ \text{cm}^2 \approx 4{,}5\ \text{m}^2$

Kleiner Zeiger: $S = r^2\pi \cdot \frac{\alpha}{360°}$; $S = 1674{,}7\ \text{cm}^2 \approx 0{,}17\ \text{cm}^2$

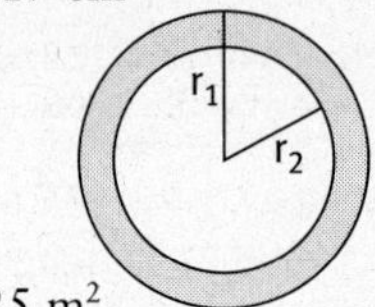

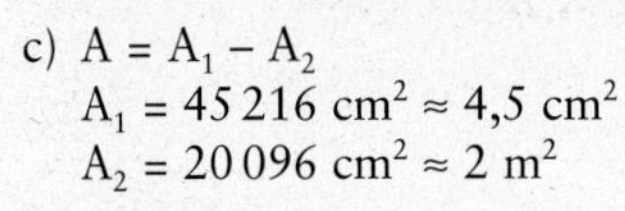

c) $A = A_1 - A_2$
$A_1 = 45\,216\ \text{cm}^2 \approx 4{,}5\ \text{cm}^2$
$A_2 = 20\,096\ \text{cm}^2 \approx 2\ \text{m}^2$

Die Fläche des Kreisringes A beträgt $25\,120\ \text{cm}^2 \approx 25\ \text{m}^2$.

TESTAUFGABE

3

$2r \cdot \pi = 6{,}28\ \text{m}$

$r = \frac{6{,}28\ \text{m}}{2 \cdot \pi} = 1\ \text{m}$

$A_\circ = r^2 \cdot \pi = 1\,\text{m}^2 \cdot \pi = 3{,}14\ \text{m}^2$

8 Satzgruppe des Pythagoras

Flächenverwandlung durch Scherung

AUFGABE

a) $A_D = \frac{g \cdot h}{2}$

$A_D = \frac{7\text{ cm} \cdot 4\text{ cm}}{2} = 14\text{ cm}^2$

Der Flächeninhalt der beiden Dreiecke ist gleich groß, da $h_1 = h_2 = 4$ cm und $g_1 = g_2 = 7$ cm.

b) $A_D = 14\text{ cm}^2$, da Höhe und Grundseite unverändert sind.

AUFGABE

a)

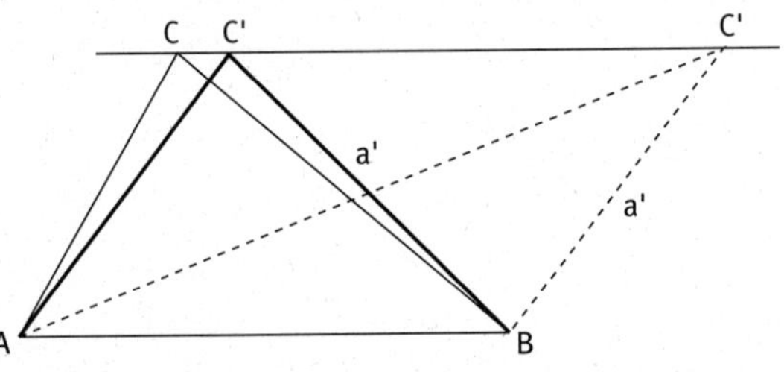

b) ohne Abbildung

c)

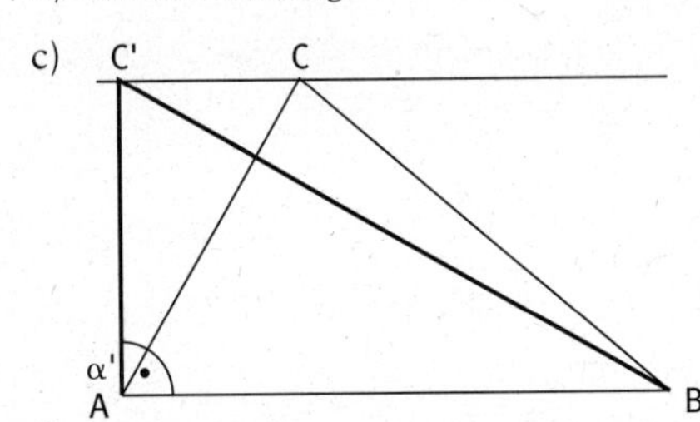

Bei a) und bei b) gibt es jeweils 2 Lösungen, da der Kreisbogen die Parallele zweimal schneidet.

AUFGABE

$A_P = a \cdot h_a$

$A_P = 6\text{ cm} \cdot 3\text{ cm} = 18\text{ cm}^2$

Die beiden Parallelogramme haben den gleichen Flächeninhalt, da sie in der Grundseite und der Höhe übereinstimmen.

AUFGABE

c)

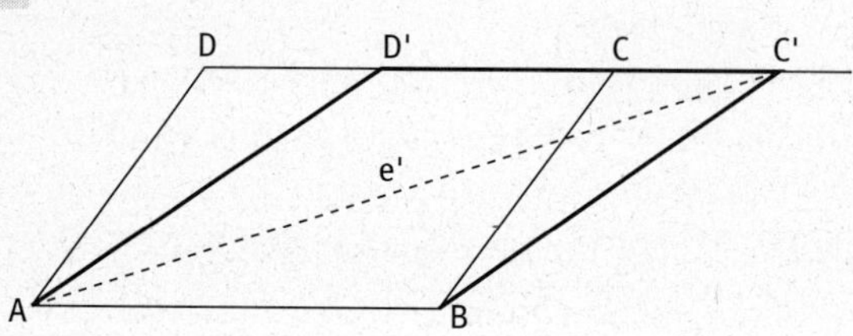

d)

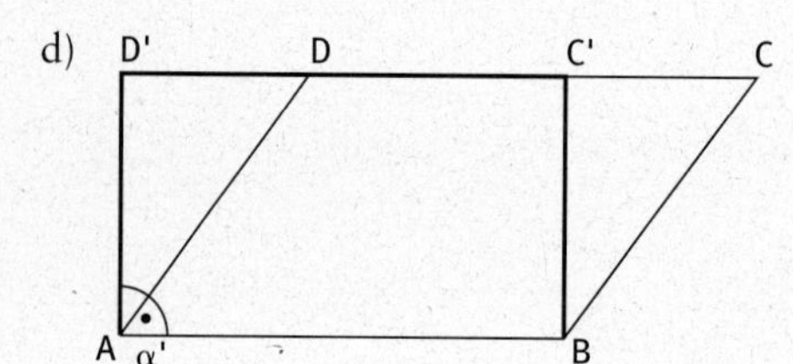

Kathetensatz

AUFGABE

Flächeninhalt von Quadrat und Rechteck:

$A_Q = 16\text{ cm}^2$

$A_R = 3{,}2\text{ cm} \cdot 5\text{ cm} = 16\text{ cm}^2$

AUFGABE 2

a)

a	4 cm		4 cm		
p				16 dm	
c		7,2 m			6,4 cm

b)

b		7,48 m		5,48 cm	
q			4,7 dm		8 cm
c	20 cm				

AUFGABE

a) $c = 2\text{ cm} + 3\text{ cm} = 5\text{ cm}$
$a^2 = 2\text{ cm} \cdot 5\text{ cm} = 10\text{ cm}^2$
$a \approx 3{,}2\text{ cm}$
$b^2 = 3\text{ cm} \cdot 5\text{ cm} = 15\text{ cm}^2$
$b \approx 3{,}9\text{ cm}$

b) $c = 9\text{ cm}$
$a = 6\text{ cm}$
$b = 6{,}7\text{ cm}$

c) $c = 16\text{ cm}$
$a = 9\text{ cm}$
$b = 13{,}3\text{ cm}$

AUFGABE

a) $a = \overline{BC}$

b) Achtung: Hier ist die Seite a die Hypotenuse. Deshalb gilt nach dem Kathetensatz:
$c^2 = p \cdot a$, wobei $a = p + q$

$a = 7\text{ cm}$
$c^2 = 5\text{ cm} \cdot 7\text{ cm} = 35\text{ cm}^2$
$c = 5{,}9\text{ cm}$

Für b ergibt sich:
$b^2 = q \cdot a$
$b^2 = 2\text{ cm} \cdot 7\text{ cm} = 14\text{ cm}^2$
$b = 3{,}7\text{ cm}$

AUFGABE

Da die Hypotenusenabschnitte gleich lang sind, handelt es sich um ein gleichschenkliges Dreieck, d. h. es gilt $a = c$. (Die Hypotenuse des Dreiecks ist b.) Somit ist $b = p + q = 6\text{ cm}$.

$c^2 = q \cdot b$
$c^2 = 3\text{ cm} \cdot 6\text{ cm} = 18\text{ cm}^2$
$c = 4{,}2\text{ cm}$; $a = 4{,}2\text{ cm}$

Satz des Pythagoras

AUFGABE 1

a		6 dm		11,5 cm		
b			15 cm			8,1 cm
c	6,4 cm				20 dm	

AUFGABE 2

a) s: Hypotenuse, h und $\frac{s}{2}$: Katheten

b) $h^2 + \left(\frac{s}{2}\right)^2 = s^2$; $h^2 = s^2 - \frac{s^2}{4}$; $h^2 = \sqrt{s^2 - \frac{s^2}{4}}$

$h = \sqrt{36\ cm^2 - 9\ cm^2} = 5{,}2\ cm$

c) $A_D = \frac{s \cdot h}{2}$; $A_D = 15{,}6\ cm^2$

AUFGABE 3

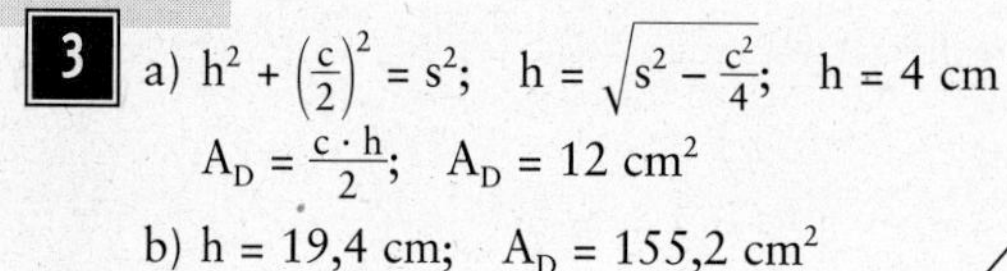

a) $h^2 + \left(\frac{c}{2}\right)^2 = s^2$; $h = \sqrt{s^2 - \frac{c^2}{4}}$; $h = 4\ cm$

$A_D = \frac{c \cdot h}{2}$; $A_D = 12\ cm^2$

b) $h = 19{,}4\ cm$; $A_D = 155{,}2\ cm^2$

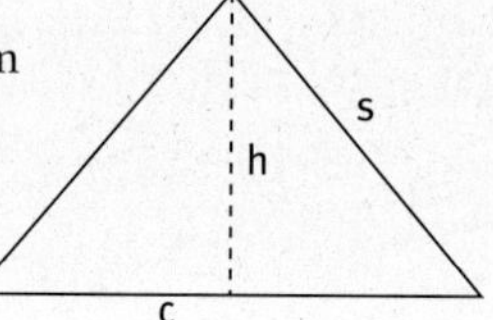

AUFGABE 4

a) $d^2 = a^2 + b^2$

$d = \sqrt{a^2 + b^2}$

$d = \sqrt{16\ cm^2 + 25\ cm^2} = 6{,}4\ cm$

b) $d = 7{,}6\ cm$

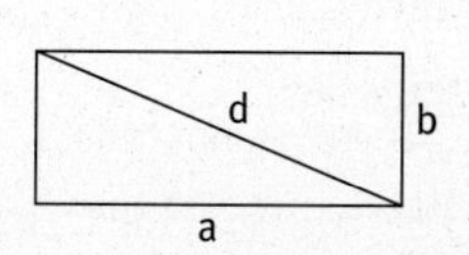

AUFGABE 5

$d^2 = a^2 + a^2 = 2a^2$

$d = \sqrt{2a^2} = a \cdot \sqrt{2}$

a) $d = 5\ cm \cdot \sqrt{2} = 7{,}1\ cm$

b) $d = 11{,}3\ cm$

c) $d = 12{,}7\ cm$

d) $d \approx 17\ cm$

AUFGABE

$$a^2 + a^2 = d^2$$
$$2a^2 = d^2$$
$$a^2 = \frac{d^2}{2}$$
$$a = \sqrt{\frac{d^2}{2}} = \frac{d}{2} \cdot \sqrt{2}$$

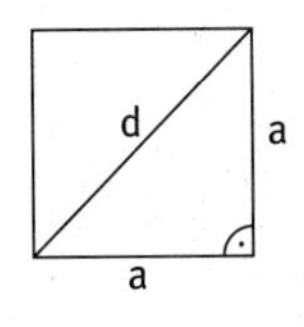

a) $a = \frac{8\ \text{cm}}{2} \cdot \sqrt{2} = 5{,}7\ \text{cm}$

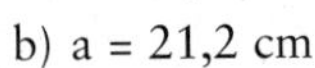

b) $a = 21{,}2\ \text{cm}$

c) $a = 12{,}7\ \text{cm}$

d) $a = 31{,}8\ \text{cm}$

Höhensatz

AUFGABE

$p \cdot q$	h^2
16 cm²	16 cm²
25 cm²	25 cm²
36 cm²	36 cm²
64 cm²	64 cm²

Das Produkt aus p und q ist gleich h^2, d. h. $p \cdot q = h^2$.

AUFGABE

h	8 cm			12 cm		
p		6,4 cm			28 dm	
q			4 dm			36 cm

AUFGABE

a) $h^2 = p \cdot q$

$h = \sqrt{4\ \text{m} \cdot 9\ \text{m}} = \sqrt{36\ \text{m}^2}$
$h = 6\ \text{m}$

b) $a = \sqrt{h^2 + p^2}$
$a = 10{,}8\ \text{m}$

$b = \sqrt{h^2 + q^2}$
$b = 7{,}2\ \text{m}$

Anwendungen der Flächensätze

AUFGABE 1

a)

a			29,4 dm	31,2 cm
b		6,7 m	41,5 dm	
c	6,7 cm		50,9 dm	33,8 cm
h	2,7 cm	4,5 m		12 cm
p	1,3 cm	4 m		28,8 cm
q	5,4 cm	5 m	33,9 dm	
A	9 cm^2	20,25 m^2	610,8 dm^2	202,8 cm^2

Achtung: Duch Rundungsungenauigkeiten kannst du bei a) und b) etwas andere Werte erhalten.

b)

a	76,3 cm		25 cm	12,7 m
b	40 cm	24,5 dm	15 cm	
c		31,6 dm	20 cm	4,1 m
h	34 cm	19,4 dm	12 cm	
p				1,3 m
q	20,9 cm	15 dm		11,3 m
A	1297,1 cm^2	388 dm^2	150 cm^2	25,4 m^2

Achtung: Die Hypotenuse ist a, deshalb gelten folgende Beziehungen:

$a^2 = b^2 + c^2$ (Pythagoras)

$h^2 = p \cdot q$ (Höhensatz)

$\left.\begin{array}{l} c^2 = p \cdot a \\ b^2 = q \cdot a \end{array}\right\}$ (Kathetensatz)

AUFGABE 2

$s^2 = h^2 + \left(\frac{g}{2}\right)^2; \quad s = \sqrt{h^2 + \frac{g^2}{4}}$

a) $s = \sqrt{25\ cm^2 + 144\ cm^2} = 13\ cm$

b) 60,5 cm

AUFGABE

2. Der rechte Winkel liegt bei B. $d = \overline{AC}$ ist Hypotenuse, $a = \overline{AB}$ und $b = \overline{BC}$ sind Katheten.

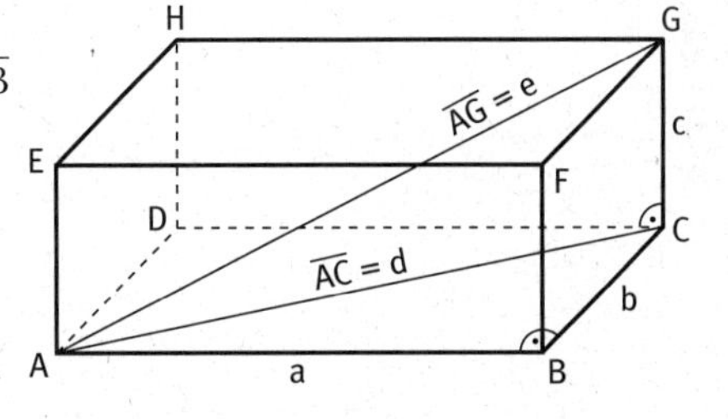

3. $d = \sqrt{a^2 + b^2}$; $d = 6{,}4$ cm

4. Der rechte Winkel liegt bei C, die Hypotenuse ist $\overline{AG} = e$.
$e = \sqrt{d^2 + c^2}$; $e = 7{,}1$ cm

AUFGABE

a) Die Raute ist ein Parallelogramm mit 4 gleich langen Seiten.

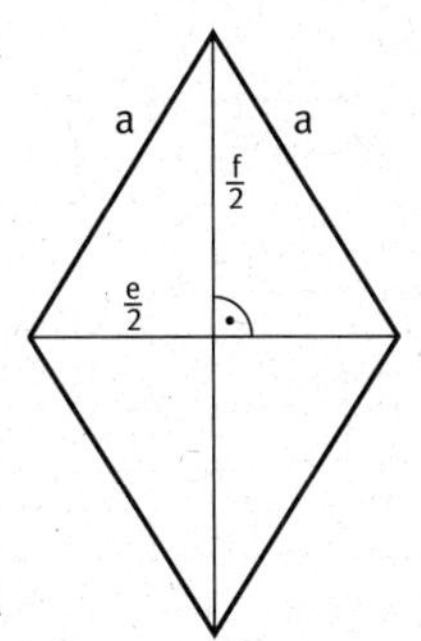

Es gilt daher $U_{Ra} = 4 \cdot a$

$$a = \sqrt{\left(\frac{e}{2}\right)^2 + \left(\frac{f}{2}\right)^2}$$

$a = \sqrt{400 \text{ cm}^2 + 441 \text{ cm}^2} = 29$ cm
$U_{Ra} = 116$ cm

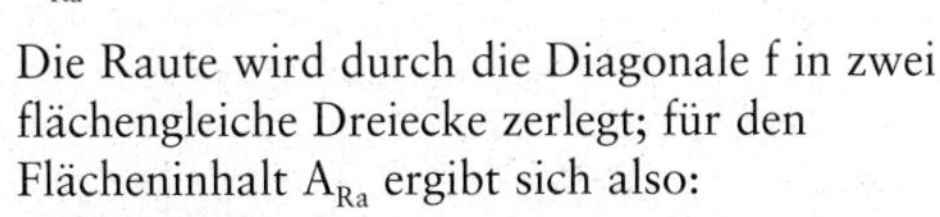
Die Raute wird durch die Diagonale f in zwei flächengleiche Dreiecke zerlegt; für den Flächeninhalt A_{Ra} ergibt sich also:

$$A_{Ra} = \frac{f \cdot \frac{e}{2}}{2} \cdot 2 = \frac{e \cdot f}{2}$$

$A_{Ra} = 840 \text{ cm}^2$

b) $a = 13$ cm
$U_{Ra} = 52$ cm
$A_{Ra} = 120 \text{ cm}^2$

c) $a = 17{,}7$ cm
$U_{Ra} = 70{,}8$ cm
$A_{Ra} = 263{,}5 \text{ cm}^2$

AUFGABE 5

a) $U_{Dra} = 2a + 2\,b$

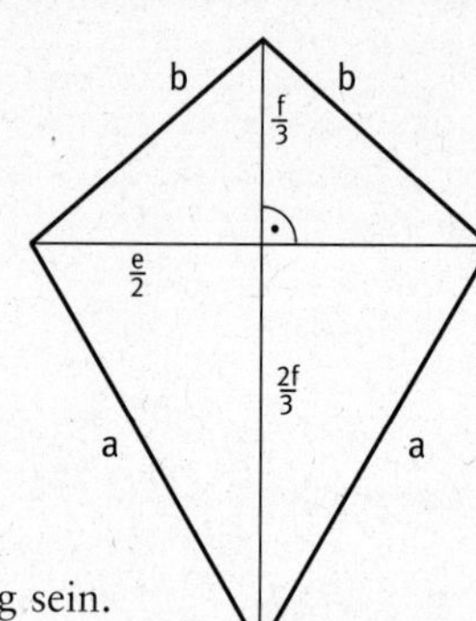

$a = \sqrt{\left(\frac{2f}{3}\right)^2 + \left(\frac{e}{2}\right)^2}$

$a = 44{,}7$ cm

$b = \sqrt{\left(\frac{f}{3}\right)^2 + \left(\frac{e}{2}\right)^2}$

$b = 28{,}3$ cm

$U_{Dra} = 146$ cm

Der Faden muss 1,46 m lang sein.

b) Der Drachen setzt sich aus zwei flächengleichen Dreiecken ABD zusammmen, für A_{Dra} gilt also:

$A_{Dra} = 2 \cdot \frac{f \cdot \frac{e}{2}}{2} = \frac{e \cdot f}{2}$

$A_{Dra} = 1200\ \text{cm}^2$

Man benötigt $0{,}12\ \text{m}^2$ Seidenpapier.

AUFGABE 6

a) Das regelmäßige Sechseck besteht aus 6 gleichseitigen Teildreiecken.
Somit ist $U_S = 6a$

$U_S = 240$ cm

Der Umfang des Sechsecks beträgt 2,4 m.

b) Um den Flächeninhalt des Sechsecks zu bestimmen, musst du die Höhe h eines Teildreiecks berechnen.

$h = \sqrt{a^2 - \left(\frac{a}{2}\right)^2}$ (Pythagoras; h ist Kathete)

$h = \sqrt{1600\ \text{cm}^2 - 400\ \text{cm}^2} = 34{,}6$ cm

Flächeninhalt des Teildreiecks: $A_D = \frac{a \cdot h}{2}$

Flächeninhalt des Sechsecks: $A_S = 6 \cdot \frac{a \cdot h}{2}$

$A_S = 6 \cdot \frac{40\ \text{cm} \cdot 34{,}6\ \text{cm}}{2} = 4152\ \text{cm}^2$

Der Flächeninhalt des sechseckigen Drachens beträgt $4152\ \text{cm}^2$.

AUFGABE

a) $a_1 = \sqrt{2r^2}$ (Pythagoras)

$a_1 = 7{,}1$ cm

$U_{Q_1} = 4 \cdot a_1$

$U_{Q_1} = 28{,}4$ cm

$A_{Q_1} = a_1^{\,2} = 2r^2$

$A_{Q_1} = 50$ cm²

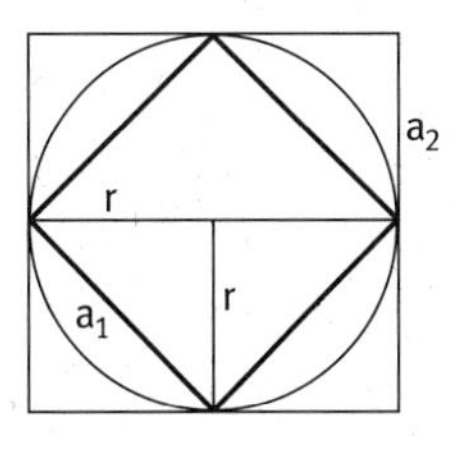

Achtung: Beim Einsetzen von $a_1 = 7{,}1$ cm ergibt sich durch Rundungsfehler $A_{Q_1} = 50{,}41$ cm²)

b) $a_2 = 2r$ $\quad U_{Q_2} = 4 \cdot a_2 = 8r$ $\quad A_{Q_2} = a_2^{\,2} = (2r)^2 = 4r^2$

$a_2 = 10$ cm $\quad U_{Q_2} = 40$ cm $\quad A_{Q_2} = 100$ cm²

Test der Grundaufgaben

TESTAUFGABE 1

a)

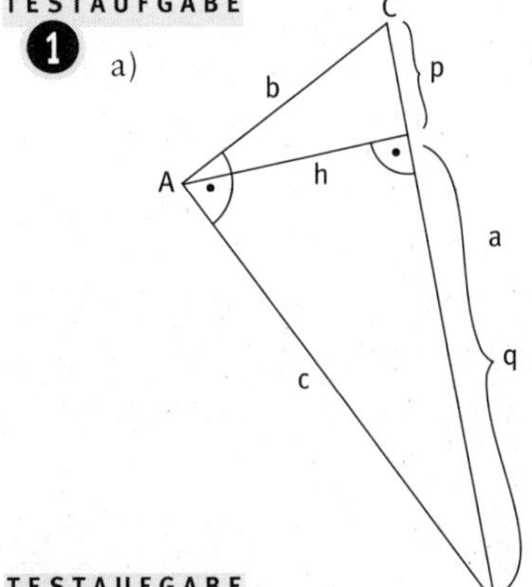

b) Satz des Pythagoras:

$a^2 = c^2 + b^2$

Kathetensatz:

$b^2 = a \cdot p$

$c^2 = a \cdot q$

Höhensatz:

$h^2 = q \cdot p$

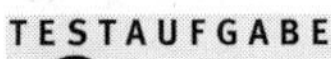

TESTAUFGABE

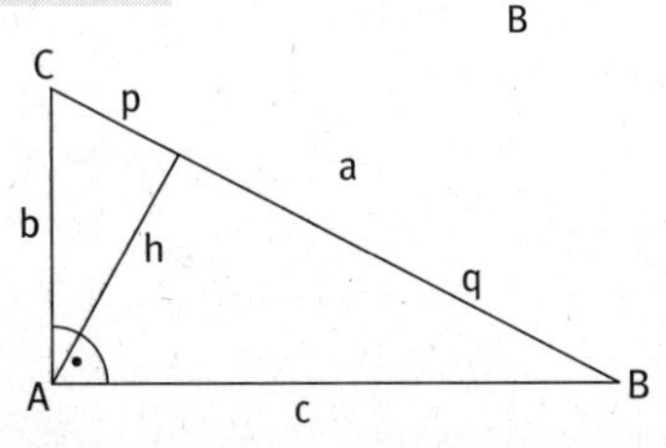

a	b	c	h	p	q
10 cm	6 cm	8 cm	4,8 cm	3,6 cm	6,4 cm
25 cm	15 cm	20 cm	12 cm	9 cm	16 cm
12 cm	10,4 cm	6 cm	5,2 cm	9 cm	3 cm

TESTAUFGABE

$U = 2a + c$

$a = \sqrt{h^2 + \left(\frac{c}{2}\right)^2} = \sqrt{64\ \text{cm}^2 + 36\ \text{cm}^2} = 10\ \text{cm}$

$U = 32\ \text{cm}$

TESTAUFGABE

4

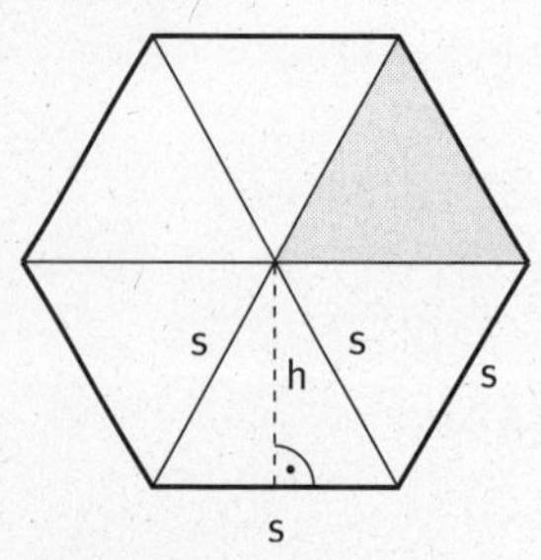

$U_S = 6 \cdot s = 120\ \text{cm}$

Das Sechseck setzt sich aus 6 gleichseitigen Dreiecken zusammen:
$A_S = 6 \cdot A_D$

1. Berechnung von A_D

$A_D = \frac{s \cdot h}{2}$

$h^2 = s^2 - \frac{s^2}{4} = \frac{3}{4}s^2$

$h^2 = \frac{3}{4} \cdot 400\ \text{cm}^2; \quad h = 17{,}3\ \text{cm}$

$A_D = \frac{20 \cdot 17{,}3}{2}\ \text{cm}^2 = 173\ \text{cm}^2$

2. Berechnung von A_S:

$A_S = 6 \cdot A_D = 1038\ \text{cm}^2$

TESTAUFGABE

$d^2 = a^2 + b^2$
$d^2 = 1301\ \text{cm}^2$
$e^2 = d^2 + c^2$
$e = \sqrt{1301\ \text{cm}^2 + 484\ \text{cm}^2} = 42{,}2\ \text{cm}$

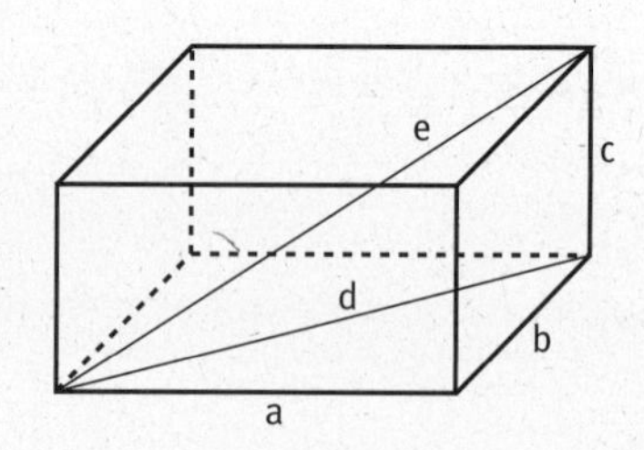

9 Ähnlichkeit

Strahlensätze

1. Strahlensatz

AUFGABE 1

$|\overline{SB}| = 7$ m; $|\overline{AB}| = 4$ m; $|\overline{SA'}| = 3n$; $|\overline{SB'}| = 7n$; $|\overline{A'B'}| = 4n$

AUFGABE 2

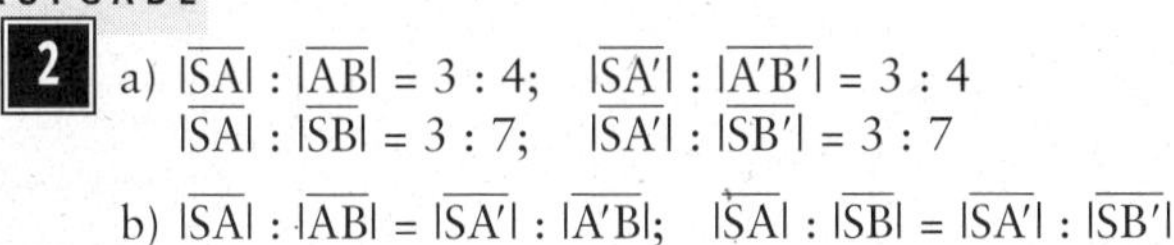

a) $|\overline{SA}| : |\overline{AB}| = 3 : 4$; $|\overline{SA'}| : |\overline{A'B'}| = 3 : 4$
$|\overline{SA}| : |\overline{SB}| = 3 : 7$; $|\overline{SA'}| : |\overline{SB'}| = 3 : 7$

b) $|\overline{SA}| : |\overline{AB}| = |\overline{SA'}| : |\overline{A'B}|$; $|\overline{SA}| : |\overline{SB}| = |\overline{SA'}| : |\overline{SB'}|$

AUFGABE 3

nein, denn $7 : 4 \neq 7 : 3$. Es wurden nicht entsprechende Abschnitte verwendet. Richtig ist: $c : b = c' : b'$

AUFGABE 4

$|\overline{SA}| : |\overline{SB}| = |\overline{SA'}| : |\overline{SB'}|$; $|\overline{SA}| : |\overline{AB}| = |\overline{SA'}| : |\overline{A'B'}|$
$a : c = a' : c'$
Du kannst die Proportion aber auch so schreiben:
$|\overline{SB}| : |\overline{SA}| = |\overline{SB'}| : |\overline{SA'}|$; $|\overline{SB}| : |\overline{AB}| = |\overline{SB'}| : |\overline{A'B'}|$
oder $c : a = c' : a'$

AUFGABE 5

a) $\frac{x}{b} = \frac{a'}{b'}$; $\frac{x}{12} = \frac{2}{3}$; $x = \frac{24}{3} = 8$; $a = 8$ cm; Probe: $\frac{8}{12} = \frac{2}{3}$

b) $\frac{x}{b'} = \frac{a}{b}$; $x = \frac{20}{8} = \frac{5}{2}$; $a' = 2{,}5$ cm; Probe: $\frac{5}{2 \cdot 5} = \frac{4}{8}$

c) $\frac{x}{a'} = \frac{c}{a}$; $x = 20$; $c' = 20$ cm

d) $b = c - a \leftarrow$ Hier musst du erst b) berechnen, um die Proportion aufstellen zu können.
$\frac{x}{b'} = \frac{b}{a}$; $x = 5$; $b' = 5$ cm

2. Strahlensatz

AUFGABE 1

$|\overline{SB}| = 8m$; $|\overline{AB}| = 3m$; $|\overline{AA'}| = 5n$; $|\overline{BB'}| = 8n$

AUFGABE 2

a) $|\overline{SA}| : |\overline{AB}| = 5 : 3$; $|\overline{SA}| : |\overline{SB}| = 5 : 8$
$|\overline{AA'}| : |\overline{BB'}| = 5 : 8$; $|\overline{BB'}| : |\overline{AA'}| = 8 : 5$; $|\overline{SB}| : |\overline{SA}| = 8 : 5$

b) $|\overline{SA}| : |\overline{SB}| = |\overline{AA'}| : |\overline{BB'}|$; $|\overline{BB'}| : |\overline{AA'}| = |\overline{SB}| : |\overline{SA}|$

AUFGABE 3

$a : e = c : f$; $a' : e = c' : f$ (ergibt sich durch Umformung)

AUFGABE 4

a) $e : f = a : c$; $e : f = a' : c'$
$a : e = c : f$; $a' : e = c' : f$ (ergibt sich durch Umformung)

b) $a : c = a' : c'$; $a : a' = c : c'$
$a : (a + c) = a' : (a' + c')$; $a : a' = (a + c) : (a' + c')$
$c : (a + c) = c' : (a' + c')$; $c : c' = (a + c) : (a' + c')$ } Umformung

AUFGABE 5

a) $x = \frac{4 \cdot 12}{3} = 16$; $f = 16$ cm; Probe: $\frac{16}{4} = \frac{12}{3}$

b) $\frac{x}{a} = \frac{f}{e}$; $x = \frac{5 \cdot 6}{3} = 10$; $c = 10$ cm; Probe: $\frac{10}{5} = \frac{6}{3}$

c) $\frac{x}{c} = \frac{e}{f}$; $x = \frac{10 \cdot 2}{8} = \frac{5}{2}$; $a = 2{,}5$ cm

d) $\frac{x}{f} = \frac{a}{c}$; $x = \frac{14 \cdot 3}{7} = 6$; $e = 6$ cm

AUFGABE 6

$\frac{x}{e} = \frac{c}{a}$ (2. Strahlensatz)

$x = \frac{1 \cdot 30}{3} = 10$

Der Baum ist 10 m hoch.

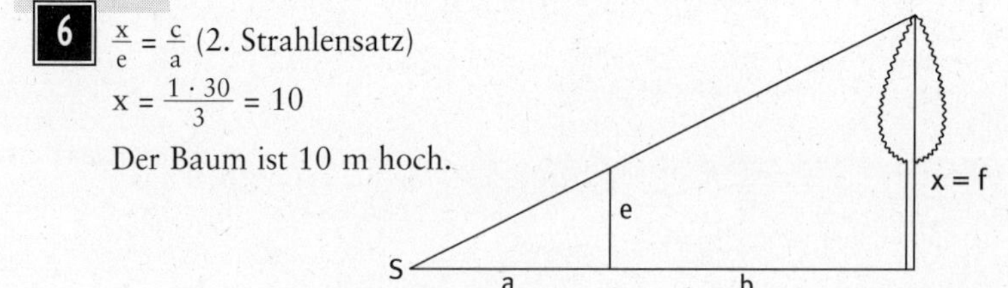

Zentrische Streckung

AUFGABE

$|\overline{SA}| = 1{,}5$ cm; $|\overline{SA'}| = 3$ cm; $|\overline{SB}| = 2$ cm
$|\overline{SB'}| = 4$ cm; $|\overline{SC}| = 2{,}5$ cm; $|\overline{SC'}| = 5$ cm

$\frac{|\overline{SA'}|}{|\overline{SA}|} = \frac{3}{1{,}5} = 2$; $\frac{|\overline{SB'}|}{|\overline{SB}|} = \frac{4}{2} = 2$; $\frac{|\overline{SC'}|}{|\overline{SC}|} = \frac{5}{2{,}5} = 2$; $k = 2$

AUFGABE

a), b)

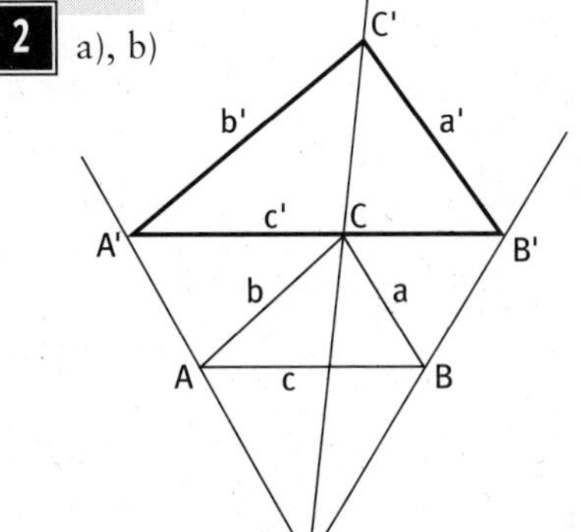

c) $\frac{|\overline{SC'}|}{|\overline{SC}|} = \frac{4{,}5}{3} = 1{,}5$

$\frac{|\overline{SB'}|}{|\overline{SB}|} = \frac{3{,}8}{2{,}5} \approx 1{,}5$

d) $k = 1{,}5$

e) $\frac{b'}{b} = \frac{2{,}3}{1{,}5} \approx 1{,}5$
$\frac{a'}{a} = \frac{2{,}2}{1{,}5} \approx 1{,}5$
$\frac{c'}{c} = \frac{3{,}2}{2{,}1} \approx 1{,}5$

AUFGABE

a) $|\overline{SA'}|$ ist 3-mal länger als $|\overline{SA}|$.

$|\overline{SA'}| = 3 \cdot 1{,}5 \text{ cm} = 4{,}5 \text{ cm}$

AUFGABE

a) $|\overline{SA'}|$ ist die Hälfte von $|\overline{SA}|$.

$|\overline{SA'}| = \frac{1}{2} \cdot 3 \text{ cm} = 1{,}5 \text{ cm}$

b) $\alpha = \alpha'$; $\beta = \beta'$; $\gamma = \gamma'$

Der Begriff der Ähnlichkeit

AUFGABE 1

a) Die entsprechenden Winkel stimmen nur bei Figur I und II überein, da die entsprechenden Seiten parallel verlaufen.

b) Alle Seiten der Figur II sind jeweils halb so lang wie die entsprechenden der Figur I, also sind die Verhältnisse alle gleich.
Für I und III gilt dies nicht.

AUFGABE 2

a) $F_1 \sim F_2$

b) F_3 ist nicht ähnlich zu F_4, da die Seitenverhältnisse nicht alle übereinstimmen.

c) $F_5 \sim F_6$

AUFGABE 3

a)

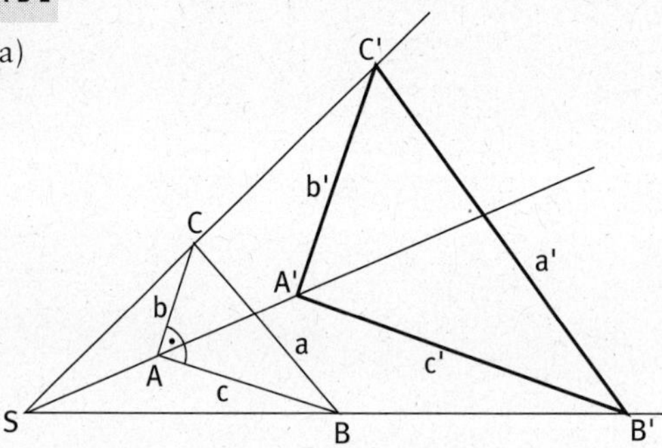

b) B′ erhält man durch eine Parallele zu c durch A′.

c) $k = \frac{4\ \text{cm}}{2\ \text{cm}} = 2$

d) $\frac{c'}{c} = \frac{|\overline{SB'}|}{|\overline{SB}|} = 2;\quad \frac{c'}{2\ \text{cm}} = 2;\quad c' = 4\ \text{cm}$

e) Flächeninhalt des Dreiecks: $A_D = \frac{1}{2} \cdot g \cdot h$

Die Höhe fällt hier mit der Seite b bzw. b′ zusammen, es gilt daher:

$A = \frac{1}{2} \cdot c \cdot b;\quad A = 1\ \text{cm}^2$

$A' = \frac{1}{2} \cdot c' \cdot b';\quad A' = 4\ \text{cm}^2$

f) Ja, wegen $\frac{A'}{A} = \frac{4\ \text{cm}^2}{1\ \text{cm}^2} = 4$ und $k^2 = 2^2 = 4$.

AUFGABE

a) $\frac{|SA'|}{|SA|} = \frac{6}{2}$; $k = 3$

b) $\frac{b'}{b} = \frac{|SA'|}{|SA|} = k$; $b' = 6\text{ cm}$
$\frac{c'}{c} = k$; $c' = 9\text{ cm}$

c) Ja, da die Winkel gleich sind und die Seitenverhältnisse übereinstimmen.

d) $A = \frac{1}{2} \cdot c \cdot b$; $A = \frac{3\text{ cm} \cdot 2\text{ cm}}{2} = 3\text{ cm}^2$
$A' = \frac{1}{2} \cdot c' \cdot b'$; $A' = \frac{9\text{ cm} \cdot 6\text{ cm}}{2} = 27\text{ cm}^2$

e) $\frac{A'}{A} = \frac{27\text{ cm}^2}{3\text{ cm}^2} = 9$; $k^2 = (3)^2$

AUFGABE

a) $\frac{|SA'|}{|SA|} = \frac{6}{3}$; $k = 2$

b) Nach dem 2. Strahlensatz gilt: $\frac{a'}{a} = \frac{|SA'|}{|SA|}$; $\frac{a'}{2\text{ cm}} = \frac{6}{3}$; $a' = 4\text{ cm}$

c) Ja, da das Seitenverhältnis entsprechender Seiten gleich groß ist (2 : 4).

d) $A = a^2$; $A = 4\text{ cm}^2$
$A' = a'^2$; $A' = 16\text{ cm}^2$
$\frac{A'}{A} = \frac{16\text{ cm}^2}{4\text{ cm}^2} = 4$; $k^2 = (2)^2 = 4$

AUFGABE

a) I ~ II, da $k = 1{,}5$ $\left(k = \frac{6}{4} = 1{,}5\right)$; III ~ IV, da $k = 0{,}5$

b) $A_I \doteq 12\text{ cm}^2$; $A_{II} = 27\text{ cm}^2$; $A_{III} = 40\text{ cm}^2$
$A_{IV} = 10\text{ cm}^2$; $A_V = 60\text{ cm}^2$; $A_{VI} = 20\text{ cm}^2$

c) siehe a)

d) $A_{II} : A_I = 27 : 12 = 2{,}25$ $\quad$ $A_{IV} : A_{III} = 10 : 40 = 0{,}25$
$k^2 = (1{,}5)^2 = 2{,}25$ $\quad$ $k^2 = (0{,}5)^2 = 0{,}25$

Ähnliche Dreiecke

AUFGABE 1

a) $\gamma = \gamma'$, weil sie über dem gleichen Bogen $\overset{\frown}{AB}$ liegen.

b) $\delta = \delta'$, weil sie Scheitelwinkel sind.

c) Dreiecke sind ähnlich, wenn sie in entsprechenden Winkeln übereinstimmen. (Da im Dreieck die Winkelsumme 180° beträgt, müssen auch die beiden anderen Winkel übereinstimmen.)

AUFGABE 2

a) Nachweis wie bei Aufgabe 1!

$\gamma = \gamma'$; $\delta = \delta'$

b) $\gamma = \gamma'$, weil über dem gleichen Bogen $\overset{\frown}{AB}$.
α ist in beiden Dreiecken gleich.

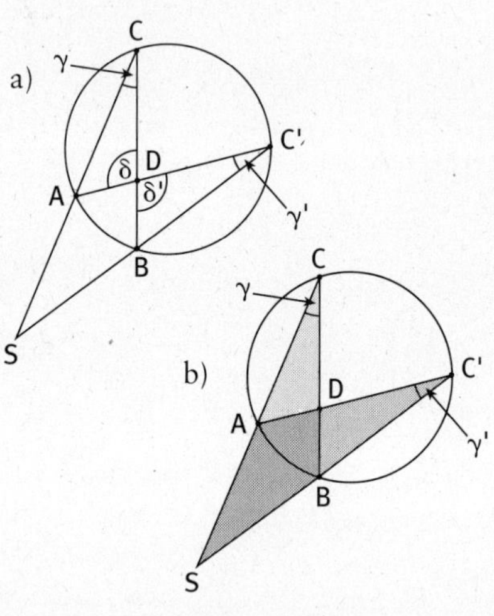

Test der Grundaufgaben

TESTAUFGABE 1

a) 1. Strahlensatz: $a' : a = b' : b$
b) 2. Strahlensatz: $e : f = a : a'$; $e : f = b : b'$

TESTAUFGABE 2

a) $\frac{a}{b} = \frac{a'}{b'}$; $a' = b' \cdot \frac{a}{b}$; $a' = 9\text{ cm} \cdot \frac{2\text{ cm}}{6\text{ cm}} = 3\text{ cm}$
b) $\frac{e}{f} = \frac{a'}{a' + b'}$; $f = e \cdot \frac{a' + b'}{a'}$; $f = 4\text{ cm} \cdot \frac{5\text{ cm}}{3\text{ cm}} = \frac{20}{3}\text{ cm} \approx 6{,}7\text{ cm}$

TESTAUFGABE 3

$\frac{x}{3\text{ m}} = \frac{20\text{ m}}{4\text{ m}}$

$x = 3\text{ m} \cdot \frac{20}{4} = 15\text{ m}$

Der Schornstein ist 15 m hoch.

TESTAUFGABE

a) I ~ III

b) $\frac{8}{4} = \frac{12}{6} = 2$; $k = 2$

c) $A_I = 24\ \text{cm}^2$; $A_{III} = 96\ \text{cm}^2$

$\frac{96\ \text{cm}^2}{24\text{cm}^2} = 4 = 2^2 = k^2$

Die Gleichung $A_{III} = k^2 \cdot A_I$ ist damit erfüllt.

TESTAUFGABE

a) ja

b) $k = \frac{5}{3} = 1{,}\overline{6}$

10 Körperberechnungen

Prismen

AUFGABE

a) $V_Q = G \cdot h$
$V_Q = 8\text{ dm} \cdot 5\text{ dm} \cdot 3\text{ dm} = 120\text{ dm}^3$

b) $O = 2 \cdot a \cdot b + 2 \cdot a \cdot h + 2 \cdot b \cdot h;\quad O = 158\text{ cm}^2$

AUFGABE

a) $V = 1000\text{ dm}^3 = 1000\ l$
In das Gefäß passen 1000 *l*.

b) $V = 800\ l = 800\text{ dm}^3,\ G = 25\text{ dm} \cdot 8\text{ dm} = 200\text{ dm}^2$
$h = \frac{V}{G};\quad h = 4\text{ dm}$

AUFGABE

a) Grundfläche Trapez: $G_T = \frac{a + c}{2} \cdot h';\quad G_T = 41\text{ cm}^2$

$V_P = G_T \cdot h;\quad V_P = 820\text{ cm}^3$

b) Grundfläche Dreieck: $G_D = \frac{g \cdot h'}{2};\quad G_D = 21\text{ cm}^2$

$V_P = G_D \cdot h;\quad V_P = 420\text{ cm}^3$

AUFGABE

a) $G_T = 3\text{ dm}^2;\quad V_P = 45\text{ dm}^3$

b) In das Gefäß passen 45 *l*.

Zylinder

AUFGABE

1

a) $V_Z = 25\text{ cm}^2 \cdot \pi \cdot 12\text{ cm} = 942\text{ cm}^3$
$U_Z = 10\text{ cm} \cdot \pi \cdot 12\text{ cm} = 376{,}8\text{ cm}^2$

b) $V_Z = 125\,600\text{ cm}^3$
$U_Z = 6280\text{ cm}^2$

c) $V_Z = 157\text{ dm}^3$
$U_Z = 125{,}6\text{ dm}^2$

d) $V_Z = 203{,}472\text{ m}^3$
$U_Z = 226{,}08\text{ m}^2$

AUFGABE 2

a) $V_Z = 16\ \text{cm}^2 \cdot \pi \cdot 30\ \text{cm} = 1507{,}2\ \text{cm}^3 = 1{,}5072\ \text{dm}^3$
In das Gefäß passen etwa 1,5 *l*.

b) $V_Z = r^2 \cdot \pi \cdot h; \quad h = \frac{V_Z}{r^2 \cdot \pi}$
$h = \frac{1000\ \text{cm}^3}{16\ \text{cm}^2 \cdot \pi} = 19{,}9\ \text{cm}$
Bedenke: 1 *l* = 1000 cm^3.

Für das Volumen von 1 *l* müsste die Höhe 19,9 cm betragen.

c) $h = \frac{5000\ \text{cm}^3}{16\ \text{cm}^2 \cdot \pi} = 99{,}5\ \text{cm}$
Da sich die Grundfläche nicht verändert, kannst du auch so rechnen:
$h = 19{,}9\ \text{cm} \cdot 5\ \text{cm} = 99{,}5\ \text{cm}$

AUFGABE 3

a) $h = \frac{8000\ \text{cm}^3}{400\ \text{cm}^2 \cdot \pi} = 6{,}37\ \text{cm}$

b) $h = 11{,}32\ \text{cm}$

c) $V_Z = 14\,130\ \text{cm}^3 = 14{,}13\ \text{dm}^3$
$= 14{,}13\ l$

d) $U_Z = 1884\ \text{cm}^2$

AUFGABE

a) h beträgt 31,4 cm; der Umfang $U_\circ$ der Grundfläche entspricht
a = 15,7 cm.

b) Der Radius berechnet sich aus dem Umfang des Kreises:
$U_\circ = 2r; \quad r = \frac{U_\circ}{2}; \quad r = 2{,}5\ \text{cm}$

c) $V_Z = 616{,}23\ \text{cm}^3$

AUFGABE 5

a) $h = a = 15{,}7\ \text{cm}$
$U_\circ = b = 31{,}4\ \text{cm}$

b) $r = 5\ \text{cm}$

c) $V_Z = 1232{,}45\ \text{cm}^3$

Pyramide und Kegel

AUFGABE **1**

a) $G = 112{,}5\ cm^2$; $V_{Py} = \frac{112{,}5\ cm^2 \cdot 30\ cm}{3} = 1125\ cm^3$

b) $G = 48\ cm^2$; $V_{Py} = 960\ cm^3$

c) $G = 225\ cm^2$; $V_{Py} = 900\ cm^3$

d) $V_K = \frac{1}{3} \cdot 25\ cm^2 \cdot \pi \cdot 30\ cm = 785\ cm^3$

AUFGABE **2**

$V_{Py} = \frac{1}{3} \cdot G \cdot h$; $h = \frac{V_{Py} \cdot 3}{G}$

a) $h = \frac{1500\ cm^3 \cdot 3}{22{,}5\ cm \cdot 8\ cm} = 25\ cm$

b) $h = 20\ cm$

c) $h = 25\ cm$

d) $h = \frac{V_K \cdot 3}{r^2 \cdot \pi}$; $h = 6{,}4\ cm$

AUFGABE **3**

a) $V_Q = a \cdot b \cdot h$ oder $V_Q = G \cdot h$

b) $V_W = a^3$

c) $V_P = G \cdot h$

d) $V_Z = r^2 \cdot \pi \cdot h$ oder $V_Z = G \cdot h$

e) $V_K = \frac{1}{3} \cdot r^2 \cdot \pi \cdot h$

f) $V_{Py} = \frac{1}{3} \cdot G \cdot h$

AUFGABE **4**

a) $h = \frac{V_Q}{a \cdot b}$ oder $h = \frac{V_Q}{G}$

b) $h = a$, da beim Würfel die Höhe der Seite a entspricht.

c) $h = \frac{V_P}{G}$

d) $h = \frac{V_Z}{r^2 \cdot \pi}$

e) $h = \frac{3 \cdot V_K}{r^2 \cdot \pi}$

f) $h = \frac{3 \cdot V_{Py}}{G}$

AUFGABE 

a) h_S Hypotenuse, h und $\overline{ME}$ Katheten

b) $h = 4$ m; $|\overline{ME}| = \frac{s}{2} = 3$ m

c) $h_S^2 = h^2 + \left(\frac{s}{2}\right)^2$; $h_S = \sqrt{h^2 + \left(\frac{s}{2}\right)^2}$

d) $h_S = \sqrt{16\text{ m}^2 + 9\text{ m}^2} = 5$ m

e) $A_D = \frac{s \cdot h_S}{2}$; $A_D = 15\text{ m}^2$

Da sich das gesamte Dach aus 4 derartigen Dreiecken zusammensetzt, ist die Dachfläche $4 \cdot 15\text{ m}^2 = 60\text{ m}^2$ groß.

AUFGABE 

a) Hypotenuse von MFS: h_a; Hypotenuse von MES: h_b

b) $|\overline{FM}| = \frac{b}{2} = 3$ m; $|\overline{ME}| = \frac{a}{2} = 5$ m; $|\overline{MS}| = h = 5$ m; $|\overline{SM}| = h = 5$ m

c) $h_a = \sqrt{\left(\frac{b}{2}\right)^2 + h^2}$; $h_a = 5{,}8$ m; $h_b = \sqrt{\left(\frac{a}{2}\right)^2 + h^2}$; $h_b = 7{,}1$ m

d) Der Mantel setzt sich aus 4 Dreiecken zusammen, von denen je 2 den gleichen Flächeninhalt besitzen.

$A_1 = \frac{a \cdot h_a}{2}$; $A_1 = 29\text{ m}^2$; $A_2 = b \cdot \frac{h_b}{2}$; $A_2 = 21{,}3\text{ m}^2$

Der Mantel der Pyramide beträgt: $2A_1 + 2A_2 = 100{,}6\text{ m}^2$.

AUFGABE 

a)

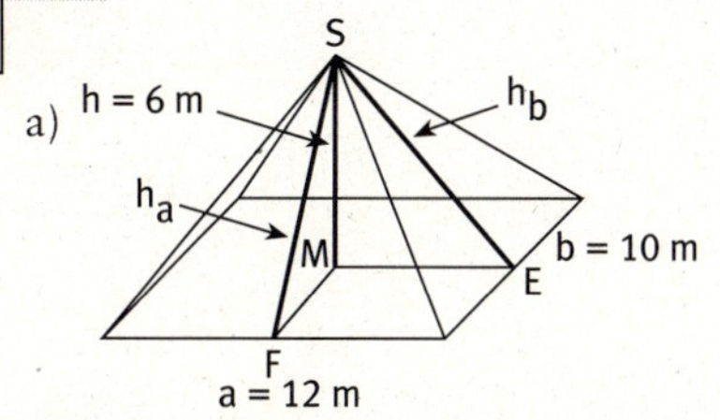

b) $h_a = \sqrt{25\text{m}^2 + 36\text{ m}^2} = 7{,}8$ m;

$h_b = \sqrt{36\text{ m}^2 + 36\text{ m}^2} = 8{,}5$ m

c) $A_1 = \frac{12 \cdot 7{,}8\text{m}}{2} = 46{,}8\text{ m}^2$;

$A_2 = \frac{10\text{ m} \cdot 8{,}5\text{m}}{2} = 42{,}5\text{ m}^2$

Der Mantel M beträgt
$2A_1 + 2A_2 = 178{,}6\text{ m}^2$.

AUFGABE 

a) Das Volumen des Turms setzt sich aus dem Volumen der Dachpyramide und des Quaders zusammen: $V = V_{Py} + V_Q$

$V_{Py} = \frac{1}{3} \cdot s^2 \cdot h$; $V_{Py} = 196\text{ m}^3$

$V_Q = 7\text{ m} \cdot 7\text{ m} \cdot 30\text{ m} = 1470\text{ m}^3$
Das Volumen des Turms beträgt:
$V = V_{Py} + V_Q = 1666\text{ m}^3$.

b) Zur Berechnung der Dreiecksflächen musst du zunächst h_s bestimmen:

$h_s = \sqrt{\left(\frac{s}{2}\right)^2 + h^2}$; $h_s = 12{,}5$ m

$A_D = s \cdot \frac{h_s}{2}$; $A_D = 43{,}75$ m²

Die gesamte Dachfläche beträgt $4 \cdot A_D = 175$ m².

AUFGABE

a) Aus $M_K = S = \frac{1}{2} \cdot 2 \cdot b$ mit $b = 2\pi r$ folgt $M_K = \frac{1}{2} \cdot s \cdot 2\pi r$
$M_K = \pi r s$

b) $M_K = \pi \cdot 5 \text{ cm} \cdot 12 \text{ cm} = 188{,}4 \text{ cm}^2$

AUFGABE

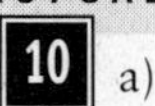

a)

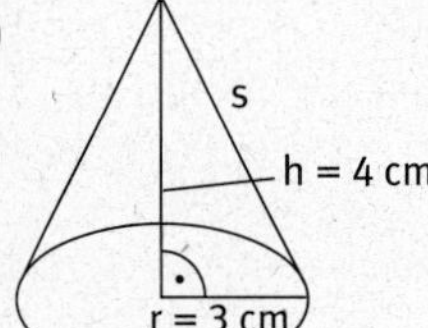

Mit dem Lehrsatz des Pythagoras berechnet man s:

$s = \sqrt{h^2 + r^2}$
$s = 5$ cm

b) $M_K = \pi r s$; $M_K = 47{,}1 \text{ cm}^2$

c) $V_K = \frac{1}{3} \cdot r^2 \cdot \pi \cdot h$; $V_K = 37{,}68 \text{ cm}^3$

AUFGABE 11

a) $s = \sqrt{r^2 + h^2}$; $s = 15{,}6$ cm
$M_K = \pi \cdot 10 \text{ cm} \cdot 15{,}6 \text{ cm} = 489{,}84 \text{ cm}^2$; $V_K = 1256 \text{ cm}^3$

b) $s = 29{,}2$ cm
$M_K = 1375{,}32 \text{ cm}^2$
$V_K = 5887{,}5 \text{ cm}^3$

AUFGABE

a) Der Rauminhalt des Turmes setzt sich aus dem Volumen des Kegels und dem Volumen des Zylinders zusammen: $V = V_K + V_Z$

$V_K = \frac{1}{3} \cdot 16 \text{ m}^2 \cdot \pi \cdot 5 \text{ m} = 83{,}73 \text{ m}^3$

$V_Z = 16 \text{ m}^2 \cdot \pi \cdot 30 \text{ m} = 1507{,}2 \text{ m}^3$

Der Rauminhalt des Turmes beträgt: $V = V_K + V_Z = 1590{,}9 \text{ m}^3$

b) Die gesamte Oberfläche setzt sich aus einem Kegelmantel und dem Mantel eines Zylinders zusammen:

1. $M_K = \pi rs$

   $s = \sqrt{r^2 + h^2}$
   $s = 6{,}4 \text{ m}$
   $M_K = 80{,}38 \text{ m}^2$

2. Der Mantel des Zylinders ist ein Rechteck mit
   $a = U_o$ und $b = H$.
   $M_Z = 2\pi r \cdot H$
   $M_Z = 753{,}6 \text{ m}^2$

Die Oberfläche des Turmes beträgt $M = M_K + M_Z = 833{,}98 \text{ m}^2$.

AUFGABE

a) Die Grundfläche des Kegels ist ein Kreis, daher gilt:
$b = U_o = 2\pi r$; $r = \frac{b}{2\pi}$; $r = 2{,}5 \text{ cm}$

b) $h^2 + r^2 = s^2$ (Satz des Pythagoras)

$h = \sqrt{s^2 - r^2}$
$h = 7{,}6 \text{ cm}$

c) $V_K = \frac{1}{3} \cdot r^2 \cdot \pi \cdot h$

$V_K = 49{,}72 \text{ cm}^3$

AUFGABE

a) $r = 12{,}5 \text{ cm}$

$h = \sqrt{225 \text{ cm}^2 - 156{,}25 \text{ cm}^2} = 8{,}3 \text{ cm}$

$V_K = \frac{1}{3} \cdot 156{,}25 \text{ cm}^2 \cdot \pi \cdot 8{,}3 \text{ cm}$

$V_K = 1357{,}4 \text{ cm}^3$

b) $r = 6{,}25 \text{ cm}$
$h = 24{,}2 \text{ cm}$
$V_K = 989{,}36 \text{ cm}^3$

AUFGABE

a) $b_1 = 2 \cdot \pi \cdot s \cdot \frac{\alpha}{360°}$; $b_1 = 20{,}9 \text{ cm}$

b) $r = \frac{b_1}{2\pi}$; $r = 3{,}3 \text{ cm}$; $h = \sqrt{s^2 - r^2}$; $h = 9{,}4 \text{ cm}$; $V_K = 107{,}14 \text{ cm}^3$

c) $\beta = 360° - \alpha = 240°$; $b^2 = 2\pi s \cdot \frac{\beta}{360°}$; $b^2 = 41{,}9 \text{ cm}$

$r = 6{,}7 \text{ cm}$; $h = 7{,}4 \text{ cm}$; $V_K = 347{,}69 \text{ cm}^3$

AUFGABE **16**

a) $\alpha = 100°$ $\quad$ $\beta = 260°$
$b_1 = 34{,}9$ cm $\quad$ $b_2 = 90{,}7$ cm
$r = 5{,}6$ cm $\quad$ $r = 14{,}4$ cm
$h = 19{,}2$ cm $\quad$ $h = 13{,}9$ cm
$V_K = 630{,}21\ \text{cm}^3$ $\quad$ $V_K = 3016{,}81\ \text{cm}^3$

b) $\alpha = 270°$ $\quad$ $\beta = 90°$
$b_1 = 70{,}65$ cm $\quad$ $b_2 = 23{,}55$ cm
$r = 11{,}25$ cm $\quad$ $r = 3{,}75$ cm
$h = 9{,}9$ cm $\quad$ $h = 14{,}5$ cm
$V_K = 1311{,}44\ \text{cm}^3$ $\quad$ $V_K = 213{,}42\ \text{cm}^3$

Kugel

AUFGABE

a) $V = 14\,130\ \text{cm}^3$; $\quad O = 2826\ \text{cm}^2$

b) $V = 113{,}04\ \text{cm}^3$; $\quad O = 113{,}04\ \text{cm}^2$

c) $V = 65{,}42\ \text{m}^3$; $\quad O = 78{,}5\ \text{m}^2$

AUFGABE **2**

$$r = \sqrt[3]{\frac{3 \cdot V}{4\pi}}; \quad r = \sqrt{\frac{O}{4\pi}}$$

a) $r = \sqrt[3]{\frac{3\ \text{m}^3}{12{,}56}} \approx 0{,}62$ m

b) $r = \sqrt[3]{\frac{6\ \text{dm}^3}{12{,}56}} \approx 0{,}78$ dm

c) $r = \sqrt{\frac{1\ \text{m}^2}{12{,}56}} \approx 0{,}28$ m

d) $r = \sqrt{\frac{6{,}28\ \text{m}^2}{12{,}56}} \approx 0{,}71$ m

AUFGABE

Der Äquator ist der Erdumfang in Ost-West-Richtung.
$U = 2\pi \cdot r$; $\quad U = 40\,066{,}4$ km; $\quad O = 4\pi \cdot r^2$; $\quad O = 511\,247\,264\ \text{km}^2$

$V = \frac{4}{3}\pi \cdot r^2$; $\quad V \approx 1{,}087 \cdot 10^{12}\ \text{km}^3$

AUFGABE

4. a) $r_1 = 6$ cm; $r_2 = 4{,}5$ cm; $V_1 = 904{,}32\ \text{cm}^3$; $2 \cdot V_2 = 763{,}02\ \text{cm}^3$
Die größere Apfelsine ergibt mehr Saft als die 2 kleineren zusammen!

b) $O_1 = 452{,}16\ \text{cm}^2$; $2 \cdot O_2 = 508{,}68\ \text{cm}^2$
Von den beiden kleineren Apfelsinen fällt mehr Schale an.

AUFGABE

5 Die Christbaumkugel ist eine Hohlkugel, bei der das Volumen der Wandung V_W dem Volumen des Glastropfens V_T entspricht.

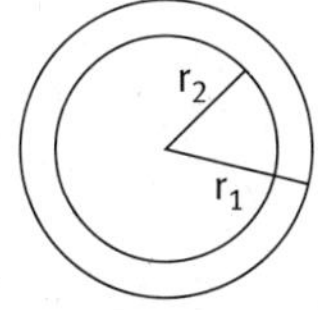

$V_W = V_T = \frac{4}{3}\pi \cdot (10\ \text{mm})^3 \approx 4186{,}7\ \text{mm}^3$

Die Wandstärke der Christbaumkugel ergibt sich aus $r_1 - r_2$, wobei $r_1 = 5$ cm (50 mm) gegeben ist. r_2 lässt sich aus der Differenz des Volumens von äußerer und innerer Kugel berechnen.

$V_W = \frac{4}{3}\pi(r_1^{\,3} - r_2^{\,3})$, daraus folgt $r_2 = \sqrt[3]{r_1^{\,3} - \frac{3 \cdot V_W}{4\pi}}$

$r_2 = \sqrt[3]{125\,000\ \text{mm}^3 - 1000\ \text{mm}^3} = \sqrt[3]{124\,000\ \text{mm}^3} \approx 49{,}9$ mm
Die Wandstärke der Kugel beträgt $r_1 - r_2 = 50\ \text{mm} - 49{,}9\ \text{mm} = 0{,}1$ mm.

Test der Grundaufgaben

TESTAUFGABE

1 a) $V = a \cdot b \cdot c$ b) $V = G \cdot h$ c) $V = \frac{1}{3}G \cdot h$
d) $V = r^2 \cdot \pi \cdot h$ e) $V = \frac{1}{3}r^2\pi \cdot h$ f) $V = \frac{4}{3}\pi r^3$

TESTAUFGABE

2 a) $c = \frac{V}{a \cdot b}$; $c = 1{,}54$ dm

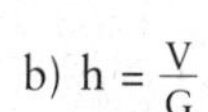

b) $h = \frac{V}{G}$

$G = \frac{1}{2}s \cdot h'$ (Dreiecksfläche)

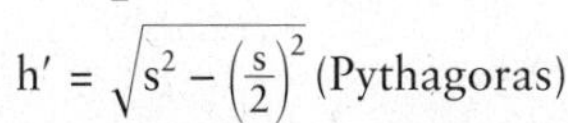

$h' = \sqrt{s^2 - \left(\frac{s}{2}\right)^2}$ (Pythagoras)

$h' = 34{,}6$ dm; $G = 692\ \text{dm}^2$; $h = 1{,}3$ dm

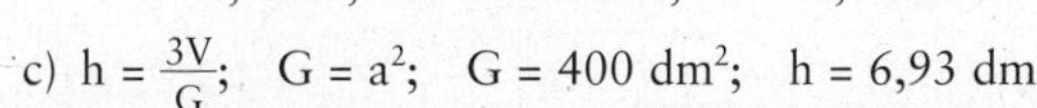

c) $h = \frac{3V}{G}$; $G = a^2$; $G = 400\ \text{dm}^2$; $h = 6{,}93$ dm

d) $h = \frac{V}{r^2\pi}$; $h = 2{,}94$ dm e) $h = \frac{3V}{r^2\pi}$; $h = 2{,}2$ dm

f) $r = \sqrt[3]{\frac{3V}{4\pi}}$; $r = 6{,}04$ dm

11 Trigonometrie

Winkelfunktionen im rechtwinkligen Dreieck

AUFGABE

a) b ist Ankathete, a ist Gegenkathete, c ist Hypotenuse.

b) $\sin\alpha = \frac{a}{c}$; $\cos\alpha = \frac{b}{c}$; $\tan\alpha = \frac{a}{b}$; $\cot\alpha = \frac{b}{a}$

AUFGABE

a) $\sin\beta = \frac{b}{a}$ $\quad$ $\sin\gamma = \frac{c}{a}$

$\cos\beta = \frac{c}{a}$ $\quad$ $\cos\gamma = \frac{b}{a}$

$\tan\beta = \frac{b}{c}$ $\quad$ $\tan\gamma = \frac{c}{b}$

$\cot\beta = \frac{c}{b}$ $\quad$ $\cot\gamma = \frac{b}{c}$

b) $\sin\alpha = \frac{a}{b}$ $\quad$ $\sin\gamma = \frac{c}{b}$

$\cos\alpha = \frac{c}{b}$ $\quad$ $\cos\gamma = \frac{a}{b}$

$\tan\alpha = \frac{a}{c}$ $\quad$ $\tan\gamma = \frac{c}{a}$

$\cot\alpha = \frac{c}{a}$ $\quad$ $\cot\gamma = \frac{a}{c}$

AUFGABE

a) Zeichne die Strecke $|\overline{AB}|$ mit der Länge c = 5 cm und trage in A den Winkel α und in B den Winkel β = 40° an.

b) a = 3,8 cm; b = 3,2 cm

$\sin\alpha = \frac{a}{c} = \frac{3{,}8}{5} = 0{,}76$; $\sin\beta = 0{,}64$; $\cos\alpha = 0{,}64$; $\cos\beta = 0{,}76$

$\tan\alpha = 1{,}19$; $\tan\beta = 0{,}84$; $\cot\alpha = 0{,}84$; $\cot\beta = 1{,}19$

AUFGABE

b), c)

α	10°	20°	30°	40°	50°	60°	70°	80°
a (cm)	1,7	3,4	5	6,4	7,6	8,6	9,3	9,8
c (cm)	9,8	9,4	8,6	7,6	6,4	5	3,4	1,7
sin α	0,17	0,34	0,50	0,64	0,76	0,87	0,94	0,98
cos α	0,98	0,94	0,87	0,76	0,64	0,50	0,34	0,17

AUFGABE **5**

a) 0,5736; 0,8192; 0,9063; 0,4226

b)

α	10°	20°	30°	40°	50°	60°	70°	80°
$\sin\alpha$	0,1736	0,3420	0,5	0,6428	0,7660	0,8660	0,9397	0,9848
$\cos\alpha$	0,9848	0,9397	0,8660	0,7660	0,6428	0,5	0,3420	0,1736

Der Taschenrechner ermittelt die Werte für $\sin\alpha$ bzw. $\cos\alpha$ auf mehrere Stellen nach dem Komma genau.

AUFGABE **6**

nein; nein

AUFGABE **7**

a) Beispiel: $\sin 10° = \cos 80° = 0{,}1736$; $\sin 20° = \cos 70° = 0{,}3420$

b) $\frac{\sin\alpha}{\cos\alpha} = \frac{\frac{a}{c}}{\frac{b}{c}} = \frac{a}{b} = \tan\alpha$; $\cot\alpha = \frac{b}{a} = \frac{1}{\frac{a}{b}} = \frac{1}{\tan\alpha}$

c) $\cot 40° = 1{,}1918$

d)

α	0°	10°	20°	30°	40°	50°	60°	70°	80°	90°
$\tan\alpha$	0	0,1736	0,364	0,5774	0,8391	1,1918	1,7321	2,7475	5,6713	–
$\cot\alpha$	–	5,6713	2,7475	1,7321	1,1918	0,839	0,5774	0,364	0,1763	0

$\cot 0° = \frac{1}{\tan 0°} = \frac{1}{0}$

$\tan 90° = \frac{\sin 90°}{\cos 90°} = \frac{1}{0}$

Achtung: Die Division durch 0 ist nicht erklärt. Viele Taschenrechner zeigen deshalb „E“ (error) an.

e) $\tan 0° = \frac{\sin 0°}{\cos 0°} = \frac{0}{1} = 0$; $\cot 90° = \frac{1}{\tan 90°} = \frac{\cos 90°}{\sin 90°} = \frac{0}{1} = 0$

AUFGABE **8**

a) 0,7071 b) 0,7071 c) 1 d) 1

e) 1,1383 f) 0,3015 g) 0,0065 h) 1,3416

AUFGABE **9**

a) $\alpha = 7{,}2°$ b) $\alpha = 55{,}6°$ c) $\alpha = 20{,}2°$

d) $\alpha = 69{,}8°$ e) $\alpha = 77°$ f) $\alpha = 64{,}7°$

AUFGABE **10**

a) $\alpha = 68{,}4°$ b) $\alpha = 43{,}4°$ c) $\alpha = 85{,}4°$

d) $\alpha = 48{,}85°$ e) $\alpha = 11{,}96°$ f) $\alpha = 39{,}5°$

Anwendungen der Winkelfunktionen

Im Folgenden sind die Werte so gerundet:
- Winkelfunktionen: 4 Stellen nach dem Komma
- Längenmaße: 1 Stelle nach dem Komma
- Winkel: 1 Stelle nach dem Komma

AUFGABE

a) $a = 6\text{ cm} \cdot \sin 58° = 6\text{ cm} \cdot 0{,}8480;\quad a = 5{,}1\text{ cm}$

b) $\cos\alpha = \frac{b}{c};\quad b = c \cdot \cos\alpha;\quad b = 3{,}2\text{ cm}$

c) $\alpha + \beta + 90° = 180°;\quad \beta = 180° - 90° - 58°;\quad \beta = 32°$

AUFGABE 2

$\alpha = 28{,}8°$

$\sin\beta = \frac{b}{c};\quad b = c \cdot \sin\beta;\quad b = 10{,}5\text{ cm}$

$\cos\beta = \frac{a}{c};\quad a = c \cdot \cos\beta;\quad a = 5{,}8\text{ cm}$

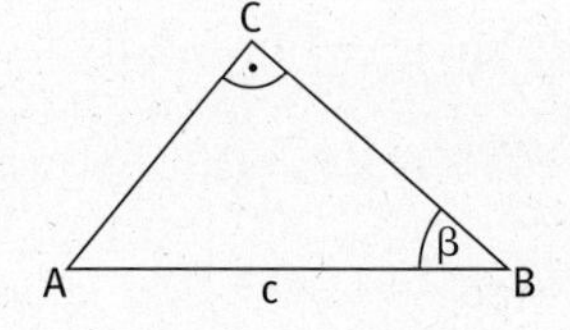

AUFGABE 3

a) $\gamma = 55°;\quad b = a \cdot \sin\beta;\quad c = a \cdot \cos\beta$
$b = 4{,}6\text{ cm}\quad c = 6{,}6\text{ cm}$

b) $\alpha = 72{,}5°\quad a = \frac{c}{\tan\gamma};\quad b = \frac{c}{\sin\gamma}$
$a = 30{,}1\text{ cm}\quad b = 31{,}6\text{ cm}$

AUFGABE

a) Betrachte das Dreieck ADC.

$\tan\alpha = \frac{h}{\frac{c}{2}} = 1{,}3333$

$\alpha = \beta = 53{,}1°;\quad \gamma = 73{,}8°$

$a = \frac{h}{\sin\alpha};\quad a = b = 10\text{ cm}$

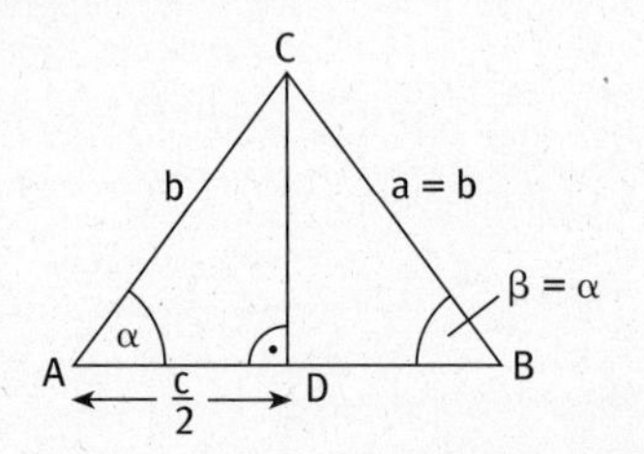

b) $\cos\alpha = \frac{\frac{c}{2}}{a} = 0{,}3529;\quad \alpha = 69{,}3°;\quad \gamma = 41{,}4°$

$h = a \cdot \sin\alpha;\quad h = 7{,}95\text{ cm}$

AUFGABE

$\cos\alpha = \frac{\frac{c}{2}}{a} = \frac{c}{2a};\quad c = 2a \cdot \cos\alpha;\quad c = 12{,}8\text{ cm}$

$\sin\alpha = \frac{h}{a};\quad h = a \cdot \sin\alpha;\quad h = 5{,}6\text{ cm};\quad A_D = \frac{c \cdot h}{2} = 35{,}84\text{ cm}^2$

AUFGABE

6 a) $\sin\alpha = \frac{h}{b}$; $h = b \cdot \sin\alpha$; $h = 6{,}2$ cm; $A_p = 93\ \text{cm}^2$

b) $h = 3{,}4$ cm; $A_p = 22{,}1\ \text{cm}^2$

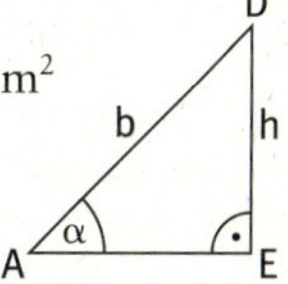

AUFGABE

7 a) Winkel β an der Spitze: $\tan\beta = \frac{r}{h}$; $\beta = 32°$

b) Neigungswinkel α: $\alpha = 180° - 90° - \beta$; $\alpha = 58°$

Sinus- und Kosinusfunktion

AUFGABE

1
- weil in einem Einheitskreis die Hypotenuse immer r = 1 ist und y als Gegenkathete ihren Wert verändern kann.
- weil für cos α x als Ankathete ihren Wert verändern kann, während die Hypotenuse wiederum r = 1 ist.

AUFGABE

2 Aus der Abbildung erkennst du, dass $y = y'$ gilt, während x entgegengesetzt zu x' liegt; somit ist $-x = x'$ bzw. $x = -x'$.

AUFGABE

3 a)
$\sin 145° = \sin(180° - 145°) = \sin 35° = 0{,}5736$
$\sin 315° = -\sin(360° - 315°) = -\sin 45° = -0{,}7071$
$\sin 165° = \sin(180° - 165°) = \sin 15° = 0{,}2588$

b)
$\cos 236° = -\cos(236° - 180°) = -\cos 56° = -0{,}5592$
$\cos 188° = -\cos(188° - 180°) = -\cos 8° = -0{,}9903$
$\cos 345° = \cos(360° - 345°) = \cos 15° = 0{,}9659$

c)
$\sin 105° = \sin 75° = 0{,}9659$
$\sin 211° = -\sin 31° = -0{,}5150$
$\sin 216° = -\sin 36° = -0{,}5878$

d)
$\cos 246° = -\cos 66° = -0{,}4067$
$\cos 100° = -\cos 80° = -0{,}1736$
$\cos 296° = \cos 64° = 0{,}4384$

AUFGABE

4

a)		b)		c)	
α = 15°;	165°	α = 47,3°;	132,7°	α = 64,3°;	115,7°
α = 254,8°;	285,2°	α = 185,3°;	354,7°	α = 202°;	338°
α = 65,1°;	294,9°	α = 49,4°;	310,6°	α = 84,7°;	275,3°
α = 109°;	251°	α = 144,1°;	215,9°	α = 77,8°;	282,2°

AUFGABE 5

a), b)

α	0°	30	60°	90°	120°	150°	180°	210°	240°	270°	300°	330°	360°
$\sin\alpha$	0	0,5	0,87	1	0,87	0,5	0	–0,5	–0,87	–1	–0,87	–0,5	0
$\cos\alpha$	1	0,87	0,5	0	–0,5	–0,87	–1	–0,87	–0,5	0	0,5	0,87	1

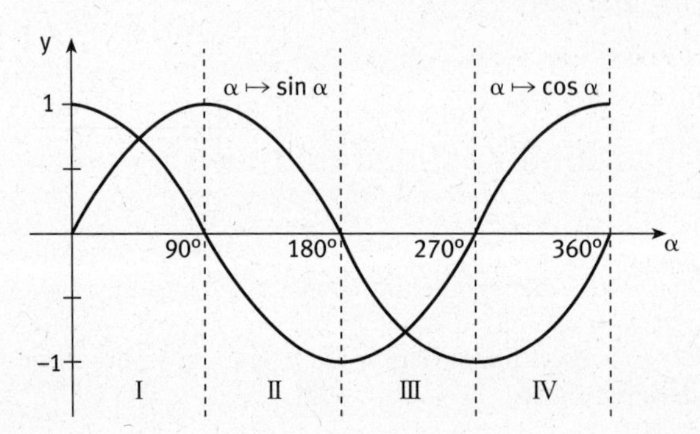

Sinus- und Kosinussatz

AUFGABE 1

$a = c \cdot \frac{\sin\alpha}{\sin\gamma}$; $a = 4{,}3$ cm

$b = c \cdot \frac{\sin\beta}{\sin\gamma}$; $b = 6{,}4$ cm

AUFGABE 2

$\gamma = 69{,}2°$; $c = a \cdot \frac{\sin\gamma}{\sin\alpha}$; $c = 7$ cm

AUFGABE 3

a) $\gamma_1 = 68{,}9°$; $c_1 = a \cdot \frac{\sin\gamma_1}{\sin\alpha}$; $c_1 = 43{,}3$ cm

b) $\gamma_2 = 13{,}1°$; $c_2 = a \cdot \frac{\sin\gamma_2}{\sin\alpha}$; $c_2 = 10{,}5$ cm

Es gibt jeweils zwei Lösungen.

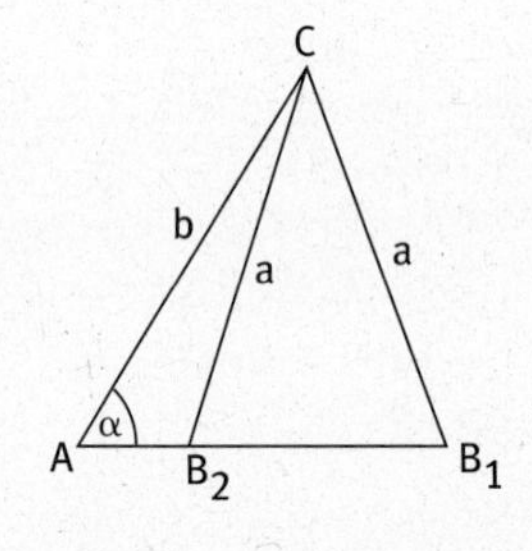

AUFGABE 4

a) $\gamma = 64°$; $b = \frac{a \cdot \sin\beta}{\sin\alpha}$; $c = \frac{a \cdot \sin\gamma}{\sin\alpha}$

$b = 15{,}3$ cm $c = 14{,}7$ cm

b) $\gamma = 74°$; $a = 10{,}6$ cm; $b = 16{,}5$ cm

c) $\beta = 41°$; $a = 13{,}25$ cm; $c = 7{,}7$ cm

d) $\gamma = 63°$; $b = 12{,}7$ cm; $c = 17{,}1$ cm

AUFGABE

a) nur eine Lösung: $\sin\beta = \sin\alpha \cdot \frac{b}{a}$; $\beta = 41{,}6°$

$\gamma = 68{,}4°$; $c = a \cdot \frac{\sin\gamma}{\sin\alpha}$; $c = 16{,}8$ cm

b) nur eine Lösung: $\sin\alpha = \frac{\sin\gamma \cdot a}{c}$; $\alpha = 31°$

$\beta = 74°$; $b = c \cdot \frac{\sin\beta}{\sin\gamma}$; $b = 14{,}9$ cm

c) keine Lösung

d) keine Lösung

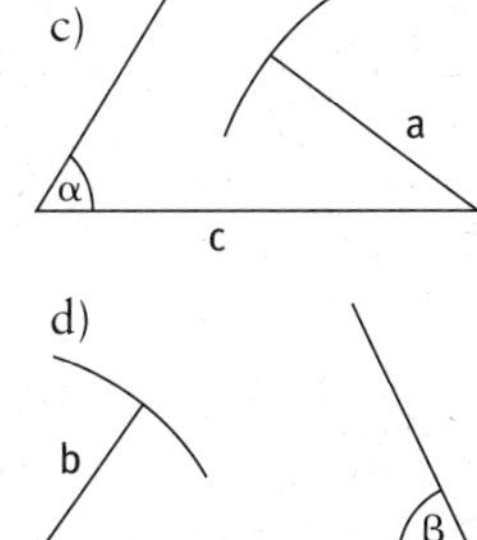

AUFGABE

Man kann a nicht ausrechnen!

AUFGABE

$\sin\beta = \frac{\sin\alpha \cdot b}{a}$

$\beta_1 = 59{,}9°$; $\beta_2 = 120{,}1°$ (entfällt, da $\alpha + \beta > 180°$)

$\gamma = 180° - \alpha - \beta_1 = 53{,}1°$

AUFGABE 8

$b^2 = a^2 + c^2 - 2ac \cdot \cos\beta$

$\cos\beta = \frac{a^2 + c^2 - b^2}{2ac}$

$\cos\beta = 0{,}9048$; $\beta \approx 25°$

$c^2 = a^2 + b^2 - 2ab \cdot \cos\gamma$

$\cos\gamma = \frac{a^2 + b^2 - c^2}{2ab}$

$\cos\gamma = 0{,}6667$; $\gamma \approx 48°$

AUFGABE 9

a) $\cos\alpha = \frac{b^2 + c^2 - a^2}{2bc}$; $\cos\beta = \frac{a^2 + c^2 - b^2}{2ac}$; $\gamma = 78{,}5°$

$\cos\alpha = 0{,}714$ $\cos\beta = 0{,}543$

$\alpha = 44{,}4°$ $\beta = 57{,}1°$

b) $c^2 = a^2 + b^2 - 2ab \cdot \cos\gamma$; $\sin\beta = \frac{\sin\gamma \cdot b}{c}$; $\alpha = 62{,}3°$

$c = 11{,}7$ cm

$\beta_1 = 46{,}7°$

$\beta_2 = 133{,}3°$ (entfällt, da $\gamma + \beta_2 > 180°$)

c) $b^2 = a^2 + c^2 - 2ac \cdot \cos\beta$; $\sin\alpha = \frac{\sin\beta \cdot a}{b}$; $\gamma = 32°$

$b = 27{,}6$ cm

$\alpha_1 = 45°$

$\alpha_2 = 135°$ (entfällt)

d) $\cos\alpha = \frac{b^2 + c^2 - a^2}{2bc}$; $\sin\beta = \frac{\sin\alpha \cdot b}{a}$; $\gamma = 109{,}5°$

$\alpha = 50{,}5°$ $\beta = 20°$

AUFGABE

10 $a^2 = b^2 + c^2 - 2bc \cdot \cos\alpha$. Da $\cos 90° = 0$, gilt: $a^2 = b^2 + c^2$
Für $\alpha = 90°$ geht der Kosinussatz in den Satz des Pythagoras über.

$a = 10$ cm; $\cos\beta = \frac{a^2 + c^2 - b^2}{2ac}$; $\gamma = 36{,}9°$

$\beta = 53{,}1°$

AUFGABE

11 a) Fälle 1 und 3

b) Fälle 2 und 4

AUFGABE

12 a) $b = a \cdot \frac{\sin\beta}{\sin\alpha}$; $c = a \cdot \frac{\sin\gamma}{\sin\alpha}$; $\gamma = 74°$

$b = 5{,}5$ cm $c = 8{,}35$ cm

b) $b^2 = a^2 + c^2 - 2ac \cdot \cos\beta$; $\sin\alpha = \frac{\sin\beta \cdot a}{b}$; $\gamma = 38{,}6°$

$b = 12{,}1$ cm $\alpha = 33{,}4°$

c) $\cos\alpha = \frac{b^2 + c^2 - a^2}{2bc}$; $\cos\beta = \frac{a^2 + c^2 - b^2}{2ac}$; $\gamma = 38°$

$\alpha = 58{,}9°$ $\beta = 83{,}1°$

d) $\sin\gamma = \frac{\sin\beta \cdot c}{b}$; $\alpha = 66{,}6°$; $a = \frac{\sin\alpha \cdot b}{\sin\beta}$

$\gamma = 38{,}4°$ $a = 13{,}3$ cm

e) $\gamma = 33°$; $a = \frac{c \cdot \sin\alpha}{\sin\gamma}$; $b = \frac{c \cdot \sin\beta}{\sin\gamma}$

$a = 29{,}3$ cm $b = 18{,}8$ cm

f) $a^2 = b^2 + c^2 - 2bc \cdot \cos\alpha$; $\sin\beta = \frac{\sin\alpha \cdot b}{a}$; $\gamma = 80{,}8°$

$a = 7{,}4$ cm $\beta = 52{,}2°$

Test der Grundaufgaben

TESTAUFGABE 1

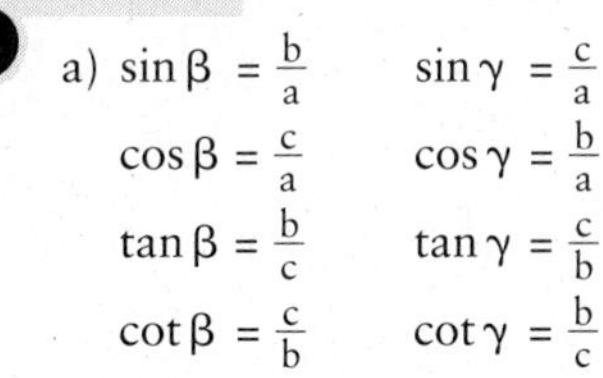

a) $\sin\beta = \frac{b}{a}$ $\sin\gamma = \frac{c}{a}$

$\cos\beta = \frac{c}{a}$ $\cos\gamma = \frac{b}{a}$

$\tan\beta = \frac{b}{c}$ $\tan\gamma = \frac{c}{b}$

$\cot\beta = \frac{c}{b}$ $\cot\gamma = \frac{b}{c}$

b) $\sin 35° = 0{,}5736$ $\sin 120° = 0{,}8660$
$\cos 35° = 0{,}8192$ $\cos 120° = -0{,}5$
$\tan 35° = 0{,}7002$ $\tan 120° = -1{,}7321$
$\cot 35° = 1{,}4281$ $\cot 120° = -0{,}5774$

TESTAUFGABE 2

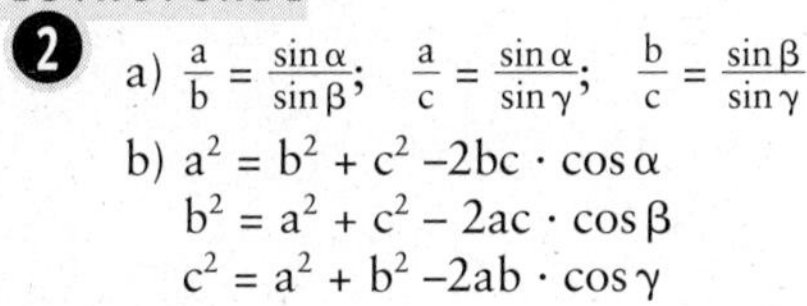

a) $\frac{a}{b} = \frac{\sin\alpha}{\sin\beta}$; $\frac{a}{c} = \frac{\sin\alpha}{\sin\gamma}$; $\frac{b}{c} = \frac{\sin\beta}{\sin\gamma}$

b) $a^2 = b^2 + c^2 - 2bc \cdot \cos\alpha$
$b^2 = a^2 + c^2 - 2ac \cdot \cos\beta$
$c^2 = a^2 + b^2 - 2ab \cdot \cos\gamma$

TESTAUFGABE 3

a) 2 Seiten und 1 Gegenwinkel; 2 Winkel und 1 Seite

b) 3 Seiten; 2 Seiten und der eingeschlossene Winkel

TESTAUFGABE 4

a) Kosinussatz (3 Seiten): $\cos\alpha = \frac{b^2 + c^2 - a^2}{2bc}$; $\cos\alpha = 0{,}7143$; $\alpha = 44{,}4°$
$\sin\beta = \frac{b \cdot \sin\alpha}{a}$; $\sin\beta = 0{,}8396$; $\beta = 57{,}1°$; $\gamma = 78{,}5°$

b) Sinussatz (2 Winkel, 1 Seite): $\gamma = 108°$; $a = \frac{c \cdot \sin\alpha}{\sin\gamma}$; $a = 6{,}3$ cm
$b = \frac{c \cdot \sin\beta}{\sin\gamma}$; $b = 3{,}3$ cm